Bruno Hespeler

Wildtiere im Fokus

stv

Bruno Hespeler

Wildtiere im Fokus

Rückkehrer & Zuwanderer
Probleme – Erwartungen – Lösungen

Leopold Stocker Verlag
Graz – Stuttgart

Umschlaggestaltung:
Werbeagentur Rypka GmbH, 8143 Dobl/Graz, www.rypka.at

Fotonachweis: Foto Umschlag-Vorderseite: © iStock.com/Byrdyak
Fotos Umschlag-Rückseite (von oben nach unten): © iStock.com/laranik; © iStock.com/Anolis01; © Stock.com/sduben; © Bruno Hespeler; © iStock.com/A-Lein

Alle nicht mit einem Autorenvermerk gekennzeichneten Fotos stammen von Bruno Hespeler.

Bibliografische Information der Deutschen Nationalbibliothek
Die Deutsche Nationalbibliothek verzeichnet diese Publikation in der Deutschen Nationalbibliografie; detaillierte bibliografische Daten sind im Internet unter http://dnb.d-nb.de abrufbar.

Hinweis: Dieses Buch wurde auf chlorfrei gebleichtem Papier gedruckt. Die zum Schutz vor Verschmutzung verwendete Einschweißfolie ist aus Polyethylen chlor- und schwefelfrei hergestellt. Diese umweltfreundliche Folie verhält sich grundwasserneutral, ist voll recycfähig und verbrennt in Müllverbrennungsanlagen völlig ungiftig.

Auf Wunsch senden wir Ihnen gerne kostenlos unser Verlagsverzeichnis zu:
Leopold Stocker Verlag GmbH
Hofgasse 5/Postfach 438
A-8011 Graz
Tel.: +43 (0)316/82 16 36
Fax: +43 (0)316/83 56 12
E-Mail: stocker-verlag@stocker-verlag.com
www.stocker-verlag.com

ISBN 978-3-7020-2014-9

Layout und Repro: Werbeagentur Rypka GmbH, 8143 Dobl/Graz

INHALT

AUF EIN WORT DAVOR

MAN MUSS STAUNEN

Wir leben in einer Zeit, in der viele Menschen den Eindruck haben, *„Alles geht den Bach hinunter"*. Wenn wir die globalen, auch uns in Mitteleuropa direkt betreffenden Probleme anschauen – die Klimaerwärmung, die bedrohlich sinkenden Grundwasserstände und gleichzeitig die immer häufigeren und katastrophaleren Überschwemmungen, die industrielle Landwirtschaft, die Anreicherung von Nahrung und Wasser mit Antibiotika, die Luftschadstoffe und die Versiegelung der Landschaft – müssen wir uns fürchten. Das Artensterben beschleunigt sich dramatisch, bei den Insekten wie bei den Vögeln. Und dennoch kommen Arten zurück, die wir längst „abgeschrieben" hatten. Darunter sind so große und „gefährliche" Arten wie Braunbär, Wolf und Luchs. Jahrzehnte haben wir bedauert, dass sie bei uns ausgerottet worden sind. Wir haben darüber diskutiert, wie wichtig sie gerade heute für uns wären – dass sie je zurückkommen, haben wir nicht „befürchtet".

Andere Arten waren bis auf einige wenige letzte Mohikaner verschwunden. Niemand hatte in den 1970er-Jahren geglaubt, unsere Bäche würden je dem Fischotter wieder ausreichend Nahrung bieten. Gleichzeitig vervielfachte sich die Belastung der Landschaft allgemein und die von Gewässern durch Sport und Freizeitwahn besonders. Wo sollte ein Fischotter noch jagen oder sicher ruhen können? Wo sollte ein Biber in einer komplett durchgeplanten, auf Gewinne ausgerichteten Landschaft noch Bäume fällen und Dämme bauen dürfen? Niemand hat in den ersten Nachkriegs-Jahrzehnten an die Rückkehr von Bart- und Gänsegeier Gedanken verschwendet. Doch sie alle sind zurückgekehrt, in eine total veränderte Welt. Bloß – nach den ersten Freudenschreien wurden bei einigen Arten aus Befürwortern Bedenkenträger und aus Bedenkenträgern erbitterte Gegner einer Rückkehr. Manche trugen und tragen ihre Bedenken – ganz wie in alten, überwunden geglaubten Zeiten – mit Pulver und Blei und sogar mit Gift vor. Dabei wäre ein Rückfall für uns alle fatal!

Froh – unendlich froh sollten wir sein, dass jene, denen man einst das Existenzrecht nahm, freiwillig und – mehr oder weniger – erfolgreich zurückgekehrt sind! Man kann sie mit den geschwollenen Worten des Zeitgeistes „Bioindikatoren" nennen. Man kann sie auch schlicht als Zeichen dafür sehen, dass – vielleicht – doch noch nicht alles verloren ist!

Es sind nicht nur Arten zurückgekehrt, es kamen auch neue zu uns. Die meisten kamen „gewaltsam“, weil wir uns satte Profite von ihnen erhofften. Zu ihnen gehören Nutria und Nerz. Andere wurden eingeschleppt, weil sie als Faunenbereicherung angesehen wurden oder weil man sie jagen wollte. So kamen Waschbär und Bisam von Nordamerika nach Europa. Der Marderhund wurde seines Felles wegen aus dem fernen Asien nach Westen verschleppt, um schließlich freigelassen zu werden. Aus den Weiten der ehemaligen Sowjetunion, wo er überall ihm zusagende Lebensräume fand und sich vermehrte, wanderte er gemächlich, aber durchaus zielstrebig bis nach Mitteleuropa.

Sie sind nicht erwünscht, diese Zuwanderer. Die EU hat aufgelistet, wen wir nicht mögen dürfen und folglich zu bekämpfen haben. Wer freilich glaubt, wir könnten Waschbär oder Bisam wieder ausrotten, der zeigt sich verdammt naiv. Ausrotten müssen wir nach dem Willen der EU freilich auch unzählige Pflanzenarten, die im Laufe der Jahrhunderte eingewandert sind, ohne uns zu fragen. Bleiben und gefördert werden dürfen hingegen all jene, an denen wir verdienen oder auf die wir kulinarisch nicht mehr verzichten mögen. Dazu gehören nahezu alle unsere gängigen Gemüsepflanzen!

Die Realität sollte – wie so oft – von mehreren Seiten betrachtet werden. So ist einerseits das Springkraut ein Neophyt, aber in vielen Gemarkungen zeitweise die letzte Nahrungspflanze der Bienen und vieler anderer Insekten. Es muss vernichtet werden, weil es ein paar Bürokraten in Brüssel so wollen und nationale Politiker willige Erfüllungsgehilfen sind. Der Mais hingegen ist für das anhaltende Sterben unzähliger heimischer Pflanzen, Insekten, Reptilien, Amphibien und Säuger verantwortlich, ebenso für die Nitratanreicherung im Grundwasser und durchaus auch für Bodenverluste. Aber sein Anbau ist höchst profitabel und wird mit Milliarden an Steuergeldern gefördert.

Wäre es da nicht höchste Zeit, ein klein wenig wohlwollender an die freiwilligen Heimkehrer wie Wolf oder Biber zu denken? Sind wir doch froh und dankbar, in einem Land leben zu dürfen, das den Ansprüchen dieser Arten noch notdürftig gerecht wird!

Bruno Hespeler
Nötsch, Jänner 2022

TEIL I: DIE RÜCKKEHRER

Im ersten Teil des Buches geht es um einen knappen Überblick über die Rückkehr von Arten, die bei uns früher heimisch, zwischenzeitlich jedoch verschwunden waren. Nicht berücksichtigt wurden solche, von denen es noch Reliktvorkommen gab, etwa Wanderfalke und Uhu.

Nahezu ausgestorben waren auch der Schwarzstorch und der Kranich. Ersterer kam nur noch im Grenzgebiet zwischen Niederösterreich und Tschechien vor. Einige ganz wenige Paare hatten im Norden Deutschlands überlebt. Der Kranich fehlt in Österreich als Brutvogel bis heute. In Deutschland ist er in weiten Teilen des Nordens und Ostens wieder Brutvogel. Ob es dabei bleibt oder ob der fast überall sinkende Grundwasserstand und damit der Verlust geeigneter Bruthabitate wieder in eine andere Richtung führt, wird die Zukunft zeigen.

Viele einst in Mitteleuropa heimische Wildtiere wurden bei uns ausgerottet, weil der Mensch sie als Nahrungskonkurrenten sah. Das betraf nicht nur die großen Prädatoren – Bär, Luchs und Wolf –, sondern auch das ganze Spektrum der Greifvögel, einschließlich der Eulen. Auch die „Fischräuber" wurden gnadenlos verfolgt, und zwar nicht nur die großen wie Otter, Reiher und Kormoran, nein, auch die kleinsten, etwa der Eisvogel, die Wasseramsel und der Würger.

Ausrottung unerwünschter Arten war bis ins 19. Jahrhundert hinein in weiten Teilen Europas schlicht Staatsziel. Politisch unerwünscht war jede Art, die im Ruf stand, die Volkswirtschaft zu schädigen. Schließlich kassierten die Lehensherrn – vom König bis zum Kloster – Naturalsteuern. Die Bauern konnten aber nur abliefern, was sie zuvor ernten konnten. Andererseits musste sich ihr Hunger in Grenzen halten, denn sie wurden zum Frohn- wie zum Kriegsdienst gebraucht. So ist beispielsweise auch der „Spatzen-Erlass" Maria Theresias zu verstehen. In ihm wurde den Gemeinden vorgeschrieben, wie viele Sperlinge (diese galten als Getreidefresser) ihre Einwohner jährlich abzuliefern hatten. Ähnlich erging es den Feldhamstern. Die wirkliche Gefahr für das Getreide stellte das Schalenwild dar, doch dieses genoss hingegen peinlichen Schutz. Oft war das Leben eines Bauern weniger wert als das eines Hirsches oder einer Wildsau. Das Wild diente zum Pläsier der hohen Herren und durfte vielfach nicht einmal von den Feldern verjagt werden. Darüber mag man denken wie man will, aber letztlich verdanken wir den Erhalt dieser Arten vor allem der Jagdlust!

Manche Arten wie Bär, Wolf, Luchs, Geier und Adler wurden auch schlicht deshalb gnadenlos verfolgt, weil man Angst vor ihnen hatte. Legendenbildung trug das ihre dazu bei. Erinnert sei an unzählige Schilderungen in Literatur und Kunst über blutige Überfälle von Wölfen, Legenden, die gerade wieder eine gewisse Renaissance erleben. Oder an die Hirtenbuben, die vom Steinadler gepackt, zum Horst getragen und verfüttert wurden.

Seit einigen Jahren kommen diese „Heimkehrer" zurück, Projekte zur Wiederansiedelung führten zu einem stetig wachsenden Bestand. Grundsätzlich dürfen wir davon ausgehen, dass nur jene Arten zurückkommen und hierbleiben, deren Grundbedürfnisse hier gesichert sind. Renaturierungen und andere Maßnahmen lockten sie wieder an. Gerade für große Arten hat sich die Nahrungsbasis positiv verändert, während kleine Arten, die bisher überlebten, immer mehr Standorte aufgeben müssen.

DER BIBER
(Castor fiber)

© Jiří Bohda

SPÄTHEIMKEHRER

Erscheinungsbild

Gewicht: Biber werden bis zu 25 kg schwer, wobei in der Literatur sehr unterschiedliche Angaben gemacht werden. Diese hängen eventuell mit dem vereinzelten Aussetzen Kanadischer Biber zusammen, die deutlich schwerer sind als die Europäischen Biber.

Beine: Biber haben kurze Beine mit je fünf Zehen. Diese sind zur besseren Fortbewegung im Wasser hinten mit Schwimmhäuten verbunden. Die Vorderpfoten haben – anders als jene des Fischotters – keine Schwimmhäute und dienen als Greifhände, die auch zur Fellpflege unerlässlich sind. Beim Schwimmen werden die vorderen Extremitäten am Körper angelegt.

Haarkleid: Die Bälge haben bis zu 23.000 Haare je cm^2 und sind ganzjährig von sehr guter Qualität.

Zähne: Oben und unten je 2 Nagezähne, die sich gegenseitig schärfen und ständig nachwachsen. Vollständig ist das Gebiss erst mit 12 Monaten.

Nase und Ohren: Beide können beim Tauchen völlig verschlossen werden.

Besonderheit: Auch der Mundraum kann hinter den Zähnen völlig abgeschlossen werden. Nur so ist es dem Biber möglich, auch unter Wasser zu nagen.

Sinne

Sehvermögen: Biber haben kleine Augen mit geringer Leistung. Bei ihren nächtlichen Aktivitäten, im Wasser wie an Land, sind die anderen Sinne wichtiger.

Geruchssinn: Das Gesichtsfeld eines am Ufer sitzenden oder schwimmenden Bibers ist immer eng begrenzt. Er sieht nicht, was sich hinter dem Uferbewuchs abspielt, aber er kann es eventuell riechen. Daher leistet sein Geruchssinn sehr viel.

Hörsinn: Was er nicht riecht, hört er eventuell. Diese beiden Sinne ergänzen sich sehr gut.

Tastsinn: Lange Vibrissen dienen als Orientierungshilfe bei Dunkelheit, im trüben Wasser und im Bau.

Kommunikation

Duftstoffe: Der Reviermarkierung und innerartlichen Verständigung dient das Sekret der „Geildrüsen".

Akustische Signale: Bei Gefahr schlagen Biber mit der Kelle (flacher, breiter Schwanz) heftig auf das Wasser.

Fortpflanzung

Geschlechtsreife: Biber sind „Spätzünder". Weibchen werden mehrheitlich als Dreijährige erstmals trächtig, teilweise auch später. Daher können sie lange in der Familie leben. Männchen sind teilweise schon mit 18 Monaten zur Fortpflanzung bereit und müssen sich dann ein eigenes Revier suchen.

Paarbildung: Biber leben monogam und binden sich lebenslänglich. Die Paarung erfolgt – abhängig von der Witterung – zwischen Januar und April.

Bau: Der Eingang des Baus liegt immer unter dem mittleren Wasserspiegel, der Kessel hingegen oberhalb der Hochwassermarke. Fällt der Wasserstand stark, kann der Eingang temporär frei liegen.

Junge: Nach einer Tragzeit von rund 107 Tagen bringt das Weibchen im Kessel der Burg 2–3 sehende und voll behaarte Junge zur Welt.

Aufzucht: Die Jungen werden 8–10 Wochen gesäugt, nehmen jedoch – im Bau – schon mit etwa 8 Tagen erste feste Nahrung zu sich. Biberjunge leben die ersten 4–6 Wochen fast ausschließlich im Bau und müssen das Schwimmen erst lernen. Die Fürsorge erfolgt durch die Eltern und deren vorjährigem Nachwuchs. Nach rund 6 Monaten sind die Jungen selbstständig.

Abwanderung: Kurz vor Vollendung des zweiten Lebensjahres suchen sich die männlichen Jungbiber eigene Lebensräume und Familien. Das ist für sie eine gefährliche Zeit, denn an freien „Planstellen" mangelt es inzwischen. Je länger die Suche dauert, umso mehr Gefahren birgt sie!

ALLGEMEINES

Das Trittsiegel des Bibers mit den fünf gespreizten Zehen ist markant. Die hinteren Abdrücke erreichen eine Länge bis zu 15 cm, die vorderen sind um zwei Drittel kürzer. Die Breite beträgt hinten bis zu 10 cm, vorne nur bis 4,5 cm. Als typischer Nager sind die vorderen Pfoten als Greifhände ausgebildet und ohne Schwimmhäute.

Die walzenförmige Losung des Bibers ist selten länger als 4 cm und fast immer fest. Schon ihre Struktur ist – besonders im Herbst und Winter – durch kleine Späne aus Rinde und Holz auffällig. Im Sommerhalbjahr nehmen Biber auch vermehrt grüne Pflanzenteile auf. Die abgebildete Losung enthält auch Getreidekörner, die der Biber an einer nahe dem Wasser platzierten Rehfütterung aufgenommen hat.

Die breite, muskulöse Kelle (Schwanz) dient dem Biber als Antrieb und Steuer beim Schwimmen und Tauchen. Sie dient aber auch der Kommunikation. Die Tiere schlagen mit ihr flach aufs Wasser und können sich so unter und über Wasser verständigen.
Die Kelle wurde den Tieren aber auch zum Verhängnis, weil die Kirche sie als „Fisch“ anerkannte und als Fastenspeise zuließ.

© iStock.com/Christina Prinn

Nahrung

Biber sind reine Pflanzenfresser. Sie sind nicht wählerisch und fressen fast alle am und im Wasser wachsenden Pflanzenarten. Im Uferbereich nutzen sie eine Fülle krautartiger Wildpflanzen, darunter auch Brennnessel, Giersch und verschiedene Ampferarten. Bevorzugt werden während der Vegetationszeit saftige Rhizome und Triebe emerser und submerser Pflanzen wie Gelbe Iris, Teichrosen oder Rohrkolben.

Biber entfernen sich ungern weiter als 20 Meter vom Wasser, machen aber Ausnahmen, wenn sich in Gewässernähe attraktive landwirtschaftliche Kulturen wie Mais-, Rüben-, Getreide- oder Gemüsefelder befinden. Dann legen sie bis zu 150 Meter zurück. Beim Mais ernten sie die Stängel wie auch einzelne Kolben, die sie ins Wasser ziehen.

Ganzjährig benagen und fällen sie nahezu alle gewässerbegleitenden Gehölzarten. Sie fällen dabei auch sehr starke und alte Bäume wie Eichen oder Pappeln. Verwertet werden die Rinde ebenso wie Blätter und dünnere Triebe. Die Nutzung von Gehölzen nimmt im Spätsommer und Herbst zu, weil die Biber Zweige und Äste vor ihren Burgen am Gewässergrund einlagern. Das Fällen erfolgt jedoch auch dann, wenn saftigere und einfacher zu erntende Pflanzen im Überfluss vorhanden sind, weil Äste ganzjährig für Bau und Reparatur von Dämmen und Burgen benötigt werden.

Deutlich zeigen die Zahnmarken in der Rinde, dass Biber das Holz quer benagen.

Lebensräume

Wasser – ihr wichtigstes Element: Biber besiedeln stehende wie fließende Gewässer, stellen aber dennoch einige Ansprüche. Vor allem darf ein Gewässer im Sommer nicht trockenfallen. Der Wasserstand muss immer so hoch sein, dass die Eingänge zu den Burgen ausreichend tief unter Wasser liegen. Das Gewässer darf im Winter nicht bis auf den Grund gefrieren. Die Biber halten ihren Ausstieg eisfrei und müssen ihre am Gewässergrund gelagerten Vorräte nutzen können. Fließgewässer gefrieren nicht so schnell wie Stillgewässer. Allerdings darf die Strömung auch nicht zu stark sein.

Uferzone: Die Größe der Wasserfläche ist nicht so entscheidend wie die Qualität der Uferzone. Gewässer, deren Ufer die Anlage von Wohnburgen begünstigen, werden bevorzugt.

Gehölze: Ausreichend Gehölze – vor allem schnell nachwachsende Weichhölzer – sind wichtig. Blätter, Rinde und dünne Holzteile dienen als Nahrung. Zweige und Äste werden im Herbst am Grund des Gewässers (bei den Wohnburgen) als Winternahrung gelagert und werden außerdem für den

Wo die Ufer flach sind, können Biber keine Höhlen graben. Sie errichten dann im Flachwasserbereich Burgen aus Ästen und Zweigen, die mit Schlamm abgedichtet werden. Der Eingang liegt unter Wasser, der Wohnkessel liegt über dem Wasserspiegel.

Bau von Burgen und Dämmen benötigt. Das gilt besonders für Bäche und Gräben mit schwankenden Wasserständen, die der Biber anstaut. Fließgewässer, deren Ufer über längere Strecken ohne Gehölze sind, meidet der Biber.

Wo Flachwasserzonen fehlen und der Wasserspiegel deutlich tiefer liegt als die Uferkante, graben Biber Erdbaue. Auch deren Eingänge liegen unter Wasser. Sie haben einen ansteigenden Gang, der in einen über der Hochwassermarke liegenden Wohnkessel führt. Über diesem Kessel schichten Biber Äste und Zweige auf, zwischen welche sie Schlamm schaffen. Damit verhindern sie, dass sich Fressfeinde in den Kessel durchgraben.

Hinterland: Von Bedeutung bei der Habitatwahl ist auch das Hinterland eines Gewässers. Fast überall in der Literatur wird angegeben, der Biber entferne sich selten weiter als 20 Meter vom Ufer. Das trifft bei Gewässern im Wald häufig zu und hängt wahrscheinlich damit zusammen, dass im Uferbereich Weichhölzer wachsen, während dahinter oft Nadelhölzer oder Harthölzer folgen. Wo der Biber wählen kann, bevorzugt er Weide, Erle, Esche oder Pappel.

Biber benutzen, wenn sie an Land gehen, feste Ausstiege. Dabei graben sie sich tief in die Uferkante ein und hinterlassen Rinnen.

Hier hat der Biber seinen Bau in einen Damm gegraben, auf dem er schichtweise Äste abgelagert und mit Schlamm verdichtet hat. Deutlich ist der Aufstieg zu erkennen, auf dem er den Schlamm vom Gewässergrund hinauftransportiert.

Biber fällen Stämme mit einem Durchmesser bis knapp einen Meter. Dabei bevorzugen sie gewässerbegleitende Weichhölzer wie Aspe, Pappel, Weide und Erle.

Allerdings fällt er gelegentlich auch recht beachtliche Eichen.

Im Sommer lässt die Fäll-Tätigkeit nach, weil sich die Biber auf krautartige Pflanzen konzentrieren. Im Herbst fällen sie auf Vorrat. Sie müssen sich ordentlich Fett anfressen und lagern Äste und Zweige unter Wasser für den Winter ein.

Kulturfolger

Biber haben wenig Probleme mit der Nähe des Menschen. Wo sie seine Anwesenheit gewohnt sind, zeigen sie sich relativ vertraut und auch tagaktiv. Heute besiedeln Biber Flüsse wie die Donau innerhalb von Städten, wo sie angrenzende Parks und Hausgärten zur Nahrungssuche nutzen. Aus älterer Zeit ist überliefert, dass Biber auch in Hafenanlagen siedelten. Dass sie dort zuerst verschwanden, ist den Kaimauern zuzuschreiben. Da die Biber heute – von Ausnahmen abgesehen – nicht mehr gejagt werden, ist ihre Rückkehr in unbefestigte Randbereiche von Hafenanlagen zu beobachten. Die immer mehr, größer und schneller werdenden Frachtschiffe und Freizeitboote und der Mangel an Ufergehölzen bremsen jedoch diese Entwicklung aus.

Viele Gewässer werden von Wegen oder Straßen begleitet. Zwar hat der Biber mit diesen kein grundsätzliches Problem, das zeigen seine Verkehrsverluste, dennoch stellen besonders breite, asphaltierte Straßen so etwas wie optische Barrieren dar.

Dammbauer und Landschaftsgestalter

Es sind im Grunde positive Eigenschaften, für die wir dem Biber – wenn wir in die Zukunft blicken – dankbar sein müssen. Er staut zwar Gewässer an, arbeitet damit jedoch dem weiteren Absinken des Grundwassers entgegen. Er schafft Überschwemmungsflächen, die aber auch geeignet sind, Hochwässer aufzunehmen. Er schafft intakte Lebensräume für eine Unzahl an Pflanzen- und Tierarten. Doch wer in oder am Lebensraum eines Bibers eigenen Grund hat, der möchte vielleicht den Grundwasserstand absenken, auch wenn für die Allgemeinheit und unsere Zukunft das Gegenteil dringend notwendig wäre. Der Landwirt will nicht mit seinen schweren

Hier hat der Biber einen Wassergraben (Vorfluter) angestaut. Hinter dem Damm breitet sich das Wasser aus und überflutet die Wiesen. Aus Grünland wird Feuchtgebiet, und der Grundwasserspiegel steigt. Was ökologisch sinnvoll und notwendig ist, geht zu Lasten des Bauern.

Hier wurde mit einem Bagger der Damm eines Bibers aufgerissen. Deutlich ist zu sehen, wie perfekt der Biber Holz und Schlamm miteinander verbaut und verdichtet hat.

Maschinen in Biberbaue einbrechen und er möchte seinen Mais- oder Rübenacker nicht in eine ökologisch wertvolle Sumpfwiese oder ein Übergangsmoor umgebaut bekommen. Es ist scheinbar unser unabwendbares Schicksal, dass unser momentanes wirtschaftliches Überleben und unsere finanziellen Gewinne langfristiges Überleben und Zukunft für unsere Nachkommen toppen.

Natürlich kann niemand zuschauen, wie der Biber immer größere Flächen umgestaltet und die sichere Verwendung von Verkehrswegen verhindert. Aber unzählige kleine Fließgewässer drohen in den immer länger anhaltenden und heißer werdenden Sommern trockenzufallen. Der Biber schafft Abhilfe und der Mensch kann – ohne allzu großen technischen Aufwand – sagen, wie weit er dabei gehen darf.

„Spätzünder" und „Frühreife" – ein Vergleich

Biber gehören zu den „K-Strategen". Darunter versteht man Tierarten, deren Populationen sich nur langsam dem vorhandenen Lebensraum und der Nahrungskapazität anpassen. Sie zeichnen sich durch eine hohe Lebenserwartung, späte Geschlechtsreife und geringe Nachwuchsraten aus. Das ist die Voraussetzung dafür, dass Jungbiber lange in der elterlichen Familie bleiben dürfen.

Im Gegensatz zu den „K-Strategen" stehen die „R-Strategen". Sie haben eine – gemessen an ihrer Größe – eher geringe Lebenserwartung, frühe Geschlechtsreife und hohe, aber stark schwankende Nachwuchsraten. Diese sind primär abhängig vom variablen Nahrungsangebot, auf welches vor allem das Wetter Einfluss hat, und von der Zahl ihrer Nutzer.

Beispiel: Biber leben überwiegend im Wasser. Dort ist die Zahl ihrer Nutzer eher gering. Schwankende Wasserstände haben relativ wenig Einfluss, weil sie mit Dammbauten den Wasserstand zum Teil selbst regulieren können. Sie sind im Jahreslauf nur vergleichsweise geringen Temperaturschwankungen ausgesetzt. Sie sind bei der Nahrungswahl flexibel und können Vorräte anlegen. Es gibt auch keine Nutzer, die auf sie angewiesen sind.

Mäuse hingegen leben in Erdbauen, die in nassen Jahren unter Wasser stehen. Dabei gehen ganze Generationen verloren (sie ertrinken). Die Temperaturschwankungen ihrer Umwelt sind erheblich. Sie nehmen Einfluss auf die Reproduktion. Ihr Nahrungsangebot wird von der Landwirtschaft wie vom Wetter stark beeinflusst und kann erheblich schwanken. Die Zahl ihrer Nutzer ist groß, einige sind stark auf Mäuse als Nahrung spezialisiert. Um als Art zu überleben, müssen Mäuse in jeder Beziehung frühreif sein, sich mehrmals im Jahr fortpflanzen und hohe Nachwuchsraten haben.

WAS SIE DAS LEBEN KOSTETE

Lebensmittel, Arznei und Eitelkeit

Der Biber hatte es immer schwer, denn alles an ihm war begehrt, und für so manchen Aberglauben musste er herhalten. Die Kirche erklärte ihn, da er schwimmen und tauchen konnte, schlicht zum Fisch: 1754 ließen die Jesuiten von der Medizinischen Fakultät in Paris feststellen, dass der Schwanz des Bibers, weil er geschuppt ist, ganz Fisch sei, worauf die Theologische Fakultät entschied, dass Biberfleisch an Fastentagen gegessen werden darf (Piechocki, 1988). Als Gustostückerl galt seine Kelle (Schwanz), gegessen wurde jedoch der gesamte Biber.

Von der „Quacksalberei" jener Zeit hochbegehrt war das Bibergeil. Das ist das Sekret aus den zwischen After und Geschlechtsteilen liegenden „Geildrüsen". Es sollte gegen eine Fülle von Krankheiten und Gebrechen helfen. Piechocki berichtet über die in Augsburg veröffentlichten „Castorologia", in der über 200 verschiedene Rezepte niedergeschrieben waren. Heute schreibt man die (nie wirklich nachgewiesene) Heilwirkung dem mit der Weidenrinde aufgenommenen Salizin (Weide = Salix) zu.

Weggeworfen wurde von einem erlegten oder gefangenen Biber nichts. Schon gar nicht sein Fell. Dieses war, aufgrund seiner im Jahreslauf gleichbleibenden Haardichte, besonders begehrt. Als mit der Revolution von 1848 die jagdlichen Vorrechte des Adels fielen und die Jagd „verbürgerlicht" wurde, ging es mit den Bibern steil bergab.

In Österreich galt die Art 1869 als ausgerottet (Sieber & Bauer, 2001, zitiert bei Ökoteam – Institut für Tierökologie und Naturraumplanung OG, Graz, 2017).

Hier hat der Biber einen Erlenbestand samt den angrenzenden Wiesen unter Wasser gesetzt und damit nicht nur für sich selbst Lebensraum geschaffen. Hier brüten jetzt der Kranich und die Bekassine, der Hecht findet ein Laichbiotop.

Ausrottung in Europa

Zeit	Land	Unterschutzstellung
vor 1200	England	
1541	Italien	
16. Jh.	Schottland	
17. Jh.	Spanien	1981
17. Jh.	Tschechien	
18. Jh.	Luxemburg	
1820	Schweiz	1962
1824	Rumänien	
1826	Holland	
1830	Lettland	
1838	Litauen	erster Schutz 1529
1841	Estland	
1844	Polen	1923
1848	Belgien	
1857	Kroatien	
1865	Ungarn	
1868	Finnland	1968
1869	Österreich	
1871	Schweden	1873
Reliktpopulation	Frankreich	1909
Reliktpopulation	Deutschland	
Reliktpopulation	Norwegen	1845
Reliktpopulation	Ukraine	1922

Daten: Schweizerisches Zentrum für die Kartografie der Fauna (SZKF/CSCF), Avenue de Bellevaux 51, 2000 Neuchâtel, Schweiz.

NEUBEGINN DER ART

Biber zogen immer schon Bewunderung und Hass gleichermaßen auf sich, wobei aus Bewunderung meist Begehrlichkeit wurde. Zu den Begehrlichkeiten gehörten Balg, Wildbret und Bibergeil, aber auch die Nagezähne, die gerne für Charivaris und anderen Schmuck verwendet wurden. Den Hass ziehen sie sich bis heute durch ihre Fäll-Aktionen zu. Werden nur Weiden, Pappeln und andere Wildbäume in unmittelbarer Gewässernähe gefällt, ist es oft nur Ärger, den sie erregen. Anders, wenn sie sich an Obstbäumen vergreifen. Da sie vor dem Menschen wenig Scheu zeigen oder zumindest wissen, wie sie mit ihm umzugehen haben, bewohnen sie längst schon innerstädtische Gewässer. Neben diesen liegen häufig Hausgärten mit Zier- und Obstgehölzen sowie Gemüse. Zäune sind selten „biberdicht", weil sich die Tiere einfach unter dem Geflecht durchgraben. Noch ärgerlicher wird es, wenn sich Obstplantagen in Gewässernähe befinden. Da werden mitunter ganze Plantagen flachgelegt.

Erste Rückkehrer

1960er-Jahre	Einbürgerung von 120 Bibern in mehreren Kantonen.
1972	In Oberösterreich erfolgt erste Freilassung.
1979	In Baden-Württemberg werden bei Karlsruhe Biber ausgesetzt.
1980er-Jahre	In Ungarn wandern Biber entlang der Donau ein.
1980er-Jahre	In der Eifel werden Biber ausgesetzt.
1988–1992	In Hessen erfolgen Einbürgerungen.
1990	In Niedersachsen werden 8 Biber ausgesetzt.
1990er-Jahre	In Ungarn werden im Gemenc-Nationalpark 50 Biber ausgesetzt.
1990er-Jahre	In Kroatien erfolgen Ansiedlungen an Save und Drau.
1994–2000	Im Saarland werden an verschiedenen Gewässern insgesamt 50 Biber ausgesetzt.
ab 2000	In Ungarn werden im Fert-Hansag-Nationalpark Biber ausgesetzt.
um 2000	In die Steiermark wandern erste Biber ein.
2001–2008	In Ungarn werden an der Theiss Biber ausgesetzt.
2018	Österreichische Biber wandern in Friaul ein.
2020	Einwanderung aus Österreich nach Südtirol.

BEGEGNUNGEN

Als ich erstmals einen Biber sah, war seine Art in Deutschland nahezu und in Österreich völlig ausgestorben. Ich schaute mir in Schweden einen Forstbetrieb an, den zu verwalten mir angeboten worden war. Es war ein traumhafter nordischer Frühling, mit zartem Birkengrün, mit Elchen, die am Abend neben den roten Einödhöfen ästen, überall kullernden Birkhähnen und Bekassinen, welche mit ihren steilen Balzfügen halbe Nächte durchtanzten. Erstmals in meinem damals noch jungen Leben begriff ich, wie überbevölkert, wie verbaut und geradezu menschenfeindlich hektisch meine eigene Heimat nach dem Krieg geworden war.

Bei der Besichtigung des Reviers kamen wir zu einem kleinen See. Ursprünglich war es nur ein Bachlauf gewesen, der eher wenig Wasser beförderte. Doch dann kam ein Biberpaar und sperrte das Tälchen großzügig mit einem Damm ab. Boden und Umgriff des Teiches hatten die Biber gerodet. Aus Birken, Aspen und Weiden entstand der Damm. Etwas oberhalb des so entstandenen Teiches hatte der Besitzer Jahre zuvor eine kleine Hütte mit überdachter Terrasse bauen lassen.

Dort verbrachten wir, Brot und kalten Braten verzehrend, die Mittagsstunde. Plötzlich klatschte es zwei- oder dreimal heftig unten am Teich, etwa so, als würde man mit einem Paddel flach aufs Wasser schlagen. Der örtliche „Biberhäuptling" hatte unsere Anwesenheit bemerkt. Mangels Paddel schlug er mit seiner Kelle aufs Wasser. Damit wusste jedes sich unter oder über dem Wasser befindliche Mitglied seiner Familie, dass die Luft an Land nicht rein war. Vorsicht war grundsätzlich geboten, denn Biber durften in Schweden gejagt werden.

Unser Biberhäuptling lag nach seinen Trommelschlägen einige Zeit fast unbeweglich im Wasser und beobachtete seine Umgebung. Schließlich beruhigte er sich wieder. Er schnitt mit seinen scharfen Nagern etliche noch im Wasser stehende Weidenschösslinge ab und zog sie dammwärts unters Wasser. Das war meine erste und für lange Zeit einzige Begegnung mit dem Biber.

Die nächste Begegnung hatte ich Jahrzehnte später in Brandenburg, wo ich einige Tage bei der Forstverwaltung zu tun hatte. Dabei mangelte es nicht an Gelegenheit, die „Schaffenskraft" dieser großartigen Baumeister zu erleben. Im Osten Deutschlands waren – kurz nach der politischen Wende – auf kleinen Dienstwegen noch Dinge möglich, die sich in den Altbundesländern zu langjährigen Rangeleien zwischen unterschiedlichen Behörden, Interessenverbänden, Welt- wie Wirtschaftsrettern und politischen Parteien auswuchsen.

Während meiner Zeit bei der staatlichen Forstverwaltung im Süden der Bundesrepublik plante ich, einige unserer zahlreichen Waldbäche anzustauen. Die dabei entstehenden kleinen Teiche sollten Löschwasser zur Bekämpfung von Waldbränden bereithalten. Gleichzeitig waren sie als Bereicherung des Landschaftsbildes gedacht. Der Planungsaufwand war erheblich: Forstamt, Oberforstdirektion, Wasserwirtschaftsamt, untere Naturschutzbehörde und vorsichtshalber auch noch Anfrage beim gar nicht zuständigen Landbauamt. Der Naturschutzbeauftragte des Landratsamtes musste seinen Segen geben. Die Vegetation des künftigen Gewässergrundes sollte von einem Umweltbüro aufgenommen werden. Fischereibehörden mussten befragt werden. Ein Gutachten über den Einfluss solcher Teiche auf den Huchenbestand in der mehr als 20 Kilometer entfernten Wertach schien notwendig. Die Fischereirechtsinhaber der bachabwärts liegenden Fischereireviere sollten gehört werden und schließlich wurde ein Gutachten über die zufließenden Wassermengen im Jahreslauf verlangt. Besonders qualifizierte Bedenkenträger der eigenen Verwaltung spekulierten über die zunehmende Vernässung und das Absterben der Fichten.

Ein Jahr hindurch hörte ich mir die Bedenkenträger an. Dann nahm ich die Flora einer der zur Flutung vorgesehenen Fläche auf, maß jeweils bei Trockenheit und nach einem Starkregen den Wasserdurchfluss und ließ einen Bagger kommen. Die verlangten Pläne für Teich, Damm und Abfluss hatte ich im Winter selbst gezeichnet.

Später in Brandenburg und in Polen sah ich ganze Waldabteilungen, die der Biber – ganz ohne Verwaltungsaufwand – in Teiche umgebaut hatte. Dieser geniale Baumeister hatte sich die Sache angesehen und ging – ohne Behördenbeteiligung – unverzüglich ans Werk! Entstanden war – völlig verwaltungs- und kostenfrei – ein Stück Schweden, mitten in einer Wüste aus Sand und trostloser Föhren-Einfalt.

Natürlich hatten die Biber nicht für sich alleine gebaut. In dem versumpften Gelände rasteten fortan zahllose Kraniche, brütete die Moorente und meldete sich mit gutturaler Stimme die Rohrdommel. Toll!

Für meine Kollegen in Brandenburg waren solche Flächen und der Anblick von Bibern nichts Besonderes. Für mich war es einfach genial. Daheim in Kärnten konnte ich jederzeit Gams und Steinadler beobachten, sah Hirsche und Murmeltiere, aber Biber lebten dort – damals – noch keine. Zehn Jahre später berichteten die Medien vom ersten zugewanderten Biber in Unterkärnten. Alles fließt, alles ändert sich, wie die Havel in der Schorfheide!

DER LUCHS
(Lynx lynx)

EIN WALDGEIST

Erscheinungsbild

Gewicht: Luchse erreichen in der Spitze ein Gewicht von bis zu 30 kg, was dem eines schweren Rehs entspricht. Mehrheitlich bleiben sie jedoch deutlich leichter.

Beine: Der Luchs ist, im Vergleich mit anderen Katzen, hochläufig, was ihm ein fast quadratisches Erscheinungsbild verleiht. Seine Pfoten haben vorne und hinten je 4 Zehen mit einziehbaren Krallen. Durch die starke Behaarung der Pfoten ist die Flächenbelastung des Luchses im Schnee mit nur 34–60 g/cm^2 geringer als jene vieler seiner Beutetiere.

Haarkleid: Das Fell variiert in Farbe und Zeichnung stark. Die Fleckenmuster dienen zur Identifizierung der Tiere.

Sinne

Sehvermögen: Sein Sehsinn ist sprichwörtlich („Sehen wie ein Luchs"). Ohne die Sehleistung seiner Augen hätte er als Pirschjäger wenig Jagderfolg.

Geruchssinn: Wie bei den meisten Katzen spielt seine kleine Nase, in der nur relativ wenige Riechzellen Platz finden, keine große Rolle. Ihre Leistung ist nur mäßig.

Hörsinn: Sehr gut ist sein Hörvermögen.

Tastsinn: Der Orientierung in der Dämmerung und in der Nacht dienen seine langen Vibrissen im Gesicht.

Kommunikation

Akustische Signale: In der Ranz lässt der Kuder ein abgehacktes Miauen hören. Bei Begegnungen der Geschlechter bilden Fauchen und Knurren die Ranzlaute.

Olfaktorisch: Zur Reviermarkierung und zur innerartlichen Kommunikation dient das Reiben mit den Wangendrüsen, vorzugsweise an Holz, ferner Urinmarken und Kot.

Fortpflanzung

Paarbildung: Luchse sind polygam. Sie werden mit 18–30 Monaten geschlechtsreif. Paare treffen sich nur zur Fortpflanzung. Nach der Paarung trennen sie sich wieder. Die Ranz fällt in die Monate Februar und März.

Junge: Nach 70–75 Tagen Tragzeit werden, versteckt unter Wurzeltellern, Felsblöcken und ähnlichen „Höhlen", 2–4 (selten 6) blinde, schwach behaarte Junge geboren. Sie öffnen mit 14–17 Tagen die Augen. Es sind typische Nesthocker, die bis zu 5 Monate gesäugt werden.

Führung: Etwa 10 Monate werden die Jungen von der Mutter geführt. Dann machen sie sich selbstständig und suchen eigene Reviere.

ALLGEMEINES

Wie die Hauskatze scharrt auch der Luchs seine Losung mit örtlichem Material (z. B. Nadelstreu, Laub, Erde, Schnee) zu. Häufig ist sie in der Nähe eines Risses zu finden. Sie ist walzenförmig und besteht meist aus mehreren Segmenten mit einem Durchmesser von 2–3 cm und einer (gestückten) Länge von 8–20 cm. Setzt der Luchs seine Losung im Schnee ab und taut dieser, liegt sie auch frei auf dem Waldboden.

Nahrung

Luchse sind reine Fleischfresser. Sie erbeuten, was sie bezwingen können – von der Maus bis zum geringen Rotwild. In den meisten mittel- und südeuropäischen Ländern stellen Rehe ihre Hauptbeute dar. In Teilen des Alpenraums können Luchse auch mehr Gämsen als Rehe erbeuten, einfach weil diese regional zahlreicher sind. Größere Beute wird verscharrt (zugedeckt) und häufig von Schwarzwild, Bär, Wolf, Fuchs, Greif- und Rabenvögel mitgenutzt.

Selbstverständlich erbeuten Luchse auch Vögel bis zur Größe eines Auerhahns. Vögel spielen jedoch insgesamt keine so große Rolle.

In Skandinavien, wo die Rehwilddichte signifikant geringer ist, Gämsen völlig fehlen und Elche vom Luchs nicht erbeutet werden können, spielen die dort häufigen Schneehasen, Füchse und Raufußhühner eine weit größere Rolle als im Alpenraum.

Wo es sehr viele Raufußhühner und Schneehasen gibt, werden diese häufiger erbeutet als die im Norden eher seltenen Rehe. Das gilt auch für Teile der osteuropäischen Luchsvorkommen. Befürchtungen, wie sie von Luchsgegnern immer wieder vorgetragen werden, Luchse würden in Mitteleuropa selten gewordene Arten wie Raufußhühner und sogar Wildkatzen ausrotten, sind durch nichts belegt und unbegründet.

Luchse erbeuten auch Weidetiere, fast ausschließlich Schafe und Ziegen. Hierbei handelt es sich bei den Luchsen – wie bei Wölfen und Bären – mehrheitlich um subadulte Tiere mit bescheidener Jagderfahrung, die sich auf der Suche nach einem eigenen Revier befinden. Häufig stehen sie zusätzlich unter Druck ansässiger Artge-

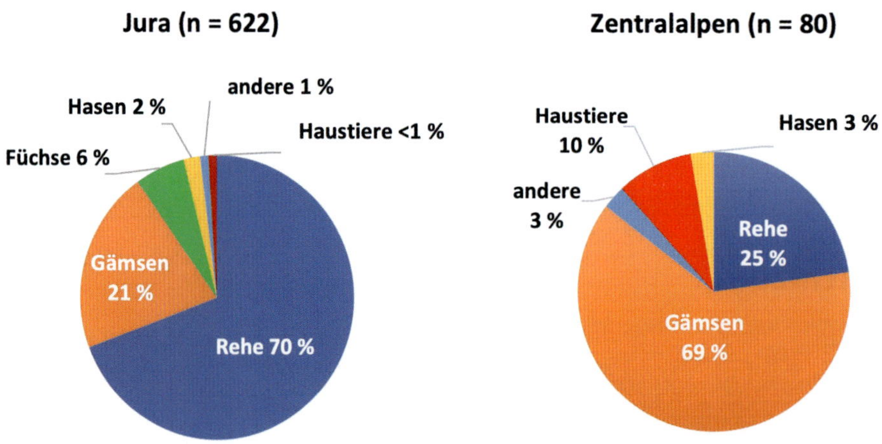

Insgesamt gesehen sind in Mitteleuropa Rehe und Gämsen die wichtigsten Beutetiere des Luchses. Wo jedoch Gämsen häufiger sind als Rehe, werden sie dem Luchs auch häufiger zur Beute. Der Vergleich zwischen den Schweizer Zentralalpen und dem Schweizer Jura macht dies deutlich. Im an Rehen reichen Jura machen diese 70 % der Beute aus, die Gämsen nur 21 %. In den Zentralalpen ist es nahezu umgekehrt. In beiden Gebieten spielen Hasen keine nennenswerte Rolle. (Daten aus „Der Luchs“ von Urs und Christine Breitenmoser-Würsten 2008, Salm Verlag) Grafik: Karl Ronach

nossen, deren Reviergrenze sie verletzen. Während dieser Phase unterliegen Luchse einer erhöhten Sterblichkeit.

Noch in den 1970er-Jahren wurde behauptet, Luchse würden nur selbst erlegte Beute annehmen und Aas generell verschmähen. Das ist definitiv falsch. Um zu dieser Erkenntnis zu gelangen, bedurfte es auch keiner wissenschaftlichen Untersuchungen. Schließlich hatten Jahrhunderte hindurch namhafte Autoren immer wieder berichtet, wie sie, beispielsweise in den Karpaten, Luderplätze beschicken ließen, um dort Luchse zu erbeuten.

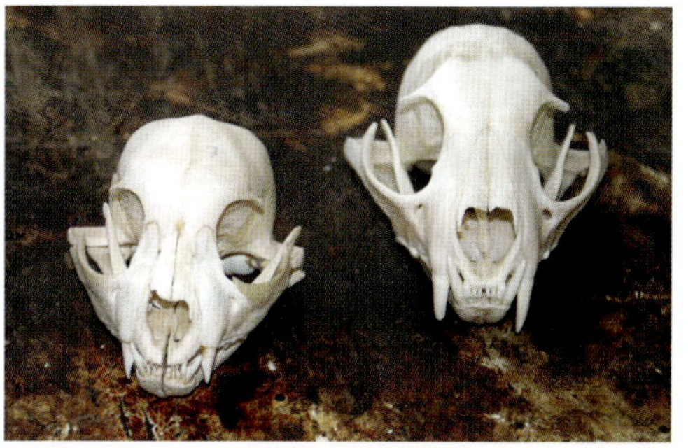

Der Schädel des Luchses (rechts) ist nur geringfügig größer als der einer Wildkatze (links). Das zeigt auch, wie unsinnig die häufig geäußerten Ängste sind, der Luchs könne selbst dem Menschen gefährlich werden.

HINWEIS! Mehr Verkehrsfallwild als Luchsrisse

In vielen Revieren ohne Luchsvorkommen sterben heute weit mehr Rehe durch den Verkehr und als Folge einer überhöhten Siedlungsdichte als in Luchsrevieren durch diese Katze!

Lebensweise

Luchse sind Einzelgänger mit großen Streifgebieten. Gelegentlich sind sie tag-, meist jedoch dämmerungs- und nachtaktiv. Die Streifgebiete männlicher und weiblicher Luchse können sich überlappen, daher gehen sich die Tiere meist aus dem Weg. Nur in der Paarungszeit suchen die Männchen (Kuder) paarungsbereite Weibchen (Katzen) auf. Nach der Kopulation gehen beide wieder getrennte Wege.

Luchse markieren ihre Reviere mithilfe verschiedener Körperdrüsen, mit ihrem Urin sowie mit ihrem Kot. Die wohl häufigsten Markierungen erfolgen durch das Reiben ihrer Wangen (Wangendrüsen) an Bäumen und anderen festen Gegenständen. Größere Beute wird verscharrt (zugedeckt) und zusätzlich mit Urin markiert.

DAS AUS FÜR DEN LUCHS

Deutschland

In den deutschen Kleinstaaten verschwand der Luchs teilweise bereits in der ersten Hälfte des 18. Jahrhunderts. Der offiziell letzte wurde 1888 in Oberbayern erlegt. Die Zahlen sind glaubwürdig, denn kein Jäger hatte damals Veranlassung, Abschuss oder Fang von „Raubwild“ zu verschweigen. Das Gegenteil war der Fall. Fast überall gab es dafür Prämien. Die Erleger wurden als Helden gefeiert. Das war so, weil man der Bevölkerung mit Schauergeschichten Angst gemacht hatte. So galt der Luchs als Bestie, als Würger, der selbst den Jäger vom Baum herunter anspringt und ihm die Kehle durchbeißt. Dem Luchs, aber auch Bär, Wolf, Steinadler und Bartgeier wurden höchstwahrscheinlich viele von Menschen begangene Verbrechen zugeordnet. Sein schlechter Ruf und die von ihm verursachte Angst der Menschen brachte den Erlegern einträgliche Gewinne. Sie zogen mit ihrer toten Beute von Dorf zu Dorf und von Haus zu Haus und kassierten, was ihnen eine dankbare Bevölkerung gab. Je rarer die Art wurde, je seltener ein Exemplar erlegt wurde, umso höher stieg der Erleger im Ansehen der Menschen und umso höher stand die tote Beute im Kurs.

Es waren die großen Waldgebirge, in denen sich der Luchs am längsten halten konnte. Sie waren am dünnsten besiedelt und kaum erschlossen. Zwar wurden bereits vor Ausrottung von Bär, Wolf und Luchs „verkehrsgünstig" gelegene Wälder großflächig und radikal für Glasindustrie, Eisenverhüttung und Köhlerei niedergeschlagen, aber wo Bäche, Flüsse oder Talstraßen fehlten, waren zunächst auch weite Urwaldgebiete erhalten geblieben. Mit deren Erschließung, mit der Schaffung von Weideflächen und dem Bau von Gehöften ging es mit dem Luchs zu Ende.

Chronologie der Ausrottung im heutigen Deutschland

1743	letzter Luchs im Elbsandsteingebirge
1770	letzter Luchs im Schwarzwald
1774	letzter Luchs im Fichtelgebirge
1796	letzter Luchs im Thüringer Wald
1814	letzter Luchs in der Oberpfalz
1818	letzter Luchs im Harz
1834	letzter Luchs in Baden
1846	letzter Luchs im Bayerischen Wald
1846	letzter Luchs auf der Schwäbischen Alb
1850	letzter Luchs im Allgäu
1872	letzter Luchs in Oberbayern

Österreich

Auch hier überlebten die Luchse nicht signifikant länger als in Deutschland. 1872 wurde der letzte Luchs Tirols erlegt. 20 Jahre später war es für die Art auch in der Steiermark aus.

Schweiz

Hier war der Luchs um 1700 schon aus der flachen, gering bewaldeten und relativ stark besiedelten Nordschweiz verschwunden. Halten konnte er sich bis dahin in den Gebirgskantonen. Zwischen 1750 und 1800 verschwand er dann aus dem Jura, aus den südlichen Voralpen und aus den östlichen Alpen. In der ersten Hälfte des 19. Jahrhunderts war er auch in den Zentralalpen bereits selten. Schalenwild gab es infolge der freien Jagd kaum noch. Der Waldanteil sank, und die landwirtschaftliche Nutzung, insbesondere die Beweidung der Hochlagen, nahm zu. Um 1900 war der Luchs auch in Graubünden und im Wallis nur noch sehr selten anzutreffen. Danach galt er als ausgestorben.

Italien

Im heutigen Italien fehlte dem Luchs schon früh die wichtigste Lebensvoraussetzung – ausreichend Beutetiere. Schalenwild gab es

Typischer Luchslebensraum in Friaul, das Val Resia. Der Luchs ist ein typischer Waldbewohner, der größere landwirtschaftliche Flächen meidet. Er jagt im Gebirge, aber auch oberhalb der Waldgrenze im Krummholz-Bereich. Dort sind „Lahner" für Gams und Reh sehr attraktiv. Einerseits gute Einblicke und andererseits viel Deckung in Form von Rinnen und Felsen ermöglichen es ihm, sich der Beute relativ leicht zu nähern.

im 19. Jahrhundert – außer im Alpenraum – kaum noch. Die letzten Luchse südlich der Po-Ebene waren auf Schafe und Ziegen angewiesen. Das dürfte ihr Aussterben enorm beschleunigt haben.

Im 19. Jahrhundert starben auch in den italienischen Alpen die letzten Luchse. 1830 in den Zentralalpen, nördlich von Sandrino in der Lombardei. 1837 in den Dolomiten, nahe der Gemeinde San Stefano di Cadore in der Provinz Belluno. Kurz vor Beginn des Ersten Weltkrieges, 1909, erwischte es schließlich den wirklich allerletzten Luchs in den Südwest-Alpen, bei Valdieri in Piemont. Alle drei wurden in Tellereisen gefangen und in diesen erschossen.

Slowenien

Im heutigen Slowenien war der Luchs in der zweiten Hälfte des 19. Jahrhunderts bereits selten. Doch ob jeder einzelne irgendwo geschossene oder gefangene Luchs auch registriert wurde, wissen wir nicht. 1869 schrieb Fran Ergavec, dass der Luchs in Notranjska ständig anwesend sei. Dies wird mit einem Landtagsbeschluss untermauert, wonach fortan für jeden toten Luchskuder eine Prämie von 20 und für jede Luchskatze eine von 25 Golddukaten bezahlt werden sollte. Diese Prämie wurde erst 1909 durch Verlautbarung abgeschafft. Verbrieft ist, dass 1896 bei Logatec noch zwei Luchse geschossen wurden sowie 1900, 1905 und 1908 je ein Luchs in der Štajerska. Floericke berichtet, dass 1887 sowohl bei Slovenj Gradec als auch bei Völkermarkt, im heutigen Kärnten, Luchse gespürt wurden.

Gregori schrieb, dass zwischen 1874 und 1908 noch 26 Luchse erlegt worden seien. In

Gorenjska wurde der letzte schon 1848 auf dem Sedlu Belca, also auf der heutigen Grenze zwischen Slowenien und Österreich erlegt. In Notranjska soll der letzte Luchs 1882 und in Dolenjskem 1888 den Schroten zum Opfer gefallen sein. Darüber, ob der allerletzte 1908 in der damaligen Untersteiermark oder doch erst 1913 auf der Pohorje endete, gibt es widersprüchliche Aussagen. Jonozovič nennt das Jahr 1908, Gregori hingegen 1913.

Unbestritten ist, dass der Luchs in Slowenien innerhalb eines halben Jahrhunderts ausstarb. Dass es damals wie heute Fanatiker gab, die auch noch ausrotten wollten, als es schon nichts mehr auszurotten gab, zeigt ein Bericht von Hanslovsky von 1921. Er schrieb:

„Ta huda roparica je pri nas že iztrebljena, le pav redko še natale nanj v Gorjancih in Koroškem pogorju." (*Das teuflische Raubtier ist bei uns ausgestorben, nur selten noch begegnen wir ihm im Raum Gorenjska und Koroška.*)

Auch in den südlichen Nachbarländern Kroatien und Bosnien-Herzegowina waren die Luchsvorkommen zu Beginn des 20. Jahrhunderts erloschen. Für Kroatien geben Cop und Frkovic das Jahr 1903 an und für Bosnien-Herzegowina 1911. Dass es in diesen für mitteleuropäische Verhältnisse riesig zu nennenden Waldgebieten überhaupt möglich war, den Luchs in relativ kurzer Zeit auszurotten, verwundert. Es dürfte – wenn es denn so war – vor allem dem Einsatz von Fallen und von Gift zu „verdanken" sein.

1935 bis 1940 sollen im gesamten Süden der Republik Jugoslawien nicht mehr als 15 bis 20 Luchse gelebt haben. Danach scheint es zu einer Erholung gekommen zu sein. Fengewitsch gibt für 1963 einen Bestand von 80 Luchsen auf jugoslawischer Seite und von 100 auf albanischer Seite an. Mirič schätzte neun Jahre später auf beiden Seiten der Grenze einen Bestand von 280 Luchsen. Breitenmoser vermisst für diese Daten allerdings jede objektive Grundlage. Er befürchtet ein Aussterben des Balkanluchses.

Nur im Grenzgebiet der Teilrepublik Montenegro und dem Nachbarland Albanien konnte sich eine kleine, weitgehend isolierte Population des Balkanluchses *(Lynx lynx balcanicus)* halten, ebenso in der Teilrepublik Mazedonien. Bei ihm handelt es sich um eine Unterart des Europäischen Luchses *(Lynx lynx lynx)*.

ROTTET DER LUCHS DIE REHE AUS?

Wäre der Luchs in der Lage, die Rehe auszurotten, dann gäbe es diese seit Millionen Jahren nicht mehr. Schließlich hatten die Rehe durch Jahrmillionen neben Luchs und Wolf auch noch viele andere „Feinde". Die Angst mancher Jäger und durchaus auch Naturfreunde, der Luchs könne die Rehe ausrotten und andere Schalenwildarten stark dezimieren, besteht – ungeachtet jeder Logik – immer noch. Allerdings steigt die Zahl jener Jäger, die im Luchs nicht mehr und nicht weniger als ein Tier sehen, das viele Millionen Jahre von und mit den Rehen und anderen Beutetieren lebte, ohne sie in Bedrängnis zu bringen oder gar auszurotten. Wäre dies auch nur einem der großen Beutegreifer gelungen, gäbe es uns Menschen mit Sicherheit schon lange, lange nicht mehr! Der Mensch hatte eine Unzahl großer, ihm weit überlegener Feinde.

Bleiben wir beim Luchs. Es ist ja schon ein wenig mutig, ihn dem „Großraubwild“ zuzuordnen. Er ist schlicht eine relativ kleine Katze, zwar deutlich größer und schwerer als die Wildkatze, erreicht aber eher selten ein Gewicht von 25 Kilogramm oder gar mehr. Wildschweine erreichen das mehrfache Gewicht und sind in bestimmten Situationen für den Menschen tatsächlich gefährlich.

In Mitteleuropa lebt der Luchs überwiegend von Rehen. Nur in wenigen Gebieten scheinen in seiner „Streckenliste“ vermehrt Gämsen auf. Vor allem im mittleren und nördlichen Skandinavien, wo Rehe nicht so häufig sind wie bei uns, dafür aber Schneehasen und Raufußhühner, geht der Anteil

Luchse jagen bevorzugt in den Abend- und Nachtstunden und schlafen am Tage. Sie sind Einzelgänger und Pirschjäger, die versuchen, ihrer Beute möglichst nahe zu kommen, um sie dann in einem kurzen Spurt zu erreichen. Selten verfolgen sie eine Beute weiter als 50 Meter. Noch immer wird kolportiert, der Luchs laure seiner Beute auf oder er springe sie von einem Baum herab an. Dies trifft jedoch nicht zu.

Noch in den 1980er-Jahren wurde vielfach behauptet, der Luchs nehme nur frische, selbst erlegte Beute an. Das stimmt absolut nicht. Er nimmt auch Fallwild, wenn sich dieses noch nicht stark in Verwesung befindet. Wildbiologen legen an Rissen gelegentlich Fallwild nach, um einen bestimmten Luchs länger am Ort seines letzten Risses beobachten und überwachen zu können.

der Rehe zurück. Würden nun die Luchse südlich Skandinaviens die Rehe auch nur lokal zum Verschwinden bringen, hätten sie keine Lebensgrundlage mehr. Sie würden sich dort selbst „ausrotten".

Damit Luchse, die ja – im Gegensatz zum Wolf – ausgesprochene Einzeljäger sind, überwiegend von Rehen leben können, darf die Rehwilddichte nicht zu gering sein. Vor allem aber muss ihre eigene Dichte gering sein. Dafür sorgen ihr Sozial- und ihr Jagdverhalten. Eine Vergesellschaftung gibt es nur für wenige Tage zwischen den beiden Geschlechtern und später zwischen einem erwachsenen weiblichen Tier und seinen noch unselbstständigen Jungen. Die Streifgebiete zweier erwachsener Tiere können sich allerdings überlappen.

Mitteleuropa bietet dem Luchs ein sehr gutes Nahrungsangebot. Daher sind die Streifgebiete der Tiere in der Regel signifikant kleiner als in Skandinavien und anderen nördlichen Vorkommen. Sehr gute Untersuchungen zur Raumnutzung des Luchses gibt es aus Slowenien. Dort bewegen sich und jagen Luchse in Räumen grob zwischen 13.200 und 22.200 Hektar. Dabei handelt es sich um große und überwiegend geschlossene Waldgebiete. Miha Krofel von der Universität Ljubljana und seine Kollegen konnten an besenderten Luchsen feststellen, welche Räume sie nutzten und welche Beute sie rissen. In den Gebieten Kočevje und Notranjska erbeuteten Luchse im Schnitt alle 7,6 Tage ein Stück Rehwild. Das entspricht ungefähr 48 Rehen im Jahr oder im Untersuchungsgebiet 0,22 Rehe je 100 Hektar und Jahr.

Es wird in Deutschland kaum noch Reviere geben, die – bezogen auf die reine Waldfläche, also den Luchslebensraum – weniger als 5 Rehe je 100 Hektar erlegen. Es gibt aber auch viele Reviere, die deutlich mehr als 10 Rehe je 100 Hektar erlegen! Welche Rolle sollen da die 0,22 Rehe des Luchses spielen? Es wäre selbst dann ohne Bedeutung, wenn der Luchs in unseren absolut rehreichen Revieren das Zehnfache an Rehen erbeuten würde. Auf großer Fläche wird heute nicht einmal der Zuwachs an Rehen genutzt.

WICHTIG! Manchmal mehr Fallwild als erlegte Rehe

In Deutschland wie in Österreich werden in nicht wenigen Revieren seit Jahrzehnten weit mehr Rehe überfahren als erlegt. Würde landesweit auch nur der Zuwachs genutzt, könnte die Zahl der erlegten und auf natürliche Weise ums Leben gekommenen Rehe nicht kontinuierlich steigen!

Muffelwild ist gefährdet

Die einzige frei lebende Tierart, die der Luchs tatsächlich in Bedrängnis bringen kann, sind die Muffelschafe. Ob es sich bei ihnen tatsächlich um ursprüngliche Wildtiere handelt oder um wild lebende ehemalige und inzwischen vielfach bastardierte frei laufende Haustiere, darüber ist sich die Wissenschaft nicht mehr einig. Eine Hypothese ist die, dass sie in alter Zeit von Seefahrern auf Korsika als Lebendproviant ausgesetzt wurden. Dort zogen sie sich in die schroffe Bergwelt zurück, wo ihnen Wölfe und später streunende Hunde nichts anhaben konnten. Sie entwickelten dort ein dem des Gamswildes vergleichbares Verhalten: Bei Gefahr flüchten sie in steiles Felsgelände und stehen dort die Gefahr aus.

In den meisten künstlich begründeten Vorkommen Mitteleuropas fehlen derartige Felshänge. Trotzdem bleiben die Muffelschafe vor Hunden, Wölfen und Luchsen nach kurzer Flucht einfach stehen und lassen sich reißen. Während Muffelschafe in Jagdgattern von einem Zaun oder einer

Mauer vor Hunden und Wölfen geschützt sind, überwinden Luchse derartige Schutzvorrichtungen problemlos.

Luchsdichte & Konkurrenz

Wie oft der Luchs Beute schlagen muss, hängt ganz stark davon ab, ob er sie alleine nutzen kann oder ob er sie mit anderen Fleischfressern teilen muss. Findet der Bär Beutereste des Luchses, etwa von einem Reh, wird er sie komplett für sich beanspruchen. Auch Wölfe werden beim ersten Besuch nichts übrig lassen. Der Luchs muss dann neue Beute finden. Er wird dazu eher das „Lokal" wechseln, weil er weder sein Beutewild noch seine Konkurrenten sensibilisieren will. Zu Letzteren gehören selbstverständlich auch Schwarzwild, Schakal, Fuchs, Greif- und Rabenvögel. Sie alle fressen nicht nur selbst, sie machen ungewollt auf sich und ihren Fund aufmerksam.

Dass sich die „Luchsdichte" nicht erhöhen lässt, wurde schon gesagt. Der Luchs muss sein Streifgebiet erweitern. Ist ihm das nicht möglich, wird er weniger Junge durchbringen. Damit sinkt der Einfluss des Luchses auf die Sterblichkeit des Rehwildes weiter.

Der Luchs als jagdlicher „Erfüllungsgehilfe"

In Deutschland und Österreich bedeutet ein „Lokalwechsel" des Luchses innerhalb seines Streifgebietes häufig einen Wechsel des menschlichen Jagdbezirkes, wenn nicht gar des Hegeringes. Das heißt, wir merken ihn und seine „Arbeit" mehrheitlich gar nicht. Wenn wir den Luchs als unseren jagdlichen Erfüllungsgehilfen einspannen wollen, müssen wir davon ausgehen, dass unsere Anwesenheit als Jäger seine Anwesenheit erschwert und mindert! Am wenigsten erfolgreich wird er dort sein, wo wir selbst intensiv jagen.

Bei der Frage, wie intensiv der Luchs in seine Beutetierbestände eingreift, ist die Kondition seiner Opfer entscheidend. Krofel (2006) verglich die Kondition von Rehen, die unselektiv durch den Verkehr ums Leben kamen, mit solchen, die vom Luchs gerissen wurden. Dabei war der Anteil der unterkonditionierten Rehe (Fettanteil im Knochenmark) bei den gerissenen signifikant höher. Auch beim Vergleich erlegter Rehe mit solchen, die vom Luchs gerissen wurden, schnitt der Luchs als „Heger" weit besser ab als der menschliche Jäger! Das heißt, ein erheblicher Teil der vom Luchs gerissenen Rehe war schwach und unterkonditioniert und muss der kompensatorischen Sterblichkeit zugerechnet werden. Es sind einfach schwache oder kranke Rehe, die auch ohne Luchs nicht mehr lange zu leben gehabt hätten.

Die Jagd mit der Büchse ist weitgehend unselektiv, weil wir ein Reh nicht selbst physisch erjagen müssen. Uns genügt es, ein Reh zu sehen. Alles Weitere erledigen wir mit Technik. Wir können allenfalls das Geschlecht erkennen und – je nach Jahreszeit – drei Altersklassen: Kitze, Jährlinge, Mehrjährige. Wir erlegen zwangsweise die gesunde Geiß ebenso wie die kränkelnde, einfach, weil wir die Unterschiede nicht erkennen. Damit greifen wir in die Reproduktion signifikant stärker ein als der Luchs.

WICHTIG! Kein Konkurrent

Die Angst, der Luchs würde uns als Beutekonkurrent die Jagd nehmen oder auch nur signifikant schmälern, ist genau so absurd wie die Hoffnung vieler seiner Befürworter, er würde das tatsächlich tun. Die eine wie die andere Haltung ist eines Jägers unwürdig!

LUCHS UND ALMWEIDE

„Das Gesetz des Örtlichen"

Ärger bei den Bauern verursachen Luchse überwiegend dort, wo Schafe oder Ziegen ohne Behirtung und ohne nächtliche Einstallung im sommerlichen Weidegang gehalten werden. Das ist vor allem im alpinen Raum der Fall. Es ist jedoch keineswegs so, dass Weidetiere nur durch Luchs oder Wolf Verluste erleiden. Allerdings werden Schäden durch Hunde, Absturz, Totgeburten oder Krankheiten nicht zentral erfasst. Sie kommen eher selten in die Medien. Bekannt sind hingegen die vom Luchs verursachten Schäden. KORA (Raubtierökologie und Wildtiermanagement) veröffentlichte schon im November 2000 einige interessante Zahlen und Fakten zu den Verlusten an Weidetieren in der Schweiz. Danach konnte der Luchs nur bei 157 von 221 mit Verdacht auf Luchsriss gemeldeten Schafen als Täter bestätigt werden. Bei 27 Tieren (= 12,2 %) ließ sich die Todesursache nicht klären und bei 16 Meldungen (= 7,2 %) waren gar keine Kadaver vorhanden. Der Rest waren Hunderisse, Tod durch Krankheit und Totgeburten, die von Füchsen gefressen wurden.

Regelmäßig kommen während der Sömmerung Schafe und Ziegen durch Steinschlag, Blitzschlag, Abstürze und Lawinen oder durch offensichtliche Krankheiten zu Tode. Diese werden aber, wenn kein Verdacht auf einen Luchsriss besteht, nicht erfasst. Dies trifft auch auf von Hunden gerissene Schafe zu. Eine Versicherung wird nur bemüht, wenn der Besitzer des Hundes ausfindig gemacht werden kann. Dann springt – falls eine abgeschlossen wurde – die Hunde-Haftpflichtversicherung ein. Einen Datenaustausch bezüglich Schäden an Weidetieren durch Hunde gibt es nicht. Meist lassen sich die Hundebesitzer ohnehin nicht ermitteln.

KORA verweist darauf, dass Hunde – im Gegensatz zum Luchs – oft mehrere Schafe gleichzeitig reißen. In den Medien erscheinen jedoch fast immer nur die spektakulären Fälle. Folgende Beispiele werden angeführt:

„Im Mai 1995 reissen zwei Hunde innerhalb einer Woche auf Weiden in Schwanden bei Sigriswil im Kanton Bern insgesamt 55 Schafe. Der Schaden belief sich auf rund SFr. 40'000,–" (Berner Zeitung 26./27./31. Mai 1995).

„Am 5. September 1997 reissen zwei Appenzeller Hunde in Albeuve (FR) in einer Herde von 19 Schafen 3 Tiere. Zwei weitere muss der zuständige Wildhüter infolge der schweren Verletzungen erschiessen. Zwei Schafe wurden vom Besitzer nicht mehr gefunden." (La Gruyère 6. September 1997).

„Zwei Hunde töten in Autigny (FR) in einer Herde von 100 Schafen 11 Tiere, 10 mussten wegen Verletzungen abgetan werden." (La Liberté, 26./27. September 1998).

Markant sind die Ohrpinsel und der ausgeprägte Backenbart. © Heidi Hespeler

Interessant ist in diesem Zusammenhang ein Dossier des Schweizer Bundesamtes für Umwelt (BAFU) vom Februar 2018. Darin wird die Zahl der wieder in den Schweizer Kantonen lebenden Luchse mit rund 300 angegeben. Diese töten jährlich 20 bis 50 Nutztiere. Gleichzeitig starben während eines einzigen Alpsommers allein mehr als 4.000 Schafe durch Absturz, Krankheit oder Blitzschlag. Es kommen also mehr als hundertmal so viele Schafe durch andere Ereignisse zu Tode als durch Luchse!

DIE ERSTEN RÜCKKEHRER

Deutschland

Bayern: Seit den 1970er-Jahren tauchten sporadisch Luchse im Bayerwald auf. Teile der Jägerschaft machten keinen Hehl daraus, wie sie mit der „Bestie" umzugehen gedachten.

Der Bund Naturschutz in Bayern hatte im Bereich des Nationalparks Bayerischer Wald einige Luchse illegal ausgesetzt. Um wie viele Tiere es sich handelte und woher sie kamen, ließ sich nicht mehr feststellen. Heute wird vermutet, dass es sich um fünf bis zehn Tiere handelte. Es kam in der Folge zu zahlreichen illegalen Abschüssen und Vergiftungen. Es erfolgten aber auch Abwanderungen. So wurden Luchse im bayerischen Fichtelgebirge und im oberösterreichischen Mühlviertel bestätigt. Heute werden Luchse im Gesamtraum des Bayerisch-Böhmischen Grenzkamms nachgewiesen. Dieser besteht zu großen Teilen aus Staatswaldungen, in denen die Luchse kaum illegalen Abschüssen ausgesetzt sind. 2002 wurde die Zahl der territorialen Luchse in diesem Raum auf 70 Tiere geschätzt.

Die Luchstötungen im Bayerischen Wald häuften sich. Im März 2012 wurde bei Rinchnach eine Luchsin vergiftet, im Mai 2013 bei Bodenmais eine trächtige Luchsin erschossen und tot an einem Wanderweg gefunden, im Mai 2015 fand man dann abgeschnittene Luchspfoten bei Lam, nahe einer Fotofalle. Im Dezember 2015 wurde eine strangulierte junge Luchsin bei Oberkreuzberg gefunden. Hier ging man vorerst von einem Verkehrsunfall aus, weil das Tier im Straßengraben lag. Untersuchungen des toten Tieres in Schweden haben aber ergeben, dass die Luchsin stranguliert, also durch menschliche Gewalteinwirkung getötet und dann im Straßengraben abgelegt worden war, um einen Verkehrsunfall vorzutäuschen.

Alle Fälle haben gemeinsam, dass hier hohe kriminelle Energie der Täter im Spiel ist und bisher keinerlei Aufklärung gelang.

Diese Luchskrimis sind aber kein ausschließlich bayerisches Phänomen, Ähnliches passiert auch in Österreich und Tschechien. Die böhmisch-bayerisch-österreichische Luchspopulation wird hier auf eine harte Überlebensprobe gestellt, denn illegale Tötungen und Verkehrsunfälle sind die Hauptrisiken für das Überleben der Luchse im Böhmerwald und rundherum.

Norddeutschland: Im Harz (Niedersachsen und Sachsen-Anhalt) wurden von 2000 bis 2006 insgesamt 24 Luchse ausgewildert. Bei allen handelte es sich um Gehege-Nachzuchten europäischer Wildparks, die im Harz zunächst in einem vier Hektar großen Auswilderungsgehege eingewöhnt wurden. Der erste Nachwuchs stellte sich schon 2002 ein. In Freiheit geborene Jungluchse verließen auf der Suche nach eigenen Revieren den Harz.

2010 wurden im Kaufunger Wald (Hessen) Jungluchse nachgewiesen. 2013 kamen erstmals im Leinebergland Jungtiere zur Welt, und 2016 im Solling (Niedersachsen). Inzwischen leben Luchse in den meisten deutschen Bundesländern.

Rheinland-Pfalz: Zuwanderung und Aussetzungen erfolgten auch im Pfälzer Wald. Hinweise auf Zuwanderungen, vermutlich aus den Vogesen (Frankreich), gab es schon zu Beginn der 1980er-Jahre. Einzelne illegale Abschüsse bestätigten die Anwesenheit der großen Katze. Inzwischen wurden von 2016 bis 2020, nach Vorarbeiten durch die Forschungsanstalt für Waldökologie und Forstwirtschaft in Trippstadt, 20 Luchse ausgesetzt. Finanziert wurde das Projekt von der „Stiftung Natur und Umwelt Rheinland-Pfalz“. Im Jahr 2020 wurden 17 verschiedene Luchse von Fotofallen erfasst, wobei noch bei ihren Müttern befindliche Jungtiere nicht mitgezählt wurden. Seit 2016 gab es nur fünf Übergriffe auf Nutztiere. In zwei Fällen drang ein Luchs in ein Wildgehege ein.

Der Luchs zieht seine Beute gerne in Deckung oder bedeckt sie mit am Ort vorkommendem pflanzlichem Material. Er will sie damit vor Mitfressern schützen. Greif- und Rabenvögel, die seine Beute finden, machen auch vierläufige Konkurrenten aufmerksam. Je mehr Konkurrenten ihm die Beute streitig machen, umso häufiger muss er jagen und umso größer muss sein Streifgebiet sein. Damit reduziert sich die Luchsdichte. Konkurrenten, die ihm kaum etwas übrig lassen, sind Bären, Wölfe und Wildschweine. © iStock.com/Gatito33

Tschechien

Im Böhmerwald tauchten bereits in den 1950er Jahren einzelne Luchse auf, die ebenso wieder verschwanden. Nachdem 1970 im Bayerischen Wald Luchse ausgesetzt worden waren, wanderten einige Tiere über die Grenze nach Tschechien und ließen sich dort grenznahe im militärischen Sperrgebiet und späteren Nationalpark nieder. Die tschechischen Behörden ließen zwischen 1982 und 1989 im Šumava Nationalpark insgesamt 18 weitere Luchse frei. Alle stammten aus den slowakischen Karpaten. Die Entwicklung verlief zunächst höchst positiv. 1995 wurde von 70 bis 100 Tieren ausgegangen. In den 1990er Jahren migrierten in Tschechien geborene Luchse zunehmend auch nach Bayern und Österreich. Diese Tendenz machten auch die grenzüberschreitenden Auswertungen der Daten von 1990 bis 2002 deutlich.

Allerdings gingen die Nachweise seit 1998 in allen drei Ländern zurück, ehe 2002 eine Stabilisierung auf niedrigem Niveau eintrat. Ursache für den Rückgang waren offensichtlich illegale Abschüsse in Tschechien wie in Bayern.

Tschechien ist das einzige Land mit Luchsvorkommen, welches die illegalen Abgänge brauchbar erfasst hat. Demnach wurden zwischen 1989 und 2001 den mit dem Projekt befassten Wildbiologen insgesamt 50 Schädel widerrechtlich erlegter Luchse anonym zugestellt.

Österreich

Ab 1977 wurde im steirisch-kärntnerischen Grenzgebiet auf der Turrach erstmal ein Luchs ausgesetzt, acht weitere folgten. Initiator und Projektleiter war Antal Festetics, damals Professor an der Universität Göttingen. Insgesamt gelangten bis 1979 sechs männliche und drei weibliche Luchse in Freiheit. Dabei handelte es sich um Wildfänge aus den slowakischen Karpaten. Drei Luchse, zwei Kuder und eine Kätzin, lieferte 1978 der Zoo in Ostrava. Vier Tiere trugen Senderhalsbänder. Ein baldiges Ende wurde dem Projekt vorausgesagt. Tatsächlich wurden die Nachweise immer geringer und blieben schließlich ganz aus.

Wahrscheinlich aus Tschechien wanderten bereits 1988 einzelne Luchse ins oberösterreichische Mühlviertel ein. Es gelang ihnen aber nicht, sich dauerhaft niederzulassen und einen eigenen kleinen Bestand zu bilden.

Südlich der Donau, im Bereich des heutigen Nationalparks Kalkalpen, gab es 1998 einen ersten gesicherten Nachweis, seither jährlich. 2009 hielt sich dort ein Kuder auf, der aus einem Gehege entwichen war. Er verschwand im Dezember desselben Jahres wieder. 2011 wurden zwei Luchse in der Schweiz eingefangen und in den Nationalpark übersiedelt. Das Weibchen („Freia“) brachte schon im Jahr der Aussetzung und im Folgejahr Junge zur Welt. Der Kuder („Juro“) ist seit Juni 2012 verschollen. Im März 2013 wurde eine weitere Schweizer Luchsin („Kora“) freigelassen, die noch 2013 und 2014 reproduzierte. Von den 6 2013 geborenen Jungluchsen lebte im August 2014 nur noch eines. Im Mai 2014 wurde ein Luchs, etwa 50 Kilometer vom Nationalpark entfernt, in der Steiermark fotografiert.

Auch in Niederösterreich, etwa 50 Kilometer östlich, wurde 2014 mehrfach ein Luchs gesichtet, bei dem es sich um einen Abwanderer aus dem Nationalpark handeln könnte.

2017 wurden zwei Schweizer Luchse als Ersatz für zwei von einem Jäger-Ehepaar im Nationalpark vorsätzlich geschossene Luchse ausgesetzt. Gegen weitere Aussetzungen sprach sich Oberösterreichs Landesjägermeister aus.

Ein Austausch zwischen den Kalkalpen und dem Grenzgebirge nördlich der Donau fand bisher nicht statt. Ob es je so weit kommt, ist fraglich. Kalkalpen und Böhmerwald trennt nicht nur die Donau als solches, sondern auch mehrere Autobahnen, Bundesstraßen, Bahnlinien und eine großräumige Bebauung. Damit ein im Nationalpark Kalkalpen geborener Luchs den Böhmerwald lebend erreicht, bedarf es wahrscheinlich vieler „Pioniere“ und viel Glück. Umso wichtiger wäre eine wenig lückenhafte Besiedlung zwischen Böhmerwald und Erzgebirge bis zur Tatra oder ins Innere Polens.

Ein wirkliches Interesse an der Rückkehr des Luchses scheint es offiziell in Österreich nicht zu geben. Jedenfalls gibt es keine offizielle Stelle (Ministerium, Amt, Universität), die zentral Daten über das Vorkommen dieser Tierart sammelt.

Schweiz

Auch in der Schweiz gab es Widerstände gegen die Rückkehr des Luchses, bei den Bauern ebenso wie bei den Jägern. Dennoch genehmigte der Bundesrat bereits 1967 die Wiederansiedlung. Bis es dann so weit war, musste in den Kantonen noch viel Überzeugungsarbeit geleistet werden. Eine große Persönlichkeit, die das Projekt voranbrachte, war der Obwalder Kantonsoberförster

Leo Lienert. Im September 1971 wurden dann im Kanton Obwalden tatsächlich zwei aus den Karpaten kommende Luchse freigesetzt und 1972 nochmals zwei. Zumindest 25 weitere Luchse folgten – offizielle wie inoffizielle – von 1972 bis 1989. So wenig durchschaubar wie die Zahl der inoffiziell ausgesetzten Luchse ist jene der illegal erlegten.

Um die Jahrtausendwende wurde politisch die Umsiedlung von Luchsen aus dem Kompartiment VI in das Kompartiment II genehmigt. Im Spätwinter 2001 wurden zwei Luchspaare im Kanton Zürich und eines im Kanton Sankt Gallen freigelassen. In der zweiten Phase dieses Projektes folgten drei weitere Luchse, insgesamt also zwölf Tiere.

Die Jägerschaft äußerte zwar Bedenken, stimmte dem Vorhaben jedoch zu. Befürchtungen, die Luchse würden die Jagd auf Schalenwild unattraktiv machen, bestätigten sich nicht.

In einem Bericht der Hochschule Wädenswil aus dem Jahre 2006, in dem die Entwicklung der Reh- und Gamswildbestände des neuen Luchsgebietes untersucht wurden, heißt es:

„Auf Revierebene waren die Abweichungen vom langjährigen Mittel der Jagdstrecken teilweise erheblich und erreichten bis zu zwei Dritteln. Zusammengefasst: Im lokalen Rahmen können Luchse die Jagd erschweren und die Jagdstrecke erheblich reduzieren. Im regionalen und überregionalen Rahmen ist, trotz verbreitet mittelgradiger Reduktionen der Jagdstrecke und grosser Reduktionen in zwei Wildräumen, eine angemessene jagdliche Nutzung des Wildes weiterhin möglich. Die Ungulatenbestände (gemeint sind Rehe und Gämsen, der Autor) *sind regional und überregional nicht akut gefährdet."*

Es wird festgestellt, dass es sowohl vor als nach der Wiederansiedlung des Luchses in der Abschussstatistik der beiden Schalenwildarten zu mehr oder weniger ausgeprägten Schwankungen kam, wie sie auch in luchsfreien Gebieten gegeben sind. Ursachen können die Witterung sein (besonders strenge Winter) ebenso wie die jagdliche Verwaltung (Ängste, die zur Abschussreduzierung führen, wie die angenommene Notwendigkeit mehr zu erlegen).

Das Flachland der Nordschweiz ist stark zersiedelt, von Verkehrswegen durchschnitten und relativ waldarm. Von einem typischen Luchslebensraum wird man sicher nicht sprechen können. Dennoch werden inzwischen auch dort zumindest einzelne Luchse nachgewiesen. Auch im Kanton Schaffhausen streift inzwischen ein Luchs durch die Wälder. Am 5. Mai 2020 wurde dem Ressort Jagd- und Fischerei die Sichtung eines Luchses im Revier Hemishofen bestätigt. Danach kam es zu mehreren Rissen an Rehwild im Revier Stein am Rhein, die einen Luchs vermuten ließen. Schließlich hielt im Kanton Schaffhausen eine neben einem gerissenen Reh angebrachte Fotofalle einen Luchs fest.

Anhand der Fotos konnte der Luchs identifiziert werden. Er wurde im Frühling 2019 im Kanton Thurgau geboren und hat zwei Geschwister. Der Stammbaum dieses Luchses konnte dank des Fotofallenmonitorings und der Bestimmung von Luchsbildern bis zur Wiederansiedlung der Luchse in der Nordostschweiz zurückverfolgt werden. Er gehört zur fünften Generation im Stammbaum des Gründerweibchens (Alma). Dieses wurde im Jahr 2008 vom Solothurner Jura in die Nordostschweiz umgesiedelt.

Frankreich

Wohl angetan von den ersten Aussetzungen in der benachbarten Schweiz, bemühte sich der Arzt Michel Fernex um eine Wiederansiedlung der großen Katze in den Vogesen. 1982 erteilte das Umweltministerium in Paris die Genehmigung, in den Vogesen Luchse auszusetzen. Anfang Mai 1983 wurde das erste Paar nordwestlich von Colmar freigelassen. Vier Jahre später gingen die Nachweise signifikant zurück. Daher ließ man bis 1993 weitere 13 Luchse aus der Slowakei frei.

Zu einem stabilen Bestand brachten es die Vogesen-Luchse nicht. Von Anfang an zeigten sich die Jäger als erbitterte Gegner dieser Wildart. Einige Luchse wurden nachweislich geschossen. Bei anderen gab es Hinweise darauf oder sie verschwanden einfach.

Italien

Es wird geschätzt, dass sich in den italienischen Alpen gegenwärtig etwa 130 Luchse aufhalten. 1982 gab es einzelne Nachweise in den südlichen Dolomiten. Ab 1986 begann die systematische Suche nach Hinweisen für das Vorkommen dieser Art. Immerhin konnte eine Forschergruppe unter Bernadino Ragni im Winter 1988/89 vier Luchse in den südlichen Dolomiten nachweisen. Neben einem erwachsenen Kuder und einem Jährling konnten auch zwei weibliche Luchse nachgewiesen werden.

Diese kleine Gruppe schien sich erfolgreich fortzupflanzen. Ob das tatsächlich so war, gilt heute als unsicher. Jedenfalls wurden im letzten Jahrzehnt des alten Jahrtausends auch im östlichen Trentino und in der Adamello-Brenta-Gruppe Luchse bestätigt. Damals schätzten Ragni und Kollegen die Zahl der Luchse in den italienischen Ostalpen auf 21 Tiere. Molinari und Catello (2004, zitiert bei Breitenmoser, 2008) bezweifelten die Zahlen.

Ebenfalls im letzten Jahrzehnt des vorigen Jahrtausends kam es auch in Zentralitalien im Bereich des Abruzzen-Nationalparks zu Luchsbeobachtungen. Zur Jahrtausendwende begannen dann französische Forscher Daten zu sammeln. Zwar kam es zu zahlreichen Meldungen über beobachtete Luchse, es gab jedoch keinen einzigen Nachweis, dass es sich bei den gesehenen Tieren auch tatsächlich um Luchse gehandelt hat. So blieb die Frage, woher die Luchse, wenn es denn welche waren, gekommen sein konnten. Eine These war die, dass der Luchs in den Apenninen nie wirklich ausgestorben war. Sie galt als unwahrscheinlich. Nach der anderen These waren sie aus den Alpen zugewandert. Auch diese wurde von den meisten Fachleuten verworfen, da sich Luchse, anders als Bären oder Wölfe, nicht sprunghaft ausbreiten. Sie blähen ihr Verbreitungsgebiet einfach immer mehr auf.

Einige wenige Luchse leben seit den 1980er-Jahren in der nordöstlichsten Ecke Italiens, im Bereich der Julischen und Karnischen Alpen. Es dürfte sich um Zuwanderer oder „Grenzgänger" aus Slowenien handeln. Dort wurden 1973 slowakische Luchse ausgesetzt, die sich rasch vermehrten und ausbreiteten.

DNA-Untersuchungen konnten im Tarvisiano lange Zeit nur männliche Tiere bestätigen. Dieses kleine langfristig nicht überlebensfähige Vorkommen in Friaul erreichten aus den slowenischen Luchs-Kerngebieten im Süden des Landes nur Kuder. Das ist typisch und erklärt auch, warum nie Nachwuchs bestätigt werden konnte. Mehr als zehn Jahre blieb es bei nur drei Kudern im Großraum Tarvisio.

Im Sommer 2007 wanderte ein 2006 im Schweizer Kanton Sankt Gallen geborener und dort besenderter Luchs ins Trentino ein. Er wurde Ende 2007 im Schweizer Nationalpark in Zernez gesehen und 2008 in der Brentagruppe (Trentino) in einer Kastenfalle gefangen. Er hatte rund 200 Kilometer zurückgelegt und wurde damit zum Rekordhalter. Untersucht und neu besendert entließ man ihn wieder in Freiheit. Mehr als sechs Monate galt er dann als verschollen. Doch Mitte Dezember 2008 wurde er neuerlich von einer Wildkamera erfasst. Seither tauchen immer wieder einzelne Luchse in Südtirol auf, so auch 2013 in der nordöstlichsten Ecke der Provinz, im Antholzer Tal (Lechner Simone, 2014 mündlich).

Im März 2014 kam dann im Raum Tarvisio, wo immer noch die drei Kuder ein einsames Dasein führten, ein im Schweizer Jura gefangenes Luchspaar zur Freilassung. Der WWF Österreich hatte die Kosten für diese Aktion übernommen.

WICHTIG! Vernetzung ist dringend erforderlich

Luchse fallen immer wieder dem Straßenverkehr zum Opfer. Daneben sind illegale Abschüsse und genetisch bedingte Veränderungen ein Problem. Letztere haben ihre Ursache darin, dass die meisten der heute in Mitteleuropa lebenden Luchse Nachkommen einiger weniger ausgesetzter Tiere sind, die zudem fast alle aus der Slowakei stammen. Das wäre kein Problem, wenn die einzelnen Vorkommen miteinander in Verbindung ständen oder wenn die Zahl der in Mitteleuropa lebenden Luchse wesentlich größer wäre. Als Brücke zwischen Balkan, der Schweiz und Karpaten müsste Österreich dienen.

Slowenien

In Slowenien war es der Schweizer Industrielle Karl Weber, ein Naturfreund und Jäger, der als Gast in Kočevje jagte und dort ein Wiederansiedlungsprojekt initiierte und finanzierte. 1971 fand die Wiederansiedlung in der Schweiz statt, die Weber ermutigte, auch im damaligen Jugoslawien ein derartiges Projekt zu unterstützen. Staatschef Josip Broz Tito, der schon den Braunbären eine sichere Heimat gab, bewies Weitblick und zeigte sich aufgeschlossen. Weniger aufgeschlossen zeigten sich die Jäger vor Ort und in der Umgebung. Die Wogen schlugen so hoch wie überall, wo Jäger ihren Alleinbesitzeranspruch auf das Schalenwild gefährdet sehen. Dennoch gelang es 1973, mit nur wenigen Monaten Vorlaufzeit, sechs Luchse aus den Karpaten (drei Kätzinnen und drei Kuder) in Kočevje freizulassen. Möglich wurde dies einerseits, weil die jugoslawischen Behörden unbürokratisch handelten und weil zufällig in der Slowakei sechs bereits gefangene Luchse vorhanden waren und auf ihre Freilassung warteten. Sie waren eigentlich für eine Wiederansiedelung im Harz vorgesehen, wo die Behörden – unter dem Druck der Jägerschaft – die Genehmigung verweigerten.

Die Region um Kočevje hatte inzwischen einen höheren Waldanteil als 1941: Mehr als 200 Dörfer waren während der zunächst italienischen und nachfolgend der deutschen Besetzung völlig zerstört worden. Nur 10 % sind nach dem Krieg wiederaufgebaut worden. Große Teile der ehemals landwirtschaftlichen Fläche hatte sich der Wald zurückgeholt. Alle autochthonen Wildarten waren zum Zeitpunkt der Luchsaussetzung präsent, darunter: Bär, Wolf, Goldschakal, Wildkatze, Rotwild, Rehwild, Gamswild, Muffelwild und Schwarzwild. Die Muffel wurden in einem der dortigen Jagdgatter für Schießtouristen gehalten, ein wesentlicher Teil des Fremdenverkehrs dieser Region.

Leiter des slowenischen Projektes wurde Dr. Janez Čop, damals noch Professor an der

Forstlichen Fakultät der Universität Ljubljana. In der direkt an die Wälder um Kočevje angrenzenden Teilrepublik Kroatien wurde Alojzije Frkovič Projektleiter. Er arbeitete auch nach dem Zerfall des Vielvölkerstaates im südlichen Verbreitungsgebiet weiter.

Bereits im Jahr der Aussetzung wurden in Kočevje vier Jungluchse beobachtet. Anfangs hielten sich die Luchse im Aussetzungsbereich, doch schon 1974, also ein Jahr nach der Freilassung, bewegten sie sich auf einer Fläche von rund 30.000 ha. Sie waren inzwischen bis zum Grenzfluss Kolpa vorgedrungen und hatten diesen offenbar auch überquert. Bis 1976 soll das junge Vorkommen auf rund 20 Tiere angewachsen sein.

Nördlich der Autobahn Ljubljana – Koper blieb die Besiedlung anfangs dünn und wurde auf etwa zehn Luchse geschätzt. 1978 war jedoch, trotz bereits planmäßigem Abschuss, eine Ausbreitung gegen Italien hin und in Richtung Julische Alpen (Triglavski Narodni Park) festzustellen. Es waren wohl Pioniere, männliche Zuwanderer aus den slowenischen Vorkommen. Weibliche Luchse konnten nicht nachgewiesen werden. Von den italienischen Jägern hatten die Tiere wenig zu befürchten.

Die Ausbreitung nach Süden scheint den Luchsen leichter gefallen zu sein als jene nach Norden. Breitenmoser vermutet, dass dies mit der Politik des damals zuständigen Ministeriums zusammenhing. Grundsätzlich wurde von Anbeginn die Bejagung eingeplant und die Begrenzung des Verbreitungsgebietes nach Norden vorgesehen. Im Oktober 1975 gelang es erstmals, einen Luchs auf kroatischer Seite im Risnjak-Nationalpark zu bestätigt (Ris = Luchs). Das war

Luchse sind Einzelgänger. Kuder und Katze bleiben nur während der Ranzzeit wenige Tage zusammen. Für die Aufzucht der Jungen ist die Katze alleine zuständig. Nach rund 5 Monaten müssen sich die Jungtiere von der Mutter trennen und sich eigene Reviere suchen. Viele überleben diesen Abschnitt nicht. © iStock.com/Boguslaw Chyla

rund 35 Kilometer von Kočevje entfernt. Von 1978 an lagen für jeden legalen Abschuss in Kroatien und Bosnien präzise Daten vor. In zehn Jahren gelang es dem Luchs, die Bosanska planina im Süden Bosniens zu erreichten.

Anfang der 1990er-Jahre stockte der bis zu diesem Zeitpunkt gute Datenfluss aus Kroatien und dem angrenzenden Bosnien in den Wirren des Bürgerkriegs. Ab 1991 wurde nur noch auf der Istrischen Halbinsel und im Gorski Kotar ein Monitoring durchgeführt.

Als Kerngebiete mit festem Abschuss wurden die großen Wälder der Forstverwaltungen Kočevje und Postojna festgelegt. Beide werden von je einem breiten, nur dünn von Menschen besiedelten Waldkorridor mit den Julischen Alpen verbunden. Letztere bilden den 83.807 Hektar großen Triglav Nationalpark, in dem die freie Schafweide betrieben wird. Daher wurden größere Schäden durch den Luchs befürchtet und der unbegrenzte Abschuss (ausgenommen führende Muttertiere) innerhalb der gesetzlichen Jagdzeit gestattet.

Von 1978 bis 1998 wurden landesweit 229 Luchse legal erlegt, weitere 48 wurden tot gefunden. Die intensive Jagd bremste eine weitere Expansion und insbesondere die Wiederansiedelung in den Alpen.

Erst 1992, als klar wurde, dass die Luchspopulation rückläufig ist (Slowenien war inzwischen ein unabhängiger Staat), schränkte das Ministerium die Jagdzeit ein, verringerte die Abschussquoten in den Kerngebieten und untersagte den Abschuss außerhalb. In den Kerngebieten wurden bereits 1978 – also nur fünf Jahre nach der Wiedereinbürgerung – vier Luchse legal erlegt. Einzelne Luchse durchstreiften die Karawanken und die angrenzenden Steiner Alpen.

Im neuen Jahrtausend nahm die Zahl der nachgewiesenen Luchse in Slowenien dramatisch ab, und ein neuerliches Aussterben wurde befürchtet. Krofel ging von einem Bestand von nur noch 10 bis 15 Tieren aus. Davon sollten weniger als zehn Tiere in fortpflanzungsfähigem Alter sein. Als Hauptursache sahen die Fachleute Inzuchtprobleme, insbesondere Herzinsuffizienz und Deformationen des Skeletts. Als besonders großes Problem wurde der illegale Abschuss, auch im benachbarten Österreich, angesehen. Derzeit arbeitet die Universität Ljubljana zusammen mit Österreich, Kroatien, Italien, Rumänien und der Slowakei an einem großen Projekt, bei dem Luchse aus der Slowakei und Rumänien nach Slowenien und Kroatien verbracht werden sollen. Von seinem Gelingen hängt langfristig das Überleben der Luchse im Alpenbogen ab.

BEGEGNUNGEN

Einem Wolf begegnen Jäger, Förster oder Wildfotografen, die viel draußen sind, dort, wo der Wolf ständig anwesend ist und nicht gejagt wird, immer wieder einmal.

Einem Bären begegnen wir nicht so schnell. Slowenische Förster, die in Revieren mit sehr hoher Bärendichte arbeiten, berichten, dass es Jahre gibt, in denen sie keinem einzigen Bären begegnen. Doch dann gibt es wieder Jahre, wo es in kurzer Zeit gleich zu mehreren Begegnungen kommt. Dass man zehn Jahre seinen Urlaub in einem Bärengebiet verbringt, ohne auch nur ein einziges Mal so einem zottigen Waldgeist zu begegnen, ist also schlicht normal.

Unglaublich viel Glück gehört allerdings dazu, einem Luchs zu begegnen. Wildbiologen, die sich projektmäßig mit Luchsen beschäftigen und einen oder mehrere von ihnen „am Sender haben", mögen das anders sehen. Ich war jedenfalls schon überglücklich, als ich erstmals, in einer fast ausgetrockneten Pfütze, den „Schuhabdruck" eines Luchses fand! Solche ersten Begegnungen mit einer Tierart können unglaublich faszinierend sein. Die Spannung beginnt schon mit dem Zweifel, ob die Spur, die Losung oder die gefundenen Haare tatsächlich dieser Art zugeordnet werden können. Manchmal scheint, als sei nichts so unsicher wie die Sicherheit und nichts so sicher wie die nachfolgende Unsicherheit ...

Den ersten „Schuhabdruck" eines Luchses fand ich in den endlosen Wäldern im Süden Sloweniens, im Forstrevier Javornik. Im Herzen dieser traumhaft schönen, von keinem forstlichen Ungeist nordischer Prägung zerstörten Wälder steht das „Stara Hiša" – zu Deutsch das alte Haus. Es ist ein mächtiger Klotz, der – wenn man das erste Mal vor ihm steht – irgendwie nicht so recht in die Wälder passen will. Fürst Windisch-Graetz ließ es sich 1861 als Jagdschloss erbauen. Das Erdgeschoss diente als Unterkunft für die Holzknechte, die oberen beiden Stockwerke beherbergten die fürstliche Familie. Bereits zwei Jahre später, im November 1864, kam Kaiser Franz Joseph als Jagdgast auf Besuch.

Ich nahm im Rahmen einer Exkursion mit deutschen Förstern vom Stara Hiša aus an einer kleinen Waldwanderung teil. Wenige hundert Meter weiter hatten Rückemaschinen Holz aufgepoltert. Es hatte geregnet und die sonst gepflegte Forststraße hatte „suhlenhafte" Züge angenommen. In einer ausgetrockneten, aber immer noch feuchten Pfütze entdeckte ein Teilnehmer unserer Exkursion einen Pfotenabdruck – er gehörte eindeutig zu einem Luchs!

Für mich war das ein bewegendes Erlebnis. Es war die erste Luchsspur, die ich bewusst sah, und es war in ehemals Windisch-Graetz'schen Wäldern. In dem,

was Windisch-Graetz nach 1945 noch blieb, verbrachte ich meine beruflich schönsten Jahre. Auch wenn es noch so weit hergeholt war: Es war in „unserem" Wald.

Der Bann war gebrochen! Wenige Jahre später lud mich der Obmann meiner Heimatgemeinde Nötsch für den Stephanitag zu einem Riegler unter dem Dobratsch ein. Sechs Jahre ging ich dort auf die Jagd, zog mich dann aber zurück – der Belastungen waren genug. Mein Nachbar, der Hans Peter, wie ich geborener Alemanne, war unser Ansteller. Er wies mir einen mehr als provisorischen Bodensitz ziemlich weit oben unter den Wänden zu.

Um neun Uhr sollten unten ein paar Treiber mit Hunden losgehen und sich getrennt „emporhusten". Die Sicht von meinem Bodensitz aus war eher bescheiden, doch solche Plätze gefielen mir. Eine halbe Stunde mochte vergangen sein, da stand – kaum 30 Meter oberhalb, in einer vom Wasser geschaffenen flachen Schotterrinne – wie hingezaubert ein Luchs. Mein erster „kompletter" Luchs! Unbeweglich äugte er über seinen Rücken dorthin zurück, woher er gekommen sein musste.

Vielleicht war es nur eine Minute, die er so stand; für mich war es eine glückliche und doch viel zu kurze Ewigkeit. Mein Puls hämmerte, und für einen Moment glaubte ich – weit weg – einen Hund läuten zu hören. Der Luchs schien zu überlegen, drehte sein Haupt nach vorne, sicherte hinauf zur „Rupa" (Rinne, in der Starkregen riesige Mengen Sand, Schotter und Felsbrocken talwärts transportieren). Dann äugte er herunter – direkt zu mir. Der Wind stand talwärts und der Luchs windet, wie die meisten Katzenartigen, ohnehin nicht besonders gut. Doch da war ja noch sein sprichwörtlich unglaublich gutes Sehvermögen. Er musste mich doch sehen. Und er musste doch auch wissen, wie ein von der Zivilisation verbogener Mensch mit einem „grünen Abitur" ausschaut!

Keine Ahnung, ob Luchse ihnen wohlgesonnene Menschen schlicht ignorieren. Wenn, dann war es mit der Menschenkenntnis von *Lynx lynx* nicht allzu weit her, denn nachweislich ging das für die Art nicht immer gut aus.

Die wunderschöne Katze setzte sich höchst geschmeidig und elegant in Bewegung. Sie folgte langsam dem Traktorweg hinauf zur Rupa. Ein- oder zweimal verhoffte sie etliche Atemzüge lang, um kurz talwärts zu sichern. Dann verlor sie sich zwischen groben Blöcken und toten Stämmen.

Hundelaut weiter unten. Steineln im Schotter der Rupa. Dann stand genau dort, wo sich mir eben noch der Luchs präsentiert hatte, ein Achterhirsch. Er war zum Abschuss freigegeben und Heidi hatte mehrfach geklagt, dass kein Rotwild mehr in unserer Gefriertruhe sei. Auch der Hans Peter hoffte noch auf ein halbes Stück für seine Truhe. Gemeinsam hatten wir uns bereits bei der Nachbarverwaltung rückversichert. Auch der Hirsch ließ sich – wie der Luchs – viel Zeit. Er äugte zurück, bemerkte nicht, wie ich das Gewehr hob, ihn im Zielglas hatte und das Gewehr wieder sinken ließ. Nein – ich wollte nicht. Der Spruch eines längst verstorbenen Kollegen fiel mir ein: „Am Tag seiner Hochzeit geht man nicht ins Bordell!"

Der Hirsch folgte der Spur des Luchses, die ihm vielleicht Sicherheit suggerierte. Zurück blieb ein in und mit der Jagd alt gewordener Mensch, der erstmals in seinem Leben einem Luchs begegnen durfte und unheimlich glücklich darüber war!

Das Maul halten war angesagt, keine schlafenden Geister wecken …

DER WOLF
(Canis lupus)

© Milos Andera

ANSPRUCHSLOS UND ERFOLGREICH

Erscheinungsbild

Gewicht: Europäische Wölfe werden selten schwerer als 40 kg, wobei Fähen um die 20 % weniger wiegen.

Extremitäten: Wölfe sind ausdauernde Läufer und Zehengänger. Sie haben daher lange Beine, mit vorne und hinten je 4 Zehen (typisch für Hundeartige).

Verdauungstrakt: Der Wolf hat einen verhältnismäßig großen Magen mit einem Fassungsvermögen bis zu 10 Liter. Dieser ermöglicht ihm auf Vorrat zu fressen, mit der Konsequenz, dass er problemlos auch einige Tage hungern kann. Sein Darm ist – typisch für Fleischfresser – relativ kurz (etwa fünffache Körperlänge).

Sinne

Sehvermögen: Beim Wolf sind alle 3 Sinne sehr gut entwickelt. Dabei ist das Sehvermögen bei Tag besser als in der Nacht. Auch nimmt er Bewegungen besonders gut wahr. Das sind Hinweise, dass er ursprünglich vor allem tagaktiv war.

Geruchssinn: Auf einen sehr guten Geruchssinn deutet schon sein Gesichtsaufbau mit der langen Nase hin. Beutetiere werden mit ihr auch unter nicht besonders günstigen Verhältnissen auf 300 m wahrgenommen, unter optimalen Bedingungen auf über 2 km.

Hörvermögen: Wer über weite Entfernungen miteinander „spricht", muss sehr gut hören. Bei Heulversuchen antworteten Wölfe in Mitteleuropa aus über 6 km Entfernung! Im stillen Waldland verständigen sich bis zu 10 km voneinander entfernte Wölfe durch Heulen. In der baumlosen Tundra können es sogar bis zu 16 km sein.

Verständigung/Kommunikation

Geruchssignale: Wölfe haben, wie andere Hundeartige auch, zahlreiche Drüsen, die Sekrete produzieren. Mit diesen hinterlassen sie Nachrichten an Mitglieder des eigenen wie auch fremder Rudel. Vor allem markieren sie damit ihre Jagdgebiete. Sekrete machen auch Kot und Urin zu Duftmarken, die Auskunft über Geschlecht, Alter, Kondition, Rudelzugehörigkeit und andere Faktoren geben. Wölfe haben einen sehr intensiven Eigengeruch, der zwar nicht von uns Menschen, aber von Wölfen individuell zugeordnet werden kann. Bakterien machen aus Substanzen der Talg- und Schweißdrüsen, aber auch aus individuellen Unterschieden der Mikroflora der Haut sowie Ernährungsunterschieden chemische Fingerabdrücke (Brown und Johnston, 1983, bei Okarma und Herzog, 2019). Derartige „Fingerabdrücke" finden sich auch in den Fährten der Wölfe.

Akustische Signale: Wölfe sind außerordentlich „gesprächige" Tiere. Den Naturfreund interessieren vor allem jene Laute erwachsener Wölfe, die das menschliche Ohr auch über größere Entfernungen wahrnimmt – das „Heulen". Diese für das Ohr eines Wolfes unter günstigsten Bedingungen bis 16 Kilometer weit realisierbaren Laute sind sehr variantenreich, je nach ihrem Zweck. Vor allem dienen sie der Kommunikation mit Rudelmitgliedern. Sie geben den Standort an, signalisieren den Aufbruch zur Jagd oder dienen dem Finden eines Partners. Durch die Heullaute werden aber auch Begegnungen mit fremden Rudeln vermieden und das eigene Jagdgebiet „abgesteckt". Häufig wird das Heulen den Wintermonaten zugeordnet, was jedoch so nicht stimmt. Es scheint regionale Unterschiede bezüglich Häufigkeit und Intensität des Heulens zu geben. Ein Schwerpunkt scheint im Sommer zu liegen, wenn die Altwölfe noch alleine jagen und die Welpen an den Rendezvous-Plätzen warten. Der zweite Schwerpunkt kennzeichnet offenbar die Ranz.

Körpersprache: Wölfe kommunizieren sehr stark via Mimik und Körperhaltung. Dabei ist der Kopf das wichtigste Organ. Schon die Haltung der Ohren, das Zeigen der Zähne, der Blick und das Rümpfen der Nase, meist unterstützt von Knurren oder Winseln zeichnen den „Seelenzustand" eines Wolfes.

Fortpflanzung

Paarbildung: Wölfe sind monogam und leben in Dauerehe. Nur die beiden ranghöchsten Tiere (Rüde und Fähe) dürfen sich paaren. Die Alphawölfin unterdrückt mit Aggression die Paarungsbereitschaft rangniedrigerer Wölfinnen. Die Ranz findet zwischen Januar und März statt.

Tragzeit/Welpen: Nach 62–65 Tagen werden 5–8 (14) blinde Welpen geboren, die nach 9–12 Tagen ihre Augen öffnen. Sie werden 6–8 Wochen gesäugt.

Aufzucht: Fähe und Rüde kümmern sich gemeinsam um die Welpen und werden dabei von Jungwölfen aus dem Vorjahr unterstützt.

Selbstständigkeit: Nach rund 11 Monaten sind die Jungen selbstständig, bleiben aber noch 2–3 Jahre (bis zur Geschlechtsreife) in der Rudelgemeinschaft.

Hybridisierung: Kreuzungen zwischen Wolf und Hund kommen regelmäßig vor und sind ein Problem. Es wurden auch Hybriden aus Wolf und Goldschakal nachgewiesen.

ALLGEMEINES

Das Trittsiegel eines Wolfes ist von dem eines Hundes nicht nach der Größe, wohl aber nach der Anordnung der Zehen klar zu unterscheiden. Zwischen den beiden äußeren Zehen und den Ballen passt ein Kreuz. Beim Trittsiegel des Hundes ist das nicht der Fall. Bei ihm schiebt sich der Ballen tief zwischen die Zehen.

Auch beim Hund sind die Nägel gut zu erkennen. Die Zehen bilden einen Bogen. Da es zahlreiche Rassen gibt, bestehen auch in den Trittsiegeln große Unterschiede in Form und Größe.

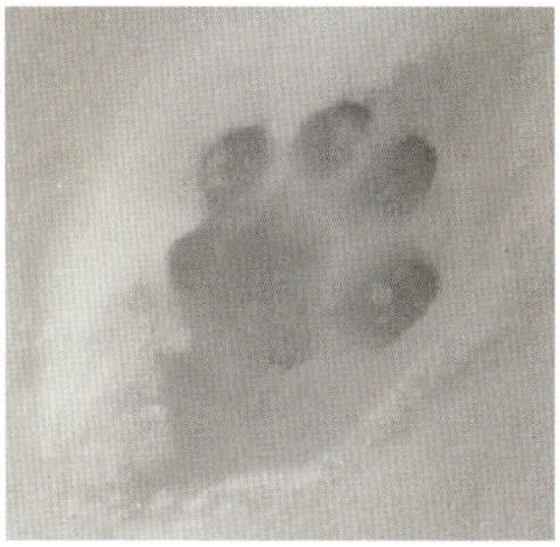

Der Luchs zieht die Krallen bei der Bewegung ein. Sie bilden sich – außer in seltenen Fällen – in der Spur nicht ab. Länge und Breite sind etwa gleich. Zwischen Zehen und Ballen ist Raum. © iStock.com/MyImages-MichRemus 86

Fuchs: Die Nägel sind meist gut zu erkennen, die Zehen stehen in zwei Linien. Das Trittsiegel ist deutlich länger als breit.

Beim Goldschakal sind die beiden mittleren Zehen an der Wurzel verwachsen, was aber nicht immer klar zu erkennen ist. Das Trittsiegel ist deutlich länger als breit. © Miha Krofel

Die Losung des Wolfes ähnelt der eines etwa gleich großen Hundes. Fast immer sind deutlich Nahrungsreste wie Wildhaare oder Knochensplitter erkennbar.

Maße unterschiedlicher Trittsiegel

	Länge in cm	Breite in cm
Wolf	8–12	7–10
Goldschakal	5–6,5	3–4,5
Fuchs	4,5–5,5	3,5–4,5
Hund	bis 14	bis 10
Hauskatze	2,5–4	2,5–4
Wildkatze	3–4,5	3–4
Luchs	6–8	6–8

Nahrung

Während der Bär allenfalls den Titel „Sonntagsjäger“ verdient, sind Wölfe absolute „Profijäger“. Dennoch geben sie sich häufig mit äußerst bescheidener Beute zufrieden. Gefressen wird, was sich gerade anbietet. Dazu gehören auch Insekten, Lurche und Nager. In Mittel- und Osteuropa werden Rehe und Rotwild am häufigsten erbeutet. Skandinavische Wölfe erbeuten auch Elche und Rentiere, einfach weil Rehe nahe dem Polarkreis oder darüber nur in geringer Dichte leben und Rotwild meist ganz fehlt.

In Osteuropa erbeuten Wölfe vereinzelt auch Wisentkälber und Elche. Beide Arten spielen aber keine große Rolle. Im Nationalpark Białowieża in Polen treten die beiden Huftierarten in der Wolfsbeute überhaupt nicht in Erscheinung. Außerhalb des Parkes beträgt der Anteil der von Wölfen gerissenen Elche nur 1 % der Beute. Wisente werden gar keine gerissen. Schwarzwild ist mit 4 % vertreten. Hauptbeute stellt mit 83 und 74 % das Rotwild dar (Jędrzejewska et al. 1994).

Wölfe sind auch Aasfresser und ernähren sich vor allem in Südeuropa häufig auf Müllkippen. Wo Schalenwild selten ist, greifen Wölfe vermehrt auf Weide- und Haustiere (vom Hund bis zum Fohlen) zu. Früchte und Beeren werden in unbedeutendem Maß aufgenommen.

Jagdweise und Rudelgröße: Zivilisationsbedingt jagen Wölfe überwiegend in der Dämmerung und in der Nacht, sind jedoch während der Welpenaufzucht auch bei Tag aktiv. Die Größe ihrer wichtigsten Beutetiere nimmt Einfluss auf die Rudelgröße. Während zwei oder drei Wölfe problemlos ein Reh zur Strecke bringen, sind, wenn es um Elch oder Wisent geht, mehr Jäger von Vorteil. Umgekehrt muss die Größe der Beute den Nahrungsbedarf des Rudels befriedigen.

Eine erfolgreiche Jagd setzt sowohl eine strenge Rangordnung innerhalb des Rudels voraus als auch in gewissem Maße ein eigenständiges Handeln bei der Jagd, wenn es darum geht, ein Beutetier aus dessen Rudel oder Herde zu trennen, es in eine bestimmte Richtung zu lenken oder ihm den Weg zu verlegen.

Lebensräume

Auf die Frage, wo in Europa Wölfe noch Lebensräume finden, in denen sie – ohne auf die Bedürfnisse und Emotionen der Menschen Rücksicht zu nehmen – leben könnten, dann gibt es nur eine einzige Antwort – überall! Viele Leser werden jetzt die Luft anhalten und sich wünschen, ich als Autor täte es auch, und zwar am besten für immer. Aber damit meine ich nicht, dass man überall in Europa Wölfe dulden soll oder kann. Wir Menschen hätten damit viele Probleme, die Wölfe eher wenige. Sie schulen auch zu Abfallsammlern, zu Haustiernutzern und zu Stadtbewohnern um.

WICHTIG! Wo ist noch Platz für Wölfe?

Die Frage, wo in Europa noch Platz für Wölfe ist, kann nicht gültig beantwortet werden, wenn wir die Interessen des Menschen ausklammern!

Gesagt werden soll damit, dass Wölfe nicht auf große, zusammenhängende Waldgebiete oder menschenleere Landschaften angewiesen sind. Es ist nur so, dass wir dort ihre Anwesenheit am ehesten akzeptieren. Wölfe sind geniale Anpasser. Sie kommen mit den für deutsche oder österreichische Gemüter riesenhaften Wäldern an der polnisch-weißrussischen Grenze hinter Białowieża ebenso zurecht wie mit den riesigen baumlosen Steppen im Inneren Asiens. Wölfe leben in heißen Trockengebieten und im eisigen, nassen und kalten Norden. Es ist folglich nur die Frage, wo können und wollen wir sie zulassen (siehe hierzu Seite 77–80).

Auch hier, in der Trostlosigkeit norddeutscher Föhrenwälder, leben Wölfe. Hohe Schalenwildbestände machen es möglich. Wölfe kommen auch in fast waldfreien Landschaften vor.

DIE AUSROTTUNG DES WOLFS

Rotkäppchens Erbe

Wölfe galten von jeher als böse Räuber und Menschenfresser. Tatsächlich meiden sie den Menschen jedoch, weil er sie seit Jahrtausenden verfolgt und auszurotten trachtet. Während der Bär in Mythen und Märchen eher als gemütlicher, ja fast harmloser Geselle dargestellt wurde, musste der Wolf immer die Rolle des Bösewichts übernehmen. So ist der Bär heute noch Namensgeber unzähliger Gastwirtschaften, Hotels und Apotheken. Auch Hirsch, Hase, Schwan und Adler wurden derart vermarktet, der Wolf jedoch nicht. Unzählige Schauergeschichten wurden über ihn verbreitet und zahllose Maler ließen ihrer Fantasie freien Lauf und stellten Wölfe als reißende Bestien dar, meist wie sie in großen Rudeln einen Schlitten verfolgen, dessen Besatzung sich in Todesangst mit Gewehren und letztlich im Nahkampf mit dem Messer zu verteidigen versucht. Selbst die Wissenschaft hat an diesen Moritaten lange mitgebastelt.

Sicher hat es in früheren Zeiten immer wieder einmal Angriffe einzelner Wölfe auf Menschen gegeben – dann, wenn sie sich mit Tollwut infiziert hatten. Eine Besonderheit war das nicht, denn viel häufiger trat die Tollwut bei Hunden auf, die – je nach Verlauf – ebenfalls aggressiv reagierten. Von Wölfen gefressen wurden Menschen jedoch dann, wenn sie tot waren – in den zahllosen Kriegen und wenn die Pest grassierte. Wölfe waren echte „Kriegsgewinnler“. Auch wenn es grausam und herzlos klingt, aber damit erwiesen sie der Menschheit eher einen Dienst. Sie bekämpften ganze Völker bedrohende Seuchen konsequenter als alle Regierenden!

Aberhunderte völlig haltlose Schauermärchen wurden in Stichen und Gemälden festgehalten. Ein beliebtes Motiv war noch bis in die erste Hälfte des 20. Jahrhunderts das kopfstarke Wolfsrudel, das in den Weiten des Ostens einen Pferdeschlitten verfolgt, dessen Passagiere sich bis zur letzten Patrone verteidigen, wie hier auf einem Gemälde von Alfred Kowalski dargestellt.
© iStock.com/duncan1890)

HINWEIS! Der Wolf ist anspruchslos

Es ist wahrscheinlich, dass der Wolf uns überlebt, weil er denkbar geringe Ansprüche stellt, während wir wahrscheinlich untergehen, weil wir unsere Ansprüche völlig unbegrenzt steigern!

Der Wolf und das liebe Vieh

Der Hass auf den Wolf lebte zu allen Zeiten überall dort auf, wo es zu Übergriffen auf Weide- oder Haustiere kam. Doch in historischer Zeit verfügte die Landbevölkerung über keine brauchbaren Schusswaffen und schon gar nicht über Elektrozäune, mit denen sie ihr Weidevieh hätte schützen können. Andererseits wurde die Behirtung von Weidetieren noch in der ersten Hälfte des 20. Jahrhunderts vielerorts Kindern übertragen. Sie kosteten nichts und der Besuch einer Schule wurde keineswegs von allen Erwachsenen als dringend notwendig angesehen. Man war sich folglich durchaus bewusst, dass selbst Kinder eine abschreckende Wirkung auf Wölfe hatten und nicht ernsthaft gefährdet waren, zumindest wenn Hunde sie unterstützten. Andererseits hatte der Verlust weniger Schafe oder Ziegen noch in der ersten Hälfte des 20. Jahrhunderts für einen Bauern eine völlig andere Bedeutung als heute. Der Verlust konnte Hunger bedeuten, aber auch das Ende der Existenz. Heute werden die Schäden in zivilisierten Ländern ersetzt. Außerdem verfügen wir heute über das Wissen und die Mittel, Weidetiere weitgehend zu schützen.

Besonders herbe Verluste beim Weidevieh gab es dort, wo das Schalenwild ausgerottet oder stark dezimiert worden war, weil sich der Wolf dann auf Weidetiere konzentrierte. Heute ist das Gegenteil der Fall. Nie waren die Schalenwildbestände in Europa so hoch wie gegenwärtig. Viele Waldbesitzer sehen durch die überhöhten Wildbestände sogar ihre Existenz bedroht. Die Ernährung des Wolfes ist gesichert, auch wenn der Jäger das so nicht gerne hört.

Deutschland

Schon im Mittelalter wurde begonnen, den Wolf mit allen Mitteln auszurotten. Der Dreißigjährige Krieg und die Pest schufen im 17. Jahrhundert ideale Bedingungen für ihn, sodass sich seine Bestände wieder erholten. Trotzdem war er hundert Jahre später fast überall in Deutschland verschwunden. In späteren Jahren tauchten immer wieder einzelne Wölfe auf, die auch erlegt wurden. Dabei dürfte es sich aber um Zuwanderer gehandelt haben. Selbst nach dem Zweiten Weltkrieg drangen immer wieder „Pioniere" in die DDR und selbst nach Westdeutschland vor. Zu einer Paarbildung und zur Reproduktion kam es nicht mehr.

Österreich

Im Wienerwald wurde der letzte Wolf 1846 von Erzherzog Franz Karl von Österreich erlegt. Damit war die Art auf dem Gebiet des heutigen Staatsgebietes praktisch erloschen. Allerdings gab es knapp 40 Jahre später im Wechselgebiet, im südlichen Niederösterreich, nochmals einen Nachweis. Ein einzelner Wolf wurde sogar noch 1914 auf der Koralpe geschossen. Bei diesen beiden handelte es sich vermutlich um Zuwanderer oder Gefangenschaftsflüchtlinge. Danach gab es 40 Jahre lang keinen Wolfsnachweis mehr. Doch 1954 tauchte ein Wolfspaar in Osttirol auf und pflanzte sich sogar fort. Wie sie gekommen waren, so verschwanden sie auch wieder.

Schweiz

Hier hatte die Jagd nicht nur das Großraubwild und das Rotwild ausgerottet. Auch Gämsen und Rehe – wichtige Beutetiere für Wolf und Luchs – waren in weiten Teilen verschwunden. Dass es so weit kam, ist geschichtlich bedingt (siehe Seite 54). Das erste Schweizer Bundesgesetz über Jagd und Vogelschutz wurde 1875 erlassen. Es enthielt relativ restriktive Schutzbestimmungen, die zu einer Erholung des selten gewordenen Schalenwildes führten. Doch noch waren Bär, Wolf und Luchs gewissermaßen vogelfrei. Der Wolf wurde erst ab 1979, aufgrund eines internationalen Abkommens, unter Schutz gestellt.

„In der Schweiz werden frei laufende Hunde als eine größere Gefahr für Schafe als Wölfe angesehen. Die Wissenschaftlerin Chiara Solari befragte 412 Bauern und Viehzüchter, wie viele Schafe jährlich streunenden Hunden zum Opfer fielen. Hierbei kam sie zu dem Ergebnis, dass Hunde allein im Tessin jährlich rund 200 Schafe und 80 Ziegen reißen. Hochgerechnet kam sie für die Schweiz zu dem Ergebnis, dass landesweit im Schnitt etwa 2.800 Schafe und Ziegen Hundeangriffen zum Opfer fallen. Im Vergleich hierzu fielen im Schnitt nur ca. 70 Haustiere/Jahr den Wölfen zum Opfer." (Frank Wörner, 2013)

Am längsten konnten sich in der Schweiz Braunbär und Luchs halten. Der letzte Bär wurde erst 1904 im Unterengadin erlegt. Der letzte Luchs wurde im selben Jahr am

Simplon Pass gesehen. Der Wolf hingegen verschwand wesentlich früher. Im Schweizer Mittelland fehlte er schon im 17. Jahrhundert. In den Gebirgsregionen verabschiedete er sich weitgehend in der zweiten Hälfte des 19. Jahrhunderts. Am längsten konnte er sich im nördlichen Jura, an der Grenze zu Frankreich halten. Dort wurden bis 1890 immer wieder Wölfe beobachtet.

Chronologie der Ausrottung des Wolfes in der Schweiz

1648	letzter Nachweis im Kanton Zürich
1695	letzter Nachweis im Kanton Appenzell
1707	letzter Nachweis im Kanton Zug
1712	letzter Nachweis im Kanton Schaffhausen
1731	letzter Nachweis im Kanton Schwyz
1753	letzter Nachweis im Kanton Uri
1793	letzter Nachweis im Kanton Glarus
1821	letzter Wolf im Engadin erlegt
1842	letzter Wolf im Kanton Waadt erlegt
1870	letzter Nachweis im Kanton Wallis
1872	letzter Nachweis im Kanton Tessin
1874	letzter Nachweis im Kanton Solothurn
1890	letzte Nachweise im Kanton Jura

Obwohl der Wolf mit der Wende vom 19. ins 20. Jahrhundert in der Schweiz als ausgerottet galt, tauchten auch danach immer wieder einzelne Zuwanderer auf. So wurde noch 1908 ein Wolf im Tessin erlegt, obwohl er dort längst als ausgerottet galt. Zwei andere Wölfe wurden 1914 in Lignerolle im Schweizer Jura beobachtet. 1947 ereilte in Eischoll im Kanton Wallis einen Wolfsrüden das Blei eines Jägers und 1954 eine Fähe im Kanton Graubünden. Auch danach tauchten in der Schweiz immer wieder einzelne Wölfe auf. Es scheint jedoch zutreffender zu sein, wenn wir sie der Wiederbesiedlung zuordnen.

Italien

KORA schreibt 2005 in einer Dokumentation für das Schweizer Bundesamt für Umwelt, Wald und Landschaft (BUWAL):

„*Aus Italien ist der Wolf nie verschwunden. Die Population war jedoch in den frühen 1970er-Jahren in einem kritischen Zustand.*"

Damals sollen es gerade noch rund 100 Tiere in ganz Italien gewesen sein. Doch das war immerhin noch das Vielfache dessen, was sich mitteleuropäische Länder leisten wollten. Das zentrale Problem der italienischen Wölfe war noch in der Mitte des 20. Jahrhundert das weitgehende Fehlen der natürlichen Beutetiere der Wölfe – des Schalenwildes. Dieses fehlte vor allem in der Mitte und im Süden des Landes. Wölfe ernährten sich weitgehend auf den damals noch zahlreichen Müllkippen (bis vor die Tore Roms) und von Weidetieren. Gleichwohl bewies die Republik Italien Weitblick und Verantwortung. Bereits 1976 stellte sie den Wolf unter Schutz und verbot die Verwendung von Gift. Etwa zur selben Zeit begann der Staat, die von Wölfen an Haus-/Weidetieren verursachten Schäden zu vergüten.

Mit oder trotz der wieder leicht steigenden Zahl an Wölfen erholten sich auch die

Schalenwildbestände. Es war neben dem Naturschutz vor allem die italienische Forstverwaltung, die Schalenwild (vor allem Rotwild) ankaufte und in den alten Lebensräumen wieder aussetzte. Am schnellsten erholte sich das Schwarzwild und wurde bald zu einer wichtigen Beute der Wölfe.

Bereits 1985 wurden Wölfe im Großraum Genua, also bereits weit im Norden des italienischen Stiefels, sesshaft. Von dort aus wanderten junge Rüden immer wieder in die Südalpen, auch in die Schweiz und nach Frankreich. In der Folge dehnten die Wölfe ihr ständiges Verbreitungsgebiet pro Jahr um rund 22 Kilometer nordwärts aus.

Slowenien

Typische Karstlandschaft im Hinterland der Küstenstädte Triest und Portorož im Niederen Karst. Zwischen eher kleinen Waldparzellen dominiert ebenfalls die Weidewirtschaft.

Wolfslebensraum am Nanos (Slowenien). In den Randbereichen der großen Wälder dominiert die Weidewirtschaft.

Wirklich ausgestorben war der Wolf im heutigen Slowenien (oder um den alten Begriff der Habsburgerzeit zu verwenden: in Krain) nie wirklich. Kryštufek et al (1988, zitiert bei Cizel, 2007) listen für den Zeitraum von 1768 bis 1925 in Dolenjska 238 erlegte Wölfe auf. Die Aufzeichnungen sind lückenhaft; es fehlen im 18. Jahrhundert zehn Jahre und im 19. Jahrhundert sogar 21. Ob es aber wirklich möglich war, wenigstens in den belegten Zeiträumen *alle* erlegten Wölfe zu erfassen, ist fraglich. Die Autoren werden sich auf Prämienzahlungen beziehen. Wo aber so viele Wölfe erlegt wurden, kamen sicher auch einige auf natürliche Weise ums Leben, ohne dass ihre Kadaver gefunden wurden. Es dürften also in Wahrheit mehr, aber keinesfalls weniger Wölfe gewesen sein.

Der in Krain geborene Schriftsteller Friedrich von Gagern berichtet in seinen Erzählungen, dass in den 1890er-Jahren immer wieder Wölfe in Mokrice (nahe Čatež ob Savi) aufgetaucht und auch direkt am Schloss vorbeimarschiert seien.

Dennoch waren sie am Ende des 19. Jahrhunderts schon sehr selten und zumindest regional weitgehend ausgestorben. Nur noch im Süden des Landes, in den Uskogen, in den riesigen Wäldern der Gottschee und südlich Postojna, also am Javornik und Snežnik, tauchten auch noch Anfang des 20. Jahrhunderts einzelne Exemplare auf und wurden erlegt. Während die großen Standesherrschaften, Auersberg in Kočevje und Schönburg am Snežnik, das Großraubwild durchaus erhalten wollten, gründeten die Jäger in Kočevje, angeführt von Forstleuten und Berufsjägern, 1923 den „Odbor za pokončevanja volkov" (Ausschuss für die Abschaffung der Wölfe). Die Folge war eine neuerliche drastische Verringerung des Wolfsbestandes (Kryštufek 1995, zitiert bei Černe 2007). Man darf annehmen, dass es auch die Prämien waren, um die es den Mitgliedern dieser Vereinigung ging.

Eine Rolle beim Rückgang, sowohl der Wölfe wie der Bären, spielte sicher auch die kontinuierliche Erschließung der großen Waldgebiete mit Wegen und Forststraßen in Krain wie jenseits in Kroatien, Bosnien und Serbien. Mit dieser für die Holznutzung vorangetriebenen Erschließung im 19. Jahrhundert wurden auch dort Giftköder ausgelegt, wo dies bis dahin nicht oder nur

Noch im 20. Jahrhundert wurden in Teilen Europas Prämien für die Tötung der Wölfe bezahlt, wie sie dieses Plakat aus Kroatien verspricht. Politiker sind vielfach nur Opportunisten, die auf des „Volkes Stimme" hören. Jäger sollten mehr Verantwortungsbewusstsein für die Natur haben und in der Lage sein, in ökologischen Zusammenhängen zu denken.

äußerst selten praktiziert wurde, weil es mühsam war. Bis 1918 waren Krain, Kroatien und Bosnien noch Kronländer Österreichs. Daher galt auch noch ein Erlass Josephs II., in dem die Vernichtung des Raubwildes angeordnet worden war.

In den Wäldern der Gottschee, im Bereich der damaligen Forstverwaltung Auersberg, kamen zwischen 1768 und 1778 auf damals rund 26.280 Hektar noch 25 Bären und 82 Wölfe zur Strecke, allerdings auch nur 106 Füchse und elf Rehe. Es ist nicht davon auszugehen, dass diese Zahlen den damals tatsächlich vorhandenen Wildbestand spiegeln, aber sie zeigen sehr wohl, dass noch eine nennenswerte Anzahl an Großraubwild vorhanden gewesen sein musste. Nach dieser Zeit wurden nur noch selten Bären oder Wölfe erlegt, ebenso sank die Zahl der erlegten Füchse (Hufnagel, 1898).

DER WOLF UND DER MENSCH

Konstruierte Probleme

Jahrzehnte hindurch war in Deutschland, Österreich und in der Schweiz zu lesen und zu hören, für den Wolf sei in diesen dichtbesiedelten Ländern kein Raum mehr. Immer wieder wurde die Gefahr beschworen, die von so großen, schweren Tieren für die Verkehrsteilnehmer ausging. Hirsche und Wildschweine sind jedoch meist viel schwerer als Wölfe. Dennoch werden sie nicht als exorbitante Gefahr für den Straßenverkehr angesehen.

Jäger und Wildbiologen beklagen, dass in den meisten Bundesländern das viel schwerere Rotwild nur in ausgewiesenen Rotwildgebieten gehegt werden darf. Außerhalb dieser Gebiete muss jedes Stück abgeschossen werden. Auch der Bestand an Wildschweinen wuchs kontinuierlich. Ihre Bestände sind in den letzten Jahrzehnten regelrecht explodiert, sie dringen in Dörfer und Städte ein und verursachen jedes Jahr eine Menge Verkehrsunfälle.

Wölfe brauchen zu ihrem Wohlbefinden keine großen, geschlossenen Wälder. Sie leben selbst in Europa in relativ waldarmen Landschaften und im Norden Kanadas und in Asien sogar in völlig baumfreien Steppen. Wölfe sind zwar prinzipiell Fleischfresser, aber keine Nahrungsspezialisten. Sie passen sich an. Die Kleinfamilie kommt zwischendurch auch mit Kleinnagern und Großinsekten zurecht. Und wenn es sein muss, dann wird hinterm Waldgasthaus auch der restliche Kartoffelsalat verzehrt. Es sind faszinierende Tiere und echte Lebenskünstler. Was Improvisation betrifft, sind sie uns haushoch überlegen.

Lösungsansätze

In Deutschland wären die großen Waldgebiete absolut wolfstauglich. Es gibt aber auch Bereiche, in denen Konflikte nahezu unvermeidbar sind. Warum also soll es für Wölfe nicht ausgewiesene, großzügig bemessene Räume geben, in denen sie von uns weitgehend unbehelligt leben dürfen? In den Kerngebieten würde es kaum freie Nischen geben, da ja nicht geschossen wird. Die jungen Rüden müssten spätestens als Dreijährige abwandern. Daneben wären Räume ohne Schutzstatus notwendig, in denen Wölfe, unter Beachtung elementarer Tierschutzbestimmungen, erlegt werden dürften.

WICHTIG! So könnte es gehen

Es ist für den Menschen und seine Interessen sicher zielführend, wenn er Lebensräume akzeptiert, in denen er die Wölfe weitgehend unbehelligt lässt. Daneben kann es dann Räume geben, in denen Wölfe generell nicht geduldet und auch erlegt werden. Das Ziel wären Wolfspopulationen, die sich mithilfe ihrer Rudelstrukturen und Raumansprüche stabil halten und daneben wolfsfreie Gebiete.

Problematisch: Der Umgang des Menschen mit dem Wolf

Vor allem in Deutschland machen Wölfe durch ihre geringe Scheu zunehmend Probleme. Sie greifen zwar den Menschen nicht an, aber manche Wölfe meiden ihn auch nicht und zeigen wenig Fluchtbereitschaft. Doch kann es nicht sein, dass nicht der Wolf, sondern der unvernünftige Mensch das Problem oder zumindest Teil des Problems ist?

Wölfe auf dem Balkan, in Polen oder in anderen östlichen Ländern verhalten sich signifikant anders als ihre bundesdeutschen Artgenossen. Warum ist das so? In Mitteleuropa war der Wolf mehr als ein Jahrhundert abwesend. Die Menschen haben verlernt, mit ihm zu leben. Wölfe wurden zu Märchenfiguren.

Gleichzeitig ist die Gesellschaft gespalten. Die einen freuen sich über die Rückkehr, die anderen fordern die neuerliche Ausrottung, auch wenn diese Forderung vielfach mit wohlgesetzten Worten verschleiert wird. Der Mitteleuropäer ist aber auch in einer „Streichelzoo-Welt" aufgewachsen. Sein Wissen über Tiere, ihre Ansprüche und ihr Verhalten bezieht er mehrheitlich aus den Medien. Was er dort sieht, hört und liest ist oft widersprüchlich, manchmal in der Sache auch haarsträubend. Die meisten Medien bedienen schlicht den Markt. Ist die Wolfs-Euphorie groß, bejubeln sie ihn. Wird er zum Schreckgespenst, warnen sie vor ihm.

Wölfe fressen Friedhofsgärtner

Das nachfolgende Beispiel zeigt, dass Wölfe im Sensationsgeschreibe der Medien ganz schnell zu einer Bedrohung für den Menschen werden können. Im November berichtete die deutsche „BILD", in der niedersächsischen Gemeinde Steinfeld habe ein Wolf einen Friedhofsgärtner angegriffen und verletzt. Auch zahlreiche andere Medien kochten den Brei auf. Dabei war für mich nicht eindeutig, was war echte Angst und Empörung und was war Erleichterung darüber, dass endlich etwas passierte. Der Wolf, so es einer war, was keineswegs erwiesen ist, war auch nicht allein. Nach Aussagen

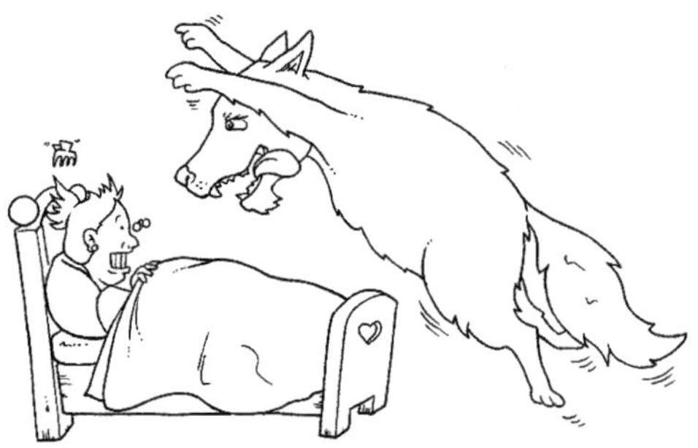

Schon als Kinder bekommen wir die Angst vor dem Wolf eingeimpft. Diese wird später mit Gemälden und Stichen, die der künstlerischen Freiheit huldigen, gefestigt. In den Märchen und im Volksbewusstsein war der Wolf immer der „Böse", während der Bär eher als gemütlicher und eher harmloser Zottel dargestellt wurde.

des „angegriffenen" Friedhofsgärtners blickte er gleich noch drei weiteren Wölfen ins Gesicht. Demnach war es ein ganzes Rudel, welches den armen Gärtner überfiel.

Doch zum Hergang: Der Friedhofsgärtner repariert einen Zaun und hockt dabei auf dem Boden. Dabei soll sich, von ihm unbemerkt, von hinten ein Wolf angeschlichen und ihn in den Arm gebissen haben. Der Biss kann so hart nicht gewesen sein, denn der Verletzte sah keinen Grund, zum Arzt zu gehen. Er tat dies erst am Folgetag auf Drängen Dritter.

Der Gärtner nahm einen Hammer und schlug dem mutmaßlichen Wolf auf die Pfote. Dazu musste er sich sicher umdrehen. Ob das ginge, wenn ein Wolf seine Fangzähne in meinen Arm geschlagen hat, weiß ich nicht. Aber sicher hätte ich versucht, dem Wolf den Hammer nicht auf eine Pfote, sondern mit voller Wucht auf den Schädel zu dreschen. Gerangel mit dem Tier gab es keines. Der „Täter" und die drei zuschauenden Tiere haben sich, ohne irgendwie aggressiv zu reagieren, entfernt.

Niedersachsens Umweltminister Olaf Lies (SPD) ordnete eine Untersuchung an, doch es gab keinen genetischen Nachweis. Auf dem Hammer, mit dem der Friedhofsgärtner den „Angriff" abgewehrt haben will, fanden sich weder Blut noch Haare noch andere Spuren. Auf dem Pullover des Gärtners fanden sich nur Hunde- und Katzenhaare.

Egal, auch wenn es sich um nicht mehr als ein erfundenes und ziemlich dumm zusammengestöpseltes Sensationsgeschreibsel handelte – es war „draußen" und verfehlte seine Wirkung nicht. Endlich lag der bittere Beweis für die Gefährlichkeit des Wolfes vor!

Man weiß nicht, was der Friedhofsgärtner wirklich sah: Waren es Wölfe oder Chihuahuas? Doch dass vor allem junge, unerfahrene Wölfe eine eventuelle Beute erst einmal testen, ist bekannt. Der Wolf hat das Bild eines aufrechten Menschen gespeichert, nicht das eines am Boden kauernden für ihn zunächst undefinierbaren „Klumpens". Menschliche Witterung haben Wölfe im dichtbesiedelten Deutschland überall in der Nase, schon weil sie – wenn auch nicht offiziell – mehr als vorstellbar gefüttert werden. Das ist auch auf norddeutschen Truppenübungsplätzen in Sachsen der Fall, wo sich der Wolf nach seiner Rückkehr nach Deutschland zunächst angesiedelt hat. Dort wurde er nicht illegal erschossen, fand Rückzugsgebiete und Nahrung. Eigentlich ideal. Der Lärm übender Panzer lockt offensichtlich Jungwölfe an, weil sie von Soldaten mit Futterbrocken gelockt und belohnt werden. Videos von Soldaten, die auf Panzern sitzend Jungwölfe fütterten, machen diese „Lektion fürs Leben" deutlich. Dass diese Wölfe später auch außerhalb der Übungsplätze wenig Scheu zeigen, ist nachvollziehbar.

Mark McNay (zitiert bei Wotschikowsky, 2006) hat in Nordamerika neunzig kritische Begegnungen von Wölfen mit Menschen untersucht. In einem Fall wollte ein Jungwolf einem schlafenden Camper das Kopfkissen stehlen. Wotschikowsky schrieb dazu: *„Solche Vorkommnisse sind Teil des Lernverhaltens junger Wölfe. Doch daraus entwickelt sich keine Angriffslust."*

Füchse verhalten sich übrigens ganz ähnlich. Sie „stehlen" mit Vorliebe auf Terrassen und vor Haustüren abgestellte Schuhe, aber auch Kinderspielzeug in Sandkisten und Parks.

Warum Wölfe den Menschen nicht fürchten

Es sind schlicht naive Wolfsfreunde, aber auch Fotografen, die zu Anblick und Bildern bzw. Videos kommen wollen und deshalb Wölfe anfüttern.

Andere Videos zeigten Wölfe, die sich gemütlich auf einem Radweg oder einer Straße bewegten. Wieder andere standen hinter Gartenzäunen und beäugten interessiert die Menschen. Doch wie reagieren die Menschen? Wenn in Masuren, Litauen oder Finnland ein Wolf am Gartenzaun steht, dann fliegt ihm höchstwahrschein ein Stein, ein Holzstück oder sonst etwas um die Ohren.

Was passiert, wenn in Deutschland ein Wolf Straße oder Radweg nutzt oder gar gemütlich durchs Dorf trottet? Dann wird aus allen Autofenstern mit Handys gefilmt und fotografiert. Bleibt der Wolf unbeeindruckt, geht der aufgeklärte Mensch einen Schritt weiter und bemüht sich um ein Selfi mit Wolf! Vergreift sich der Wolf, weil er es sinnvoll findet, jedoch an einem Huhn oder gar an einem Chihuahua, hilft der Mitteleuropäer weder dem Huhn noch dem Hündchen. Sofort flüchtet er in sichere Deckung, um aus der Obhut seines Autos oder Hauses heraus zu filmen.

So macht der „Problem-Mensch" aus dem Wolf einen Kollegen – einen Problem-Wolf!

Der Wolf muss begreifen, dass wir tatsächlich unserem Ruf als gefährliche, oft gedankenlose und ziemlich verschlagene Wesen gerecht werden. Er muss einsehen, dass man solche Wesen samt ihrem Eigentum unbedingt meiden muss, um zu überleben! Das gilt übrigens nicht für den Wolf alleine, sondern auch für Bär, Luchs und viele andere Wildtiere. Was wir als Tierliebe verstehen und gerne zeigen, kann für Arten wie den Wolf im Endeffekt bedeuten, dass sie einfach nicht mehr geduldet werden!

Falsche Lösungsansätze

Die „Regulation" durch den Menschen schafft meist mehr Probleme als sie löst. Zu glauben, wenn wir von zehn Wölfen zwei töten, dann bedeute dies zwingend 20 % weniger Schäden, geht an der Realität weit vorbei. Zu kompliziert sind die innerartlichen Abhängigkeiten und Mechanismen.

Shivik kommt zu diesem Ergebnis: *„Wenn durch den Abschuss jedoch das Rudel in Auflösung gerät, treten Jungwölfe auf, die tendenziell eher problematisch sind und früher aus dem Rudel ausgeschlossen werden. Wenn die Rudel jedoch stabil bleiben und ihre Territorien verteidigen, führt das langfristig dazu, dass sie lernen."*

In Slowenien hat sich gezeigt, dass Abschüsse zwar Gemüter beruhigen – mehr jedoch eher nicht!

Stabile Rudelstrukturen minimieren Schäden mehr als wahllose Reduktion. Und mit einer selektiven Reduktion sind wir Jäger schlicht überfordert. Rudel sind stabile Einheiten, die sich nicht beliebig vergrößern können. Die Jugendsterblichkeit ist hoch, und wer erwachsen wird, muss weichen. Da wäre es absolut vernünftig, die Wölfe dort, wo sie geduldet werden sollen, wirklich in Ruhe zu lassen. Ihre Zahl reduzieren oder am Anwachsen hindern kann man schadärmer dort, wo sie ohnehin nicht erwünscht sind!

DER WOLF UND DAS SCHALENWILD

Die Größe der Beutetiere bestimmt wesentlich die Kopfstärke der Wolfsrudel. In Mitteleuropa bildet Rotwild die Hauptbeute der Wölfe. Die Rudel bestehen daher meist aus den beiden Alphawölfen sowie den Jungwölfen des aktuellen Jahres und einzelnen Wölfinnen des Vorjahres. Einzelne Wölfe wagen sich selten an ausgewachsenes Rotwild. Sie erbeuten hauptsächlich Kälber. © Siegfried Bruchholz

Wölfe handeln nicht politisch

Wölfe waren in ihrer langen Geschichte nie so dumm, ihre Beutetiere auszurotten – sie wollten und mussten von diesen ja leben. Da sie selbst nie feste „Bezüge" hatten, war das Überleben ihrer Beutetiere existenziell wichtig. Dennoch sind Wölfe echte Raubtiere, die größere Beute gemeinsam jagen. Die Rudelgröße ist dabei an die der wichtigsten Beutetierart angepasst. In Mittel- und Südeuropa ist der Rothirsch die größte Beute, in manchen Gegenden fehlt er jedoch auch. Dann treten an seine Stelle die Rehe und vereinzelt junge oder kranke Wildschweine. Um solche zu erbeuten, bedarf es keines kopfstarken Rudels. Hier ist das Familienrudel aus zwei, allenfalls drei Generationen Standard.

Interessant ist, dass sich in Italien Wölfe auch in Zeiten halten konnten, als es dort kaum noch Schalenwild gab. Sie wichen auf Weidetiere und menschliche Abfälle aus. Bekannt wurden die Wölfe im Umkreis Roms – die „Müllwölfe". Als die Republik Italien Ende der 1980er-Jahre in Bayern Rotwild ankaufen wollte, das im Abruzzen-Nationalpark ausgesetzt werden solle, gingen Bayerns Jäger und Jagdorganisationen auf die Barrikaden. Mit dem Slogan „keine bayerischen Hirsche für Abruzzen-Wölfe" machten sie gegen das Vorhaben mobil. Für Italien war das kein Problem. Es gab genug andere Rotwildvorkommen, wo man bereit war, bei der Wiederbegründung erloschener Populationen in Italien zu helfen.

Rotwild trotz Wolf

Inzwischen ist das Rotwild auch in weiten Teilen Italiens wieder heimisch – selbst dort, wo vor seiner Rückkehr bereits Wölfe lebten, wie beispielsweise in den Abruzzen. Dabei liegt die Annahme nahe, dass Rotwild, wenn es dort ausgesetzt wird, wo Wölfe bereits feste Reviere haben und reproduzieren, geringe Überlebenschancen hat. Zumindest wird erwartet, dass es abwandert. Tatsächlich aber blieb das Rotwild und vermehrte sich sogar. Und so, wie sich das Rotwild vermehrte, vermehrten sich auch die Wölfe – nicht umgekehrt. Es war einfach die gute Nahrungsbasis für das Schalenwild, die den Bestand anwachsen ließ. Mehr Schalenwild bedeutete aber auch mehr Nahrung für Wölfe. Die Beute des Wolfes lernt mit jedem Tier, das gerissen wird. Dabei endet die Mehrzahl der Jagden mit einem vorzeitigen Abbruch. Doch gerade diese Fehljagden sind extrem wichtig für das Lernen und Überleben der Beutetiere. Durch sie lernt das Wild mit dem Wolf umzugehen – ihm zu entkommen!

Vielleicht sollten wir abschließend einmal die Abschusszahlen beim Schalenwild in jenen beiden deutschen Landkreisen anschauen, in denen sich die von Polen zugewanderten Wölfe zuerst niederließen und seit vielen Jahren reproduzieren. Es sind die Kreise Bautzen und Görlitz, beide direkt an der polnisch-deutschen Grenze. Ausgehend von 2011 blieben die Strecken beim Rehwild mit rund 8.000 Stück/Jahr etwa gleich. Die Rotwildstrecke schwankte geringfügig, brach aber nicht ein. Die Damwildstrecken stiegen von 300 auf 400 Stück/Jahr und die Schwarzwildstrecke stieg sogar von rund 6.000 im Jahr 2011 auf über 10.000 Stück. Wotschikowsky (2006) erklärt die Streckensteigerungen damit, dass sich die Wölfe eventuell aus der „schwarzen Kasse" bedient haben. Will heißen, die Wildbestände wurden wahrscheinlich über Jahrzehnte viel zu niedrig eingeschätzt.

HINWEIS! Viele Beutetiere – viele Wölfe

Rehe und andere Beutetiere des Wolfs vermehren sich, obwohl Wölfe oder Luchse anwesend sind. Das Nahrungsangebot hat auf die Dynamik der Wildbestände einen größeren Einfluss als ihre Nutzer. Wird die Zahl der Beutetiere geringer, verringert sich auch die ihrer Nutzer!

Der Wolf und seine Auswirkung auf die Jagd

Seit der Wolf nach Deutschland und Österreich zurückgekehrt ist, hat der Luchs seinen Schrecken als Bestie verloren. Schön für ihn! Aber wie gefährlich ist der Wolf für das Wild? Lohnt sich die Jagd – dort, wo der Wolf jagt – auch für den menschlichen Jäger?

Schauen wir kurz zurück. Als der Wolf Ende der 1990er-Jahre nach Sachsen zurückkehrte, war die Aufregung nicht nur bei den Jägern groß. Landwirte fürchteten um ihr Vieh. Andere Menschen sahen ihr Leben und das ihrer Kinder in Gefahr. Ganz schnell wurde ein Verein gegründet, der sich zum Ziel setzte, den Wolf wieder loszuwerden und dauerhaft zu verhindern. Die Ausrottung des Schalenwildes wurde ebenso beschworen wie der Tod zahlreicher Menschen, besonders Kinder. Politiker zeigten sich – je nach momentaner Klientel – ebenso als Wolfsbefürworter wie als Wolfsgegner. Die Zahl der „Wolfsexperten" explodierte regelrecht. Jagdliche Organisationen beanspruchten plötzlich den Wolf als jagdbares Wild, was Naturschutzorganisationen ebenso vehement ablehnten. Fast alles was lief, war – mit den Augen eines Ausländers gesehen – typisch deutsch. Nur die illegal geschossenen Wölfe, mit denen sich manche Jäger auch noch brüsteten, entsprachen eher einem gesamteuropäischen Muster. Auf Jagden wurde ungeniert die eingängige Parole „sehen – schießen – schaufeln – schweigen" ausgegeben, was heißen sollte, jeder gesehene Wolf wird geschossen, eingebuddelt und das Maul gehalten. Die ersten Teile dieser Parole klappten wohl, der vierte eher nicht ...

Die Landesregierung regierte weitgehend besonnen und versuchte, die teils hasserfüllten und oft wenig sachkundig geführten Diskussionen zu versachlichen. Das Landratsamt Görlitz, in dessen Zuständigkeitsbereich die Wölfe sozusagen ihren Hauptwohnsitz hatten, tat etwas sehr Vernünftiges. Es veröffentlichte die Streckenentwicklung des Schalenwildes und zwar getrennt nach Wolfsgebiet, wolfsfreiem Gebiet und für ganz Sachsen.

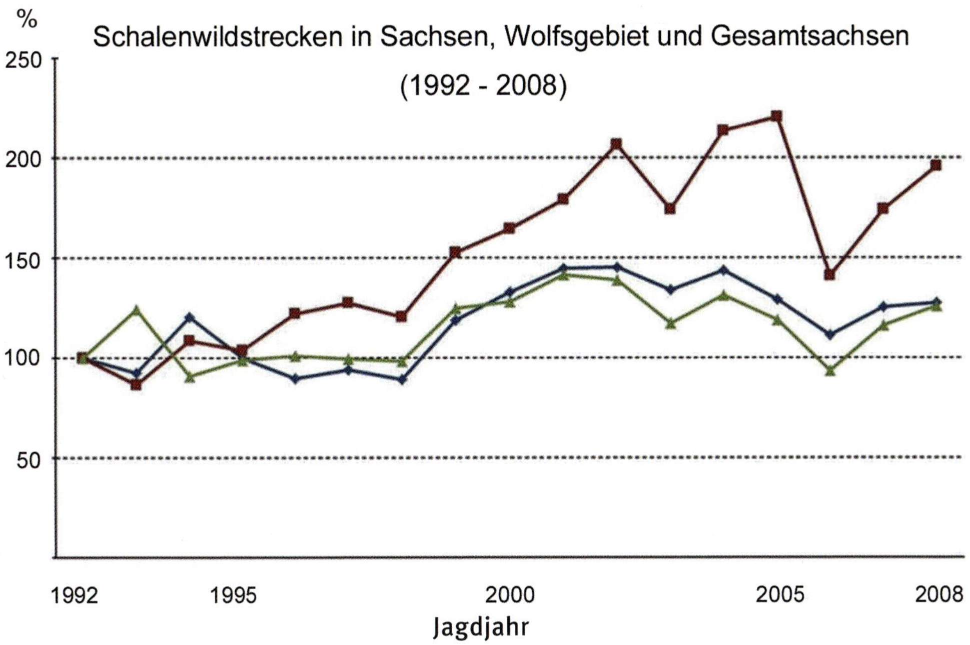

Die Entwicklung der Schalenwildstrecke in den ersten beiden Wolfsgebieten der BRD in Sachsen von 1992/93 bis 2008/09. In dieser Zeit musste das Schalenwild erst lernen, mit dem Wolf umzugehen. Dennoch sanken die Jagdstrecken nicht, sondern stiegen sogar an. Die grüne Linie zeigt die Entwicklung im gesamten Bundesland Sachsen, das damals noch weitgehend wolfsfrei war. Die blaue Linie zeigt die Entwicklung im Landkreis Bautzen (Wolfsgebiet), und rot zeigt sogar einen deutlichen Streckenanstieg im Landkreis Niederschlesische Oberlausitz (ebenfalls Wolfsgebiet). Auch nach 2008/09 sanken die Schalenwildstrecken nicht, sind aber mit den hier dargestellten Daten nicht mehr vergleichbar, weil sich die Landkreise verändert haben. © Daten: Sächsisches Landesamt für Umwelt, Landwirtschaft und Geologie

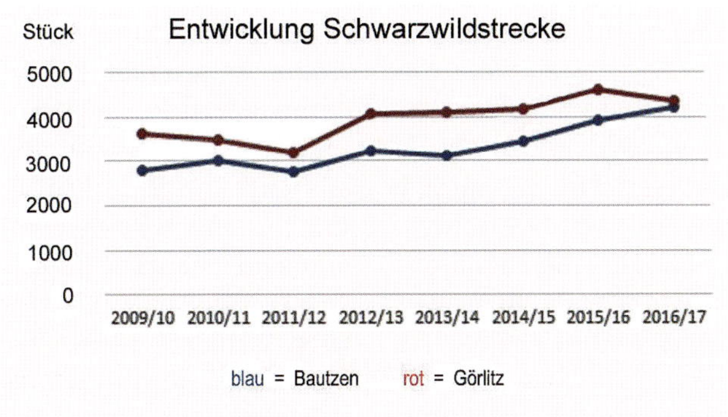

Die Schwarzwildstrecke stieg – trotz steigender Wolfszahlen – von 2009 bis 2016 signifikant. Sie hat sich im Jagdjahr 2015/16 fast verdoppelt. © Daten: Sächsisches Landesamt für Umwelt, Landwirtschaft und Geologie

Auffallend ist, dass man außerhalb des deutschen Sprachraums mit dem Wolf – was seinen Einfluss auf das Schalenwild betrifft – weniger Probleme zu haben scheint. Bemerkenswert ist in diesem Zusammenhang ein Beitrag von Hubert Zeiler in Heft 5/2020 der Zeitschrift „Der Anblick". Zeiler ist ein in Slowenien lebender und dort auch jagender Kärntner Wildbiologe. Er berichtet über das rund 4.100 Hektar große Staatsjagdgebiet „Ljubljanski vrh" (Laibacher Höhe), eines der artenreichsten Reviere des Landes, nahe der Hauptstadt Ljubljana. Bär, Luchs und Wolf sind Standwild. Letzterer reproduziert dort auch. Dennoch sieht Uros Petric, der zuständige Berufsjäger, den Wolf nicht als Problem für das Rotwild. Dies nicht zuletzt deshalb, weil dieser wenig in die reproduzierende Klasse eingreift. Überwiegend erbeutet er Kälber und Einjährige sowie wenige überalterte Stücke und Rehe.

Interessant ist, dass sich in den Staatsjagdrevieren mit hohem Wolfsvorkommen die Rotwildabschüsse von 2000 bis 2019 rund verdoppelten (von 573 auf 1013). Dies, obwohl sich die Risse durch Großraubwild im selben Zeitraum von 38 auf 198 mehr als verfünffachten (Slovenia Forest Service, Central unit central, pers. Mitteilung)! Die Verluste durch den Straßenverkehr blieben etwa gleich (von 20 auf 18).

DER WOLF ALS BAUERNSCHRECK

Prävention statt Ersatz

Schäden an Weidevieh, hauptsächlich an Schafen, entstehen vor allem dort, wo der Weidegang mit Schafen und/oder Ziegen in der freien Landschaft ohne Aufsicht betrieben wird und dort, wo die Tiere die Nächte auf der Weide verbringen. Die meisten dieser Schäden könnten verhindert werden, wenn die Schafe durch einen – wie auf Seite 103 beschriebenen, sachgerechten! – E-Zaun geschützt oder von Hunden bewacht würden. Eine dritte Möglichkeit wäre die Behirtung, die jedoch fast immer an den Kosten scheitert.

Herdenschutzhunde sind im Süden und Südosten Europas seit Jahrhunderten erfolgreich im Einsatz. In den ehemals jugoslawischen Ländern werden vor allem zwei Rassen der Herdenschutzhunde eingesetzt: der aus Bosnien-Herzegowina stammende Tornjak und der weiter nördlich beheimatete Kraševec.

Der Tornjak wurde bereits im 9. Jahrhundert beschrieben. Als Heimat gilt heute Bosnien-Herzegowina, doch ist er in Kroatien und im benachbarten Serbien ebenso verbreitet. Auch er wird gegenwärtig in Slowenien als Herdenschutzhund eingesetzt.

Die erste noch erhaltene Erwähnung des Kraševec stammt aus dem Jahr 1558 und beschreibt, dass der Verwalter des Gestütes Lipica, Franc Juro, solche Hunde zum Schutze seiner Stuten und Hengste vor Bären und Wölfen angeschafft habe (Mojca Emerit in Karmen Zahariaš, 2011).

Ein Zuchtbuch, das diese in Slowenien autochthone Rasse erfasst, gibt es seit 1939. Damit bekam der Kraški ovčar (= Kraševec = Karstschäferhund) neben der Rasseeigenschaft auch einen eigenen Standard. 2010 gab es in Slowenien nur noch rund 800 Tiere dieser Rasse.

Da diese Hunde Weidetiere gegen Bären und Wölfe verteidigen sollen, müssen sie eine entsprechende Größe haben (Schulterhöhe der Rüden beim Kraški ovčar bis 60 cm, beim Tornjak bis 67 cm). Relativ langes und dichtes Haar gibt ihnen bei Auseinandersetzungen einen gewissen Schutz.

Gute Herdenschutzhunde müssen die Herde als ihre Familie ansehen. Daher bedarf es eines ausgeprägten „Familiensinns", während ihr Jagdtrieb möglichst unterentwickelt sein muss. Hunde, die zu viel Aggression entwickeln, sind unbrauchbar, weil es dann zu Konflikten mit Weidetieren kommt. Gute Herdenschutzhunde lassen sich problemlos selbst zum Schutz von Damwild oder Rotwild in Gehegen (Fleischproduktionsgatter) einsetzen. Die ebenfalls bei Herden zu findenden Ovčari (Ovca = Schaf, Ovčari = Schäferhunde) sind keine wirklichen Schutz-, sondern Begleithunde mit einem viel stärker ausgeprägten Jagdtrieb und einem schwächeren Herdentrieb.

Früher wurde frei grasendes Weidevieh überall in West-, Süd- und Osteuropa von schweren Hunden begleitet und bewacht. Diese wuchsen als Welpen inmitten der Schafe auf und fühlten sich als Teil der Herde. Mit dem regionalen Aussterben der Wölfe gerieten sie in Vergessenheit. Heute erleben sie eine „Wiederauferstehung", werden aber auch von vielen Schafhaltern als unzumutbar abgelehnt. Immer wieder wird behauptet, sie seien eine Gefahr für Wanderer und andere Menschen. Tatsächlich aber verlassen sie die Herde nicht und warnen Menschen frühzeitig durch ihr Bellen.

DER WOLF AUF DEN ALMEN

Wer braucht überhaupt Weidetiere auf der Alm?

Die Überschrift mag provokant klingen, aber sie ist durchaus berechtigt. Die Überlegung liegt ja nahe, dort, wohin der Wolf zurückkehrt, auf die Beweidung zu verzichten. Denkbar wären Entschädigungszahlungen an die Grundbesitzer oder Weideberechtigten. Denkbar wäre auch, dort, wo nur Wolf und Luchs jagen, zwar auf Schaf und Ziege zu verzichten, dafür aber mehr Rinder aufzutreiben. Beides klingt zunächst ganz vernünftig.

Allerdings liegt der Wert von Weidetieren nicht nur in der Produktion von Milch und ihren Verarbeitungsprodukten, im Fleisch oder im Wert der Wolle. Letztere ist vielerorts ohnehin nur schwer abzusetzen. Ohne Weidetiere verschwinden die Almen und mit ihnen eine Unzahl an Pflanzen und Tieren. Almen sind eben keine ursprünglichen Landschaftselemente. Sie wurden, aus wirtschaftlichen Überlegungen, vom Menschen geschaffen. Ohne Rodung und Beweidung (ohne Zerstörung der ursprünglich vorhandenen Natur) gäbe es sie nicht. Wo der Bauer sich mit seinen Tieren zurückzieht, verschwindet die Alm wieder. Sie wächst zu, wird zu Wald oder zu Krummholz aus Latsche oder Erle.

Auch die Überlegung, Almen in Wolfsgebieten – wo es vom Gelände her möglich ist – nur noch mit Rindern zu bestoßen, weil diese seltener vom Wolf angegriffen werden, bringt keine Lösung. Je nach Bodenverhältnissen können Rinder einfach zu schwer sein. In steilem Gelände sind sie zudem weit stärker von Abstürzen bedroht als die den Boden schonenden Schafe und Ziegen – vor allem, wenn sie von Wölfen gehetzt werden. Ziegen tragen besonders zur Freihaltung der Almen bei, weil sie – im Gegensatz zu Rindern – auch junge Gehölze abfressen und so die Almflächen offenhalten.

Das Zuwachsen der Almen ist im gesamten Alpenraum längst ein Problem. Da ist es völlig sinnlos, die Aufgabe der Almwirtschaft in den Wolfsgebieten zu diskutieren. Die Tatsache, dass im Hochgebirge sogar in nahezu allen Nationalparks Almwirtschaft betrieben wird, sollte uns zum Nachdenken zwingen. Hier geht es nicht primär um die Unterstützung der Bauern, sondern um die Erhaltung eines Restes an Kulturlandschaft innerhalb einer ansonsten vom Menschen weitgehend ungenutzten Natur.

„Allein in Bayern wurden 2016 über 51.000 Schafe – ohne Zutun des Wolfes – als Kollateralschaden der Landwirtschaft in Tierkörperbeseitigungsanlagen entsorgt.“ (Bayerischer Landtag, Wolfsmonitoring)

WÖLFE MIT DER FLINTE „REGULIEREN“?

Klingt logisch, ist jedoch keine Lösung

Bedeuten weniger Wölfe weniger Schaden? Hier eine (Schein-)Rechnung: Wenn eine Wolfsfamilie, bestehend aus acht Tieren, Schafe im Wert von 1.000 Euro reißt und es werden vier Wölfe aus diesem Rudel erlegt, geht der Schaden auf 500 Euro zurück. Doch stimmt das auch?

Zunächst einmal bewegen sich die Schäden – auch bei absolut gleichbleibender Wolfsdichte – nicht auf einem festen Niveau. Sie können vielmehr von Jahr zu Jahr beträchtlich schwanken. Das ist bei anderen Tierarten, egal ob Fleisch- oder Pflanzenfresser, ebenso. Hier spielen viele Unwägbarkeiten eine Rolle.

Es lässt sich auch nicht sicher vorhersagen, wie sich Wolfsschäden entwickeln, wenn einzelne Tiere aus einem Rudel erlegt werden. Die Wahrscheinlichkeit, dass die Schäden zunächst sogar steigen, ist jedenfalls groß. Das klingt – auf den ersten Blick – überhaupt nicht nachvollziehbar. Doch die Schadensentwicklung hängt ganz stark von Größe und Struktur des Rudels ab. Werden aus einem Rudel nur Jungwölfe entnommen, zerfällt das Rudel nicht, es wird nur vorübergehend kleiner. In diesem Fall können die Schäden tatsächlich zurückgehen. Werden hingegen ranghohe Tiere (Leitwölfe) erlegt, gehen ihre Erfahrungen verloren: Sie haben gelernt, den Mensch und seine Umgebung als feindlich zu erkennen. Das Rudel zerfällt, und in der Folge steigen die Schäden an. Denn junge Wölfe bevorzugen schnell Haus- und Weidetiere als Beute. Alte, erfahrene Wölfe konzentrieren sich hingegen auf Wildtiere.

HINWEIS! Abschuss kann Schäden steigen lassen

Wo gelegentlich oder immer wieder einzelne Wölfe illegal erschossen werden, werden damit die Voraussetzungen für steigende Schäden an Weidetieren geschaffen!

Brainerd et al. (zitiert bei Černe 2010) schreibt, dass die Rudel bei Verlust eines Alphawolfs in 38 % der Fälle ihr Revier verlassen. Beim Ausfall von Leitwölfen übernimmt deren Position – je nach Zusammensetzung

Eine Reduzierung der Wölfe bedeutet nicht unbedingt weniger Schäden unter Weidetieren. Es kann sogar das Gegenteil eintreten. Feste, sich selbst ordnende Rudelstrukturen sind die Voraussetzung, dass die Wolfsdichte im lokalen Raum nicht steigt und der Zuwachs abgedrängt wird.
© iStock.com/Jorde Angelovik

des Rudels – mitunter ein junger Rüde oder ein junges Weibchen (Fähe) aus demselben Rudel, was zu Inzucht führt. Es kann aber in Einzelfällen auch dazu kommen, dass ein Haushund oder ein Hybride die Führung übernimmt. Gerade in Deutschland, wo viele Jäger mit der Zuwanderung von Wölfen konfrontiert und fachlich überfordert sind, scheinen – wenn man den Äußerungen der Jäger und der Berichterstattung der Medien glauben will – Hybriden häufiger vorzukommen als in Ländern, in denen es noch oder schon wieder so etwas wie eine „Wolfstradition" gibt.

Es ist allerdings nachvollziehbar, dass in Bereichen, in denen Wölfe mit einer hohen menschlichen Siedlungsdichte konfrontiert sind, die Gefahr der Hybridisierung wächst. Einem unbürokratischen Handeln – nämlich dem schnellstmöglichen Entfernen der Hybriden – steht dann meist ein sehr schwerfälliges Verwaltungssystem und eine mutlose Politik entgegen.

Der Tod kann abschreckend sein

Auch Černe weist darauf hin, dass moderate Abschüsse schwerwiegende Auswirkung auf die Rudelzusammensetzung haben können, welche sich in der Folge negativ auf die Entwicklung der Schäden auswirkt. Die Kopfstärke einer ganzen Wolfspopulation wird davon kaum tangiert. Wenn aus einem achtköpfigen Rudel zwei Jungwölfe entnommen werden, bedeutet dies mehr Nahrung für die verbliebenen Tiere, aber auch weniger Stress im Rudel.

Das wirkt sich positiv auf die Reproduktion aus. Es werden mehr Welpen geboren, es überleben mehr Welpen, und es kommt mittelfristig zu mehr Abwanderung und Neugründung von Rudeln. Černe verweist darauf, dass die höchsten Abschüsse zur Schadensminderung 2006 getätigt wurden. Das hätte theoretisch zur Folge haben müssen, dass die Schäden signifikant sinken. Tatsächlich aber verzeichnete Slowenien einen Anstieg!

ERSTE BLEIBENDE RÜCKKEHRER

Der Wolf hat die Jahrtausende, die er mit uns oder neben uns leben musste, genutzt. Er hat gelernt, dass wir seine Feinde sind. Er neigt auch nicht in bester Menschenmanier zum Größenwahn und zum Risiko. Er ist intelligent, weit, weit ausdauernder und überlebenstüchtiger als wir. Er lernt schneller und passt sich schneller geänderten Situationen an als der Mensch. Er wird leben, wenn wir unsere Grundwasserreserven endgültig ruiniert und unsere Umwelt restlos vergiftet haben. Er lebt von seiner Umwelt und er ist „Bio-Jäger“ geblieben. Seine Überlegenheit (und die einer ganzen Reihe weiterer Wildtiere) können wir gegenwärtig in der Ukraine in Tschernobyl beobachten. Die im Vergleich mit uns kurzlebigen Wölfe haben mit der radioaktiven Strahlung – bis jetzt – keine existentiellen Probleme. Menschen werden dort für lange Zeit nicht mehr leben können! Sein Wasserbedarf ist gering, während wir nach den USA Weltmeister in der Wasserverschwendung sind! Kein Wunder also, dass der Wolf in Gebiete zurückkehrt, in denen er zuvor ausgerottet wurde.

Deutschland

Nach dem Zweiten Weltkrieg tauchten immer wieder einzelne Wölfe in den beiden deutschen Staaten auf. Manche trieben sich einige Zeit irgendwo herum, andere fielen dem Verkehr zum Opfer oder verschwanden einfach. Ernsthaft „befürchtet“, Wölfe könnten irgendwann wieder in Deutschland leben, hat wohl niemand. Diese Möglichkeit wurde nicht angedacht. Zwar gab es schon in den 1970er-Jahren Überlegungen bezüglich einer Rückkehr des Luchses und in den 1980er-Jahren gründeten sich „Luchsinitiativen“, aber der Wolf blieb außen vor.

Das änderte sich 1998, als auf einem Truppenübungsplatz in der Oberlausitz (Sachsen) ein Wolfspaar auftauchte und blieb. Die Aufregung bei den Jägern war kolossal! Bereits zwei Jahre später wurden die ersten Welpen nachgewiesen. Ob es auch außerhalb des Truppenübungsplatzes so weit gekommen wäre, ist mehr als fraglich. Die Wölfe eroberten die Titelseiten der Printmedien. „Wolfsexperten“ boomten, Ängste und Panik wurden befeuert. Verheimlichen ließ sich die Anwesenheit von Wölfen nicht und schon gar nicht die eines Wurfes. Eine Verheimlichung hätte der Sache ebenfalls nicht gedient. Dennoch muss festgestellt werden, dass rund die Hälfte der Jäger eher abwartend bis zustimmend reagierte. Dies zeigte eine anonyme Befragung. Die Gegner waren natürlich die lauteren und erweckten den Eindruck, die Jäger würden in ihrer Gesamtheit die Rückkehr des Wolfes ablehnen. Dem Ansehen der Jäger tat das nicht gut.

„Aber auch unter Jägern sollten sich etliche fragen, ob ihr Wissen zum Wolf modernen wissenschaftlichen Erkenntnissen entspricht. Denn es fällt auf, dass einige ihre Skepsis und Abneigung gegen den Wolf nicht mit Argumenten und belastbaren Fakten begründen können. Der Wolf ist zurückgekehrt, das sollten wir akzeptieren. Er ist eine Bereicherung unserer Region und macht die Jagd zwar zeitaufwendiger, aber auch spannender. Die Panikmache um die Ausrottung des Wildes kann ich nicht teilen. Meiner Meinung nach dient sie nur dazu, die Interessengruppen gegeneinander auszuspielen und Ängste zu schüren.“ (Wolfgang Schmidt, Vorsitzender der Rotwildhegegemeinschaft Niesky Muskauer Heide)

Die immer wieder geäußerten Befürchtungen, die Wölfe ließen die Schalenwildstrecken einbrechen, bestätigten sich nicht. Eliminiert wurde ein kleiner Muffelwildbestand, der jedoch bereits vor Erscheinen der Wölfe aufgelöst werden sollte und nur noch aus wenigen Tieren bestand.

Die mitunter unglaublichen Wanderungen junger Wölfe sind gut dokumentiert. 2006 sonderten sich Wölfe des bisherigen Rudels („Muskauer Rudel“) ab und ließen sich in der Nähe nieder. Sie bildeten fortan das „Neustädter Rudel“. In den Folgejahren entstanden weitere Rudel im benachbarten Brandenburg.

2009 wanderte der junge Rüde „Alan“ von der Lausitz in großen Bögen und Wiedergängen durch Polen ostwärts, bis ins Grenzgebiet von Litauen und Weißrussland. Das waren Luftlinie rund 800 Kilometer. Was dann geschah, ist unbekannt. Sein Halsbandsender schickte keine Signale mehr. In seiner vermutlich neuen Heimat Litauen waren Wölfe nie völlig ausgestorben.

Inzwischen wurden Wölfe in allen deutschen Bundesländern nachgewiesen. Keineswegs alle gingen auf die „Lausitz-Wölfe“ zurück.

In Baden-Württemberg wurde im Sommer 2015 auf der Autobahn bei Lahr (Baden-Württemberg) ein junger Rüde überfahren, der aus der Ostschweiz eingewechselt war. 2020 wurde ein einzelner Wolf im Nordschwarzwald gesichtet, dessen Heimat unbekannt blieb.

In Bayern wurde 2006 ein dreijähriger Wolfsrüde von einem Auto überfahren. Er stammte aus den italienischen Alpen. 2016 wurden zwei territoriale Paare in Oberfranken nachgewiesen. Mindestens eines der beiden Paare brachte 2017 Junge zur Welt.

In Hessen zog 2008 ein einzelner Wolf, der drei Jahre später auf natürliche Weise starb, im Reinhardswald (Nordhessen) seine Fährte. Nach einer Pause starben zwischen 2015 und 2019 fünf zugewanderte Wölfe auf verschiedenen Autobahnen. 2020 konnte im hessischen Odenwald ein Wolf nachgewiesen werden. Inzwischen gibt es Hinweise auf neue Zuwanderer.

In Mecklenburg-Vorpommern leben inzwischen mindestens fünf Rudel.

Im östlichen Niedersachsen blieb 2007 ein Wolf und einen zweiten erschoss ein Jäger widerrechtlich auf einer Treibjagd.

2012 wurden bei Munster (Truppenübungsplatz) die ersten Welpen nachgewiesen und 2019 waren es in diesem Bundesland bereits 21 Rudel. Allerdings war auch die Sterblichkeit hoch. 21 Wölfe fielen dem Straßenverkehr zum Opfer und einer wurde illegal erlegt. Es wird davon ausgegangen, dass die Dunkelziffer der illegal erlegten weit höher ist.

Deutschland ist insgesamt ein sehr dicht besiedeltes Land mit einem sehr engmaschigen Netz an Verkehrswegen. Da ist es erstaunlich, dass es Wölfe bis ganz in den Westen der Republik schaffen. Im bevölkerungsreichsten Bundesland Nordrhein-Westfalen entstand 2018 ein offizielles Wolfsgebiet.

2012 wurde im benachbarten Rheinland-Pfalz ein zugewanderter Wolf ebenfalls illegal erschossen. Dauerhaft ließ sich 2018 eine Wölfin nieder. Es ist zu hoffen, dass sie am Leben bleibt und dass sich irgendwann ein durchwandernder Rüde findet.

Hat sich ein Wolfspaar irgendwo niedergelassen, entstehen meist sehr schnell weitere Rudel. So auch in Sachsen-Anhalt, wo es 2019 bereits 15 Rudel gab. Auch in diesem Bundesland wurde deutlich, dass Wölfe sich in unserer Zivilisationslandschaft weitgehend selbst regulieren. Die frühe Jugendsterblichkeit ist hoch, ebenso die Verluste durch den Straßen- und Schienenverkehr. 2019 waren es in Sachsen-Anhalt 14 Tiere, zusätzlich wurde mindestens eines illegal geschossen.

Das nördlichste und waldärmste Bundesland ist Schleswig-Holstein. Hier haben sich gegenwärtig (März 2021) erst zwei Einzeltiere niedergelassen. Deutlich mehr Wölfe leben im benachbarten, ebenfalls sehr waldarmen, von zwei Meeren umschlungenen Dänemark.

Keineswegs waldarm ist Thüringen. Dennoch und trotz der Nähe zum wolfsreichen Sachsen tauchte erst 2015 eine einzelne Fähe auf. Sie wählte – recht klug! – einen Truppenübungsplatz zur neuen Heimat. Mangels eines adäquateren Partners paarte sie sich in den beiden Jahren 2017 und 2018 mit einem Hund. Für die Hybrid-Welpen wurde eine Abschussgenehmigung ausgestellt. 2019 fand ein Rüde zu ihr. Seine DNA verriet, dass er aus dem Šumava in Tschechien kam.

Im Dokumentationsjahr 2019/20 (Mai bis Ende April des darauffolgenden Jahres) sollen nach Erhebungen des NABU in Deutschland 128 Wolfsrudel und 35 Einzelpaare gelebt haben. Von 2000 bis November 2020 wurden 393 Wölfe Opfer des Auto- und Bahnverkehrs. 51 illegale Tötungen konnten nachgewiesen werden.

Österreich

Lange Zeit konnte man die Erlegung des letzten Wolfes genau datieren. Er wurde 1882 im Wechselgebiet erschossen. Inzwischen ist eine korrekte Antwort fast nicht mehr möglich. Er ist nämlich wieder zurückgekehrt und die Forderungen nach Abschuss der noch wenigen Wölfe und neuerlicher Ausrottung der Art sind unüberhörbar. Doch da steht Österreich nicht allein. Wo immer er auftaucht, werden Schauermärchen erzählt. Ein erheblicher Teil der Jäger – aber keineswegs alle! – lehnen seine Rückkehr ab, weil sie ihre Hege gefährdet sehen. Landwirte lehnen ihn ebenso ab und manche verweigern auch angebotene Schutzmaßnahmen.

Einzelne Wölfe durchstreiften nach ihrer offiziellen Ausrottung wohl immer wieder Österreich. Ob alle bekannt wurden, ist ungewiss. Sicher ist, dass sich 2016 auf dem Truppenübungsplatz Allentsteig ein Rüde und eine Fähe niederließen und im selben Jahr vier Welpen führten. Inzwischen mehren sich Beobachtungen und Nachweise teils weit außerhalb des Übungsplatzes. Zuwanderer aus Slowenien wurden in der Steiermark nachgewiesen, ebenso schon fast regelmäßig im Süden Kärntens. Sogar in Vorarlberg tauchte ein Wolf auf, es war vermutlich derselbe, der auch im benachbarten Allgäu Gastspiele gab. Seine DNA zeigte, dass er aus der Schweiz herüberkam. Im Jahr 2018 sorgte im Land Salzburg ein Wolf für Aufregung, der eine große Zahl Weidetiere – mehrheitlich Schafe – gerissen hat. 2020 wurde eine Abschussgenehmigung erteilt, die aber vom Landesverwaltungsgericht wieder aufgehoben wurde, da es keinen Herdenschutz gab.

Schweiz

Auch in der Eidgenossenschaft sind mehr als 25 Jahre vergangen, seit Wölfe aus den italienischen und französischen Alpen in die Schweiz einwanderten. Sie haben damit heftige Reaktionen von Gegnern und Befürwortern ausgelöst. Gleichwohl konnten Wölfe in mehreren Kantonen Rudel bilden und reproduzieren.

Inzwischen kommt es auch zu erheblichen Verlusten unter Weidetieren, allerdings mehrheitlich bei ungeschützten Herden, also solchen, die weder behirtet noch von Herdenschutzhunden bewacht oder in der Nacht eingestallt werden. KORA sammelt die Daten und veröffentlicht sie einmal jährlich im Internet.

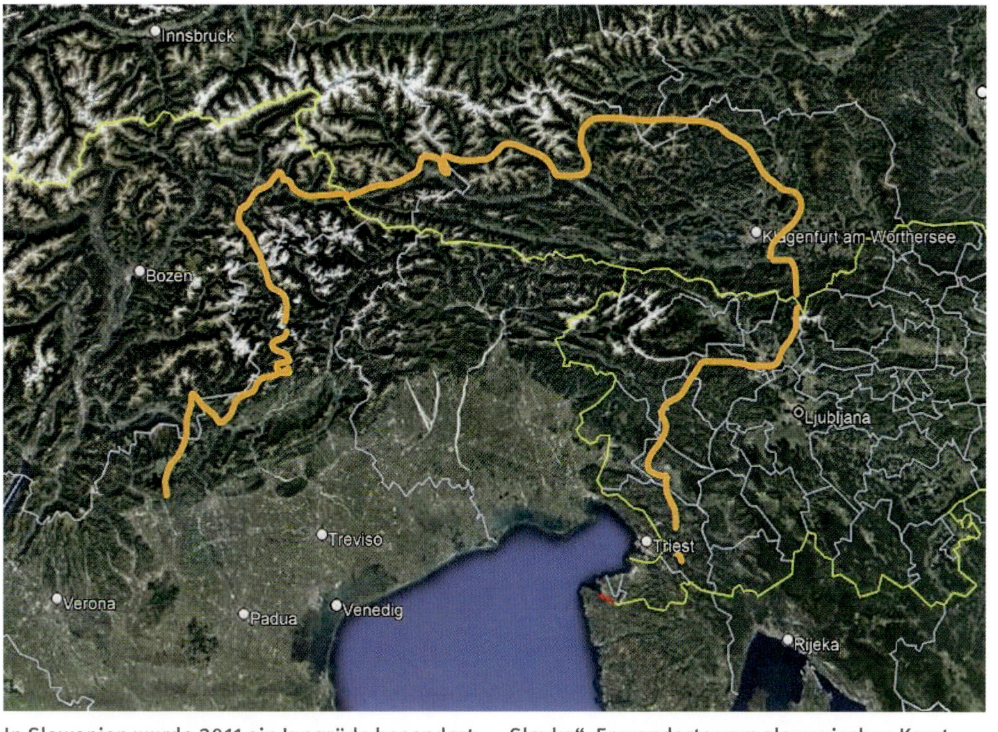

In Slowenien wurde 2011 ein Jungrüde besendert – „Slavko“. Er wanderte vom slowenischen Karst an der Adriaküste aus nordwärts, vorbei an Ljubljana und über die Karawanken nach Kärnten. Es folgten kurze Aufenthalte in den Alpen Österreichs, ehe er Bayern besuchte und schließlich durch die Schweiz südwärts nach Italien schwenkte. Es war sicher eine kluge Entscheidung von ihm, sich im Nationalpark Lessinia nahe Verona niederzulassen. Dort traf er mit der aus den französischen Seealpen zugewanderten Wölfin Giulia zusammen. Ein Jahr später hatten die beiden Nachwuchs. Eine Fotofalle dokumentiert die Familie. © Daten SloWolf

Frankreich

Hier galten die Wölfe Ende des 19. Jahrhunderts als ausgerottet. Erst 1979 wurden sie unter Schutz gestellt. Seit 1992 wird jedoch versucht, den Wolf in Frankreich wieder heimisch zu machen. Anfang der 1990er-Jahre wanderten die ersten Wölfe aus Italien in den Mercantour Nationalpark ein. Von dort aus besiedelten sie zunächst die waldreichen, weniger zersiedelten Gebiete der französischen Alpen und des Zentralmassivs.

Italienische Wölfe erreichten auch die östlichen Pyrenäen, wo einige wenige Tiere rechts und links der Grenze zu Spanien überlebt hatten. Etwa seit 2000 ist auch eine Ausbreitung auf spanischer Seite erkennbar. Seit 2011 sind Wölfe wieder in den Südvogesen und in Lothringen heimisch. 2019 gingen Fachleute von drei Rudeln mit etwa 30 erwachsenen Tieren aus. Insgesamt sollen im Osten und Süden Frankreichs heute wieder 500 Wölfe leben. Diese sind über die Alpen und den Jura mit ihren Artgenossen in der Schweiz und auch in Rheinland-Pfalz vernetzt. Der Westen und Norden Frankreichs, grob zwei Drittel des Landes, sind wolfsfrei.

Stefanie Roder und ein Kollegenteam untersuchten in Frankreich, welche Habitate wahrscheinlich von Wölfen besiedelt werden. Dabei kamen sie zu nachfolgendem Ergebnis, das durchaus auf andere europäische Länder übertragbar ist:

„Die Rothirschdichte trug am meisten zur Erklärung der Wolfsvorkommen bei (31 %), gefolgt von der Rehdichte (22 %), der Niederschlagsmenge im Winter (19 %) und der Existenz von Jagdbanngebieten (16 %). Dies zeigt, dass in der Re-Etablierungsphase die Nahrungsverfügbarkeit der wichtigste Faktor für die Habitatwahl von Wölfen im Winter ist. Dabei kommt dem Rothirsch als profitabelste Beute in den Westalpen eine besondere Bedeutung zu." (Roder et al., 2020)

Bei der Beurteilung einer Landschaft auf ihre Tauglichkeit als Wolfslebensraum spielt in Mitteleuropa das Vorkommen von Rotwild eine große Rolle. Kälber können selbst von einzelnen Wölfen erbeutet werden. In der Familiengemeinschaft erjagen sie auch erwachsenes Rotwild, vor allem weibliche Tiere.

Slowenien

In der zweiten Hälfte des 20. Jahrhunderts wanderten immer wieder Wölfe aus dem Süden nach Slowenien ein, wobei ihnen die Wanderung nach Norden zunehmend durch das dichter werdende Netz an Autobahnen erschwert wurde.

Wie auf Seite 56 beschrieben, wurden auch in Slowenien für den Abschuss von Wölfen Prämien bezahlt. Erst im Jahr 1973 setzte ein Umdenken ein, und die Prämienzahlung (zuletzt 35.000 Dinar) wurde eingestellt. 1974 trat im Staatsjagdrevier Medved in Kočevje ein freiwilliger Schutz des Wolfes in Kraft, kurze Zeit später auch im Staatsjagdrevier Jelen am Snežnik. 1976 trat dann das Gesetz zum Schutze der Natur und des jagdbaren Wildes („Zakon o varstvu gojitvi in lovu divjadi“) in Kraft. Es räumte dem Wolf erstmals eine Schonzeit während der wichtigsten Zeit des Jahres ein.

HINWEIS! Slowenische Jäger schützen den Wolf

1990 entschloss sich der Dachverband der slowenischen Jäger zu einem ganzjährigen Schutz des Wolfes. Damit setzte er sich ein Denkmal!

In einigen anderen mitteleuropäischen Ländern ist das bis heute undenkbar. Schließlich gewährte auch der Staat dem Wolf eine ganzjährige Schonzeit. Dabei blieb es bis heute. Allerdings kann das zuständige Ministerium per Bescheid außerordentliche Abschussgenehmigungen erteilen und macht davon auch Gebrauch (Černe, 2007).

Inzwischen traten Wölfe zunehmend auch östlich von Novo mesto auf. 1990 wechselten Wölfe unter dem Autobahnviadukt „Ravberkomando“ bei Postojna nach Norden. In der Folge tauchten Wölfe im Trnovski gozd, Banjški planoti und auf der Jelovica nahe Kranj auf (Adamič et al., 2004).

So geht es auch: Das Ökologie-Forum in Slowenien bringt es mit seinem Plakat auf den Punkt: „Slowenien ist auch mein Land!“

Gleichzeitig eroberten sie den Niederen Karst, das Hinterland der Adriaküste, zwischen Nova Gorica und der kroatischen Grenze. Štrumbelj gab 1994 den damaligen Wolfsbestand für die gesamten nördlichen Dinaren mit 30 bis 40 Stück an. Die Schäden waren gering.

Bereits 2010 sah sie Marenče im Triglav Nationalpark als Standwild. Sie kommen heute im Laibacher Moor (Ljubljanske barje) fast bis zu den Toren der Hauptstadt Ljubljana im Zentrum des Landes vor. Einzelne Tiere tauchen immer wieder in den Karawanken auf, ebenso im Bacherngebirge (Pohorje) bei Maribor.

Italien

In Italien genoss der Wolf in der Bevölkerung mehr Sympathie als in Deutschland und in Österreich. Andererseits war es bei den Jägern – wie heute noch in Frankreich und Spanien – üblich, „Raubwild“ generell mit Giftködern zu bekämpfen. Diesen fielen auch immer wieder Wölfe zum Opfer. So ging man 1970 von nur noch rund 100 Wölfen aus, die überwiegend in den Abruzzen lebten. In den italienischen Alpen war der Wolf bereits ausgestorben.

1976 stellte die Regierung den Wolf unter Schutz. Damit hatte dieser die Möglichkeit, sich wieder auszubreiten, was er auch tat. 1983 gab es bereits einen Wurf nördlich von Genua, und 1987 hatte die Art sogar die Alpen erreicht. 1992 schaffte es ein Tier bis nach Frankreich und drei Jahre später in den Schweizer Kanton Wallis. Inzwischen leben und reproduzieren Wölfe wieder in den Gebirgsregionen zwischen Kalabrien und Ligurien, ebenso in den Regionen Piemont und Friaul. Geschätzt wird ihr Bestand auf 500 bis 1000 Tiere.

VERSCHIEDENE LÖSUNGSANSÄTZE

Jagd kann bedrohten Arten helfen

Vielleicht ist es unklug, solche Sätze zu schreiben, weil man schnell missverstanden wird und seine Leser verliert. Abgesehen davon, scheinen sie in eklatantem Widerspruch zu dem zu stehen, was weiter oben (siehe Seite 66) über Wolfsabschüsse zur Schadensminimierung gesagt wurde. Aber es muss einfach gesagt werden. Ein Kind, das wir in dem Glauben lassen, Autos seien aus Schaumstoff und außerdem würden sie spätestens im letzten Moment wirksam bremsen, wenn wir vor ihnen auf die Straße laufen, wird die Erstkommunion nicht erleben. Kinder, die erleben müssen, wie Menschen bei einem Unfall schwer verletzt werden und vor Schmerzen schreien, mögen momentan traumatisiert sein, aber sie sehen Autos mit anderen Augen. Sie können alt werden.

Dieselbe Aufgabe erfüllt bei Wildtieren unter anderem die Jagd. Das zu sagen, ist ebenfalls gefährlich. Sofort wird man als stumpfsinniger Trophäenjäger, als Wildfeind oder sonst als ein weitab der Zivilisation stehender Mensch entlarvt. Abgesehen davon muss man jede Menge Drohungen und Schmierereien edlerer Menschen aushalten.

Bleiben wir beim Wolf. Seit es ihn gibt, muss er mit Todfeinden überleben. Sie sind – auch wenn es widersprüchlich und kurios klingt – seine Lebensversicherung. Das hat er mit Sicherheit ganz, ganz schnell kapiert. Nie wird ein Wolf so vermessen gewesen sein, sich mit einem Säbelzahntiger anzulegen. Viele Jungwölfe erlebten seit Anbeginn den Verlust von Geschwistern – selbst durch eigene Artgenossen. Das hat den Wolf „feige" gemacht. Er riskiert nicht viel. Real betrachtet hat er sich aber nur jene Vorsicht erhalten, die der Mensch in seiner Überheblichkeit gerade aufgibt: im Auto, auf der Skipiste, bei der Bergtour und beim Schutz seiner Umwelt und seiner Ressourcen. Der von jeder Jagd befreite Wolf – einer, der zwar regelmäßig im Umfeld der Menschen mit dem Handy fotografiert, aber nie mit einem Stein beworfen wird, einer der keinem Jäger mehr ausweichen muss, um zu überleben – dem wird sein totaler Schutz zu einem überlebensbedrohlichen Problem seiner Art! Das trifft auf alle Wildtiere zu, von der Maus über das Reh bis zur Forelle.

Vorweg: Schäden und Emotionen

Dass die Verluste an Weidetieren im alpinen Raum auch ohne Großraubwild beachtlich sein können, wurde schon erwähnt und wird durch das folgende Beispiel bestätigt: Im September 2019 riss eine Hangrutschung am Predigtstuhl im Karwendelgebirge (Oberbayern) 175 Schafe in den Tod. Seitens der Weidegenossenschaft wurde vermutet, dass die vorangegangene, lang anhaltende Trockenheit der Grasnarbe ebenso zugesetzt habe wie die Tritte der Schafe. Als dann in 1.500 Metern Höhe die Grasnarbe aufriss, setzte sich der Hang in Bewegung und riss die Schafe mit.

Es ist wohl mehr als Spekulation, wenn wir annehmen, dass die fortschreitende Klimaerwärmung der Almwirtschaft künftig weit mehr zusetzen wird als in der Vergangenheit und dass Weidevieh an Umwelteinflüssen weit häufiger zu leiden haben wird als an Bär, Wolf und Luchs. Schon heute zeichnet sich ab, dass sowohl Regenperioden als auch Hitze und Trockenheitsphasen deutlich länger anhalten als früher. Das wird periodisch zu Futterknappheit führen sowie zu einem früheren Ende der Beweidungszeit und – wie dieses Drama am Predigtstuhl zeigt – auch zu Ereignissen, die wir bisher so nicht kannten. Einerseits wird die Vegetationszeit deutlich früher beginnen und später enden, andererseits werden Temperatur und ungünstiger werdende Niederschläge die Weidezeit verkürzen!

Empathie für Tiere spielt in der Agrarindustrie kaum eine Rolle – Tierleid wird von kommerziellen Interessen überlagert. Gerade die deutsche Agrarlobby verhinderte bisher – zusammen mit der Politik – dass die schlimmsten Tierquälereien, die wir getrost unter dem Begriff „nationale Kulturschande" verbuchen dürfen, in der EU verboten werden. Beispiele sind die Batteriehaltung von Hühnern, Kastration ohne Betäubung bei Ferkeln, höchst qualvolle Haltung von Mutterschweinen, die sich nicht drehen können, Spaltenböden, das Schreddern von männlichen Küken und viele andere Praktiken. Völlig anders wird es von der Lobby gesehen, wenn der Wolf Schafe reißt. Dabei wird immer wieder das unendliche Leid der Schafe beschworen.

Hier müssen wir jedoch unterscheiden zwischen der empathielosen, rein auf Profit ausgerichteten Massentierhaltung und dem, was man bäuerliche Landwirtschaft nennen darf. Gerade bei Schafen, Ziegen oder auch Eseln handelt es sich häufig um Nebenerwerbslandwirtschaft. Vielfach ist auch diese noch zu hoch gegriffen – es handelt sich um Hobbyhaltung. Auch der Schäfer, der mit einigen hundert Schafen über Land zieht, betreibt keine Massentierhaltung. Sie alle haben zu ihren Tieren – mehr oder weniger – ein persönliches bis herzliches Verhältnis. Das ist auch beim Weidebetrieb im Gebirge der Fall. Die auf einer Alm gesömmerten Tiere haben viele Besitzer, die in der Regel eine Weidegenossenschaft bilden. Da gehören dem einen „Genossen" zehn Schafe und dem anderen vielleicht nur drei. Man fährt oder wandert am Wochenende auf die Alm, sucht seine Schafe, schaut, ob es ihnen gut geht, ob der Adler kein Lamm geholt und der Steinschlag kein Mutterschaf verletzt hat.

Nicht anders ist das Mensch-Tier-Verhältnis in der Ebene. Gerade dort dominieren die „Hobbyhalter". Die Schafe, die nach einem Wolfsangriff tot in der Wiese hinterm Haus liegen, sind dann eben nicht nur die Schafe vom Meier oder Müller – es sind Schafe, an denen Kinderherzen hängen! Der Schrei nach der Ausrottung der wieder eingewanderten Wölfe ist dann dennoch so ziemlich der primitivste, den man hören kann.

Deutschland

Mit der Zahl der Wolfsrudel und einzelnen Paaren stieg die Zahl der Übergriffe auf Weidetiere enorm an. Am häufigsten sind Schafe betroffen. Die wenigsten Tiere werden durch einen wolfssicheren Zaun geschützt, von Hunden bewacht oder in der Nacht eingestallt. Vielfach sehen die Besitzer auch gar keine Veranlassung: „Weil noch nie etwas war …“

Eine einheitliche Regelung gibt es weder für Präventionsmaßnahmen noch für Entschädigungszahlungen. Teils wird Prävention ganz offen als unzumutbar abgelehnt, teils erfüllen Schutzzäune einfach nicht die Vorgaben anderer EU-Länder. Man muss aber auch zugestehen, dass manche Präventionsmaßnahmen, etwa der Einsatz von Herdenschutzhunden, im dichtest besiedelten und von Verkehrswegen zerschnittenen Deutschland schwieriger durchzusetzen sind als in anderen EU-Ländern. Hinzu kommt das in dichtbesiedelten Räumen mutmaßlich geringere Naturverständnis im Vergleich mit ländlichen Gegenden.

Ein probates Mittel zur Abschreckung von Herdenschutzzäunen – das Aufhängen von Köderdosen, die unter Strom stehen – würde zu einem Aufschrei führen (siehe ab Seite 102). Dabei ist ein einmaliger – nicht gesundheitsschädlicher – Stromschlag für Wolf oder Bär sicher „angenehmer“ als ein Wolf an der Kehle eines Weidetieres. Aber wer das wagt, muss mit einer Anzeige und jeder Menge ihm „wohlgesonnener“ Medien rechnen …

Österreich

Was für Deutschland gesagt wurde, gilt eingeschränkt auch für Österreich. Im Mühl- oder Weinviertel, im dichtbesiedelten, ebenen Rheintal oder im Burgenland lassen sich Schäden an Weidetieren durch den Wolf vergleichsweise leicht minimieren. Es ist eher die Frage, ob man die Mühe auf sich nehmen will und Schutzmaßnahmen bezahlen kann oder ob man den Wolf prinzipiell ablehnt. Zumindest die Regulierung der Schäden kann dort kein ernstes Problem sein, wo Bund oder Land ihre Verantwortung für die Natur wahrnehmen. Dabei ist fachgerechte Prävention fast immer billiger als Schadenersatz.

Schwieriger wird es im alpinen Raum, und davon hat Österreich mehr als genug. Was in Österreich wie in Deutschland dringend erforderlich wäre, sind verbindliche Konzepte. Dies zu erreichen scheint in einem Land, in dem der Föderalismus selbst in den Bereichen der Kultur, der Gesundheit und des Sozialwesens so skurrile Blüten treibt wie in Österreich, unerreichbar. Konsens erzielt man eher in der Forderung, der Wolf müsse weg.

Ein Weg wäre die Ausweisung von Wolfsgebieten beziehungsweise von Gebieten, in denen der Wolf nicht geduldet werden soll. Ein Beispiel könnte das in der Vergangenheit in Bezug auf Bär und Wolf absolut tolerante Nachbarland Slowenien sein. Dort ist der Nationalpark in den Julischen Alpen für durchwanderndes Großraubwild nur Korridor (siehe Seite 89).

Italien

Im 50.683 Hektar großen Parco nazionale d'Abruzzo, Lasio e Moseli (Nationalpark Abruzzen in Italien) leben Wölfe. Gleichzeitig wird mit 20.000 bis 25.000 Schafen Weidegang betrieben, wobei sich die Zahl im Winter auf 1.000 bis 2.000 Schafe reduziert. Größere Probleme mit den Wölfen gibt es dennoch nicht. Allerdings werden die 500 bis 600 Tiere zählenden Herden von Hirten bewacht, die jeweils von drei bis sechs abruzzischen Schutzhunden unterstützt werden. Ein Teil der Herden verbringt die Nacht in Gehegen, deren Bau subventioniert wird. Durchschnittlich hat jede Herde einen jährlichen Verlust von 3 % zu beklagen, wovon aber nur ein kleiner Teil durch Raubwild verursacht wird.

In Osteuropa, aber teilweise auch in Italien erbeuten Wölfe einen höheren Anteil Schwarzwild als beispielsweise in Deutschland und Österreich. Das mag mit den Strukturen der Rudel zusammenhängen. Bei uns schlagen selbst Überläufer die Angriffe einzelner Wölfe zurück. Stärkere Wildschweine werden überhaupt nicht angegriffen. Das spiegelt sich auch in der Entwicklung der Abschusszahlen des Schwarzwildes.

Slowenien

An dieser Stelle müssen wir an Slowenien erinnern, ein Land, das für den Erhalt von Bär, Wolf und Luchs viel auf sich genommen hat – mehr als das zehnmal so große und weit reichere Deutschland! Slowenien hat für die drei Arten ein funktionierendes Management, das Lebensräume für große Arten bereitstellt, aber auch sagt, wo es bestimmte Arten nicht mag. So sind Wolfsrudel im Triglav Nationalpark in den Julischen Alpen wegen der in ihm und seinem Umfeld verbreiteten Schafweide unerwünscht. Dafür gibt es Mittelgebirge mit sehr hoher Wolfsdichte, beispielsweise Javornik, Snežnik, Trnovski gozd oder Kočevje. Auch das Hügelland im Niederen Karst, zwischen kroatischer Grenze, Triest und Görz, ist Heimat nicht weniger Wölfe. Gleichzeitig weiden dort zahlreiche Schafe und Ziegen. Doch es gibt einen gravierenden Unterschied zur Schafhaltung in alpinen Hochlagen. Die Schafweiden im Niederen Karst sind ausnahmslos mit Fahrzeugen zu erreichen und der Bau von Schutzzäunen ist zwar mühsam, aber möglich!

Für sinnvoll hält man es in Slowenien, dort wo Wölfe ständig vorkommen, einzelne Tiere ausschließlich im Bereich von Weiden zu erlegen. Das Ziel ist, den Rudeln deutlich zu machen, dass Weiden grundsätzlich gefährlich, ja tödlich sind. Hier soll alles zusammenwirken, was für den Wolf negativ besetzt ist: Menschen, Hunde, E-Zäune mit hoher Spannung und letztlich auch ein

Im slowenischen Karst war die Schaf- und Ziegenweide lange Zeit rückläufig. Die früher offene, unglaublich artenreiche Landschaft verbuschte völlig, und die Sukzession ließ aus Macchia Wald entstehen. Die Landschaft wechselte ihr Gesicht, viele Arten verschwanden. Heute schaffen slowenische Bauern mithilfe von Ziegen wieder große, offene Flächen. Bäume fallen – bis auf wenige „Schattenbäume“ – der Motorsäge zum Opfer. Dann kommen die Ziegen, fressen junge Gehölze völlig und bringen bereits größere zum Aufgeben. Ihnen folgen die Schafe und teilweise – wo genug Wasser vorhanden ist – sogar Rinder. Das zentrale Problem dabei sind Bär und Wolf. Beide finden in der Macchia beste Deckung und Schutz vor dem Menschen. Zäune halten sie ab, Esel bemerken sie und schlagen Alarm und Herdenhunde vertreiben sie.

tötender Schuss. Fritts et al. (2003, zitiert bei Černe 2010) sehen es als wichtig an, Rudel mit festen Strukturen zu schützen (stabil zu halten), um die Zuwanderung und Integration jüngerer, unerfahrener Wölfe zu verhindern.

Es ist eher unwahrscheinlich, dass in Ländern mit jagdlichen Strukturen, wie sie in Deutschland, Österreich und anderen europäischen Ländern gegeben sind, wo man den Wolf vielfach nur als Konkurrent sieht und „eben auch einmal einen schießen möchte“, eine so subtile Jagd funktioniert. Sie erfordert fundierte Wolfskenntnisse (die Jägerkurse nicht vermitteln können und die nicht Gegenstand von Jägerprüfungen sind) und eine ehrliche Bejahung des Lebensrechtes dieser Art. Das bedeutet nicht die Verweigerung grundsätzlich wolfsfreier Gebiete.

Wie die Schadensabwicklung funktioniert, wird im Kapitel „Der Bär – Weidetiere, Bienen und Obstbäume“ auf Seite 101 beschrieben.

WÖLFE BELEBEN DEN TOURISMUS

Touristische Vermarktung

Obwohl Slowenien ein großes Potenzial für die Vermarktung und Förderung von Wölfen hat, wurde dieses bisher eher wenig genutzt. Dies, obwohl gerade die Anwesenheit von Wölfen und Bären jedes Jahr mehr ausländische Touristen ins Land lockt. Die Nutzung dieser Möglichkeiten könnte sich positiv auf die Toleranz der lokalen Bevölkerung gegenüber Großraubwild auswirken.

In den großen, geschlossenen Wäldern Sloweniens sind Begegnungen mit Wölfen sehr selten und lassen sich kaum planen. Doch für viele Touristen ist bereits das Bewusstsein, sich „zwischen“ Wölfen zu bewegen, eine große Attraktion. Wer einmal im nächtlichen Karst die Wölfe heulen hört, wird Slowenien die Treue halten und wiederkommen! Auch wenn der Wolf selbst nur selten zu sehen ist, so sind doch bereits Hinweise auf seine Anwesenheit hoch willkommen.

Wanderungen mit einem Ranger, der sachliche Informationen vermittelt, haben einen Wert, ebenso die Suche nach Spuren oder Losung. Bei solchen Ausflügen können Besucher über das Leben von Wölfen, deren Funktion im Haushalt der Natur und die damit verbundenen Probleme informiert werden.

Wölfe am See von Cerknica

Grahovo ist eine kleine Gemeinde am See von Cerknica. Wenn im Sommer das Wasser des Sees in der karstigen Unterwelt vergurgelt, mähen die Bauern auf dem Seegrund Schilf und Gras. Im Winter hingegen türmen sich am Ufer die vom Wind getriebenen Eisschollen auf, dass man glaubt, in der Arktis zu sein. Wölfe treiben sich dort das ganze Jahr herum. Sie finden im Sommer Ruhe in den großen Schilfpartien und im Winter in den an den See anschließenden Wäldern von Javornik und Snežnik.

Wenn das Wasser des Sees, im Frühjahr oder Sommer, im Untergrund verschwindet, kommen Bären und Wölfe aus den Bergwäldern herunter und sammeln die gestrandeten Fische auf. In den zurückgebliebenen Schlammflächen sind dann oft die Spuren der beiden großen „Raubtiere" zu finden, was sich inzwischen bei interessierten Urlaubern herumgesprochen hat. Für immer mehr Naturfreunde ist es einfach ein großes Erlebnis, wenn sie einen Haufen „Bärendreck" oder Wolfsspuren mit ihren Handys festhalten können. Wo das in Mitteleuropa noch möglich ist, lohnt es sich hinzufahren. Der Massentourismus lässt sich von Schlammflächen nicht begeistern; hier entsteht absolut sanfter Ökotourismus. Er hilft nicht großen Hotelketten, sondern eher den Vermietern von Ferienwohnungen oder Zimmern und der traditionellen bäuerlichen Gastronomie.

Vor Corona organisierte das Verkehrsbüro von Grahovo mit den örtlichen Jägern nächtliche Wolfstouren, bei denen Urlauber mit etwas Glück das Heulen der Wölfe hören konnten. Beide – die Fotojagd auf wilde Braunbären wie das Livekonzert der Wölfe – sind weit, weit weniger unfallträchtig als ein Vormittag auf der Skipiste. Dennoch warnt bis heute keine einzige Wintersportgemeinde vor dem Skifahren.

Der temporäre See von Cerknica, dessen Wasserfläche zwischen 2.000 Hektar und nahe null schwankt. Die weiten Schilfflächen und die den See umstellenden Bergwälder beheimaten mit die höchste Wolfsdichte in Slowenien. Sinkt der Wasserspiegel, bleiben weite Schlammflächen zurück, in denen der Naturfreund die Spuren von Bären, Wölfen und Schakalen findet. Wer Glück hat, hört auch die Wölfe heulen. In „Vor-Corona-Zeiten" veranstalteten Tourismus und örtliche Jägerschaft schon nächtliche „Wolfstouren".

Auch die Regierung in Ljubljana vertritt die Auffassung, es sei sinnvoll, die Attraktivität der Wölfe im Ökotourismus stärker zu nutzen. Angedacht werden geführte Wanderungen, bei denen kundige Führer über Vorkommen und Bedeutung der Wölfe informieren, über das Nebeneinander von Großraubwild und Beweidung der Karstlandschaft. Die jagdlichen Strukturen Sloweniens begünstigen derartige Projekte.

Wölfe in der Lausitz

Auch in Sachsen werden inzwischen Wolfsführungen angeboten. Gasthäuser, die sich an der Panikmache gegen den Wolf nicht beteiligen, profitieren inzwischen von der Anwesenheit der Wölfe. Der Wolf hilft dem Tourismus in einer Gegend, die vorher touristisch eher „im Schatten" lag. Dabei haben die wenigsten Besucher das Glück, tatsächlich einen Wolf zu sehen. Fast alle sind schon begeistert, wenn sie bei Führungen neben anderen Wildarten Spuren und Kot der Wölfe finden.

In den benachbarten Bundesländern Brandenburg und Niedersachsen werden ebenfalls Wolfstouren angeboten, die sich eines großen Zuspruchs bei Naturfreunden in der gesamten Bundesrepublik erfreuen. Die meisten Touren sind sehr früh ausgebucht.

Auch in der Schweiz bieten findige Unternehmer inzwischen mehrtägige Wolfs- und Luchstouren für Kleingruppen an: Die Nachfrage ist groß.

BEGEGNUNGEN

In den nord- und ostdeutschen Wolfsgebieten hat man nicht nur als Jäger durchaus Chancen, einem Wolf zu begegnen. Mehrfach waren Heidi und ich eingeladen, auf Truppenübungsplätzen Wölfe zu beobachten. Dort werden sie nicht illegal verfolgt. Mit dem Militär haben sich die Wölfe arrangiert, und Privatpersonen stören in diesen Sperrgebieten die Natur wenig. Wir wären diesen Einladungen auch gerne gefolgt, aber irgendwie ging es sich nie aus. Abgesehen davon ist es vom Kärntner Gailtal bis Niedersachsen oder Brandenburg auch ganz schön weit. Und so locker zu befahren wie die Tauernautobahn sind die deutschen Autobahnen auch nicht.

Wenn Wünsche über Jahre unerfüllt bleiben, wird man bescheidener. Man stuft sie herab. Es mussten ja nicht die Jungwölfe sein, die am Rendezvousplatz auf ihre Eltern und Geschwister warteten, umgeben von blühendem Heidekraut. Auch nicht das sechsköpfige Rudel, das im dinarischen Karstwald durch den fast metertiefen Schnee pflügt. Nein – wir wären schon zufrieden gewesen, wenn sie uns in der Ferne ein Lied gesungen hätten.

Manchmal erfüllt uns der pure Zufall Wünsche. Zu Jahresbeginn rief ein Freund an, wünschte Wohlergehen und Freiheit zum neuen Jahr und schob nach dem üblichen Hin und Her nach: „Du kennst dich doch in Slowenien aus. Meinst du, wir könnten dort einmal gemeinsam Wölfe heulen hören? Ein paar Tage übers Wochenende oder so. Tagsüber auf die Loipe, am Abend gepflegt essen und dann oder auch davor – keine Ahnung – Wolfslieder hören. Kennst du einen, der uns das ermöglicht?"

Ich kannte „einen", den ich fragen wollte und fand den Vorschlag gut. Gemeinsam auf schmalen Latten durch die Landschaft gleiten und sich dabei an den Fährten noch nicht schlafender Bären und den Spuren der Otter erfreuen – Sonne genießen. Alles ohne Pulver und Blei.

Zwei, drei Telefonate, dann war alles organisiert. Aber, so ließ ich mir sagen, der Januar war für unseren kleinen „Jagdausflug" nicht die beste Zeit. Zwar platzieren Maler heulende Wölfe gerne in verschneite Winterlandschaften, doch zumindest in einigen europäischen Lebensräumen wird im Hochwinter am wenigsten geheult. „Warum kommt ihr nicht im Spätsommer oder Frühherbst, da sind eure Chancen, Wölfe zu hören, deutlich besser", fragte Janez. Der musste es wissen. Aber Uli und Doris bewirtschafteten in Deutschland ein Bauernhof. Im Sommer konnten sie nicht weg. Für sie war es im Winter am leichtesten, den Hof ein paar Tage einem Betriebshelfer zu überlassen.

Ganz aussichtlos sei es im Hochwinter auch nicht, versicherte mir Janez. Immerhin hatte eine Fremdenverkehrsorganisation, zusammen mit der örtlichen Jägerschaft, Wolfsführungen im Februar angeboten.

Die Überredung unserer Ehefrauen war kunstlos. Einsame Landschaft, Schnee und blauer Himmel, dazu eine fast menschenleere Loipe, das schien den beiden Frauen die halbe Miete. Ganz in der Nähe gab es eine äußerst gemütliche Pension, die ich von früheren Besuchen kannte. Natürlich waren Zimmer frei, es gab ja keine Skipisten in der Nähe. Uli konnte kurzfristig noch einen Betriebshelfer organisieren. Knapp eine Woche später fuhren wir.

Janez empfahl, uns auf dem Damm des Sees zu positionieren. Am ersten Abend tauchten wir in dicken Nebel, der bis kurz vor Mitternacht tief über See und Wiesen lag. Manchmal, wenn er sich um uns etwas senkte, strahlte der fast volle Mond auf uns herab. Wir saßen dick eingepackt auf unseren mitgebrachten Klappstühlen und schwiegen die in Nebel verpackte Landschaft an. Es war zauberhaft, aber nicht wirklich ideal. Doris meinte, wenn daheim dicker Nebel Hof und Wiesen einhüllt, würde man manchmal die Schläge der Kirchenuhr nicht mehr hören.

Gegen zehn Uhr hörten wir den ersten Wolf – schwach nur und weit entfernt. Dann wieder Schweigen. Vielleicht dämpfte der Nebel tatsächlich und der Wolf war er gar nicht so weit entfernt? Wir wagten kaum noch zu flüstern.

Der heisere Schrei eines Reihers, der das Mondlicht zum Fischen nutzen mochte. Dann ein einzelner Schatten auf dem Damm, den wir in unserer Euphorie spontan zum Wolf erklärten. Zwei weitere Schatten folgten. Es waren tatsächlich „nur" Goldschakale! Vierzig Meter mochten es gewesen sein, und der Nebel hatte ihre Silhouetten schon leicht verwischt.

Manchmal gab der auf See und Wiesen liegende Nebel ein Stück des Nachthimmels frei. Der Besitzer unserer Pension hatte uns einen zweiten, etwas höheren Platz empfohlen. Dort hätte man den Nebel oft unter sich. So packten wir Klappstühle und Decken ins Auto und steuerten diesen an. Tatsächlich ließen wir den Nebel hinter uns. Ringsum eine Traumwelt: die dunkle, blauschwarze Kulisse der Berge als Rahmen, die breite Ebene, fast zur Gänze unter einer weißen Nebeldecke und darüber der Nachthimmel mit einem fast vollen Mond, der die Sterne verblassen ließ – Wahnsinn!

Und dann hörten wir von jenseits des Sees, sicher mehr als einen Kilometer entfernt, einen einzelnen Wolf. Es klang so klar und deutlich, als wäre er nur etliche hundert Meter weg. Der „einsame Wolf" unterbrach mehrfach, hielt aber zumindest drei Minuten durch. Keiner von uns schaute auf die Uhr, aber ich hatte während des Heulens, weit, weit drüben auf der Landesstraße, die Lichter eines einsamen Autos von einem Weiler zum nächsten verfolgt. Auf dem Heimweg fuhren wir dieselbe Strecke und ich maß die Zeit. Kam eh nicht so genau darauf an.

Nach kurzem Schweigen schlossen sich dem Heulen des Solisten die Stimmen des Rudels an. Doch nur kurz, danach das Schweigen der hellen, frostigen Nacht. Hätten wir nur mit dem Auto die Landschaft abgefahren und hin und wieder die Fenster geöffnet, wir hätten nichts gehört.

Hochstimmung machte sich breit. Ein Kuss von Heidi, die sich das schon so lange gewünscht hatte, ein Bussi von Doris, die selbst Jägerin war – die „Führungsgebühr" war kassiert

Wir blieben sitzen; selbst unsere Frauen wollten noch bleiben und hofften, noch einmal den „Choral" der Wölfe zu hören.

Es ging auf 23 Uhr zu, als wir glaubten, die Wölfe noch einmal gehört zu haben – weit, weit entfernt. Damit war es genug, unsere Knochen schienen für „Bofrost“ zu arbeiten. Die Jacken und Decken hatten vor der Kälte kapituliert und wir selbst auch. Wir packten zusammen und fuhren zu unserer Pension. Als die einzigen Gäste konnten wir niemand stören. Schwarzer Tee mit Rum. Ein Schluck Zweigelt zum Abgewöhnen. „Gute Nacht, schlaft gut!“

Wie oft hatte ich mir in solchen Nächten vorgestellt, einmal bei Schnee und Mond Wölfe zu hören. Wie oft kam ein Fuchs geschnürt und lag im Schnee – und man war glücklich und zufrieden, vergaß seine unerfüllbar scheinenden Träume? Wie oft trug man von der Luderhütte zwei, drei Füchse dem Forsthaus zu. Einmal musste man gar zweimal stapfen, weil ihrer fünf lagen. Vom Mond umarmten Winternächten haftet einfach ein großer Zauber an. Vielleicht – wahrscheinlich – werden viele Zeitgenossen im Jäger, der sich für nichts und wieder nichts in Winternächten freiwillig „den Arsch abfriert“, eher einen Psychopaten sehen?

Irgendwann in jener Nacht stand ich – schon bei tiefstehendem Mond – am Fenster, schaute hinaus in die brillante Nacht und ließ Geschehenes und Gehörtes noch einmal an mir vorbeiziehen. Zuletzt die unlösbare Frage, warum sich einzelne, alt gewordene Jäger, die sogar den Krieg erlebt haben, vor simplen Wölfen mehr fürchten als Bauernkinder in den großen Wäldern?

Warum gibt es Rotwildgebiete und rotwildfreie Gebiete? Warum akzeptieren wir nur schwarz oder weiß, warum nicht Wolfsgebiete und wolfsfreie Gebiete?

Und dann stand Heidi neben mir, legte wärmend ihren Arm über meine Schultern: „Es war schön – sehr schön! Komm ins Bett, erkälte dich nicht.“ In meinen Träume hinein heulten die Wölfe.

DER BRAUNBÄR
(Ursus arctos)

EIN ABFALLVERWERTER UND VEGETARIER

Erscheinungsbild

Gewicht: Alte männliche Bären können bis 350 kg schwer werden. Dieses Gewicht erreichen allerdings eher wenige Tiere. Bärinnen sind grundsätzlich leichter.

Sohlengänger: Bären sind Sohlengänger mit je 5 Zehen hinten und vorne, an denen lange Krallen sitzen. Sie sind schnelle Läufer, die bis 50 km/h erreichen.

Sinne

Sehvermögen: Bären sehen relativ schlecht. Das ist mit ein Grund dafür, dass sie sich bei Begegnungen mit uns gerne auf die Hinterbeine stellen und sich mitunter ein paar Schritte nähern.

Hörsinn: Dieser ist wesentlich besser ausgebildet. Es ist kaum möglich, sich auf einer geschotterten Forststraße zu bewegen, ohne von einem in der Nähe befindlichen Bären gehört zu werden.

Geruchssinn: Am besten ausgebildet ist bei den Bären der Geruchssinn. Dieser erspart ihnen viele unnötige Wege. Mit seiner Hilfe finden sie im Spätwinter und Frühling das Fallwild selbst unterm Schnee. Er warnt sie aber auch vor Begegnungen mit ihrem Todfeind, dem Menschen.

Lautäußerungen

Bei Erschrecken und Unsicherheit blasendes „Wuff“, bei Wut oder Schmerz lautes Brüllen, zur Verständigung gedämpftes Brummen.

Fortpflanzung

Geschlechtsreife: Im Alter von 2 ½–4 Jahren.

Paarungszeit: Keine feste Paarbindung. Bärzeit (Paarung) im Frühling und Frühsommer (April bis Juni, max. bis August). Es schließt sich eine Eiruhe bis in den Frühwinter an. Die eigentliche Tragzeit dauert nur 6–8 Wochen.

Junge: Im Winterlager kommen 1–3 (5), blinde und nackte Junge zur Welt, die bei der Geburt Größe und Gewicht eines Meerschweinchens haben. Ihre ersten Lebenswochen verbringen sie mit ihrer Mutter im Winterlager.

Säugezeit: Sie werden während der ersten 6 Monate gesäugt und 1–2 (3) Jahre von der Mutter geführt. Vor allem im ersten Lebensjahr kommt es zu Attacken durch fremde männliche Bären. Die Jungbären flüchten daher, sobald ein fremder Bär auftaucht, auf Bäume. Ausgewachsene Bären sind keine guten Kletterer, und ihr Gewicht bringt sie bei einem Versuch schnell wieder auf den Boden.

ALLGEMEINES

Die Trittsiegel des Bären sind markant. Immer zeigen sie 5 Zehen und die vorderen Ballen. Ob sich die Nägel und die komplette Sohle abdrücken, hängt vom Untergrund ab. Die hinteren Branten haben eine Länge bis 25 cm und eine Breite bis 16 cm. Vorne beträgt die Länge bis 18 cm und die Breite bis 16 cm.

Bären setzen meist größere Kothaufen ab (siehe Messer als Maß). Die überwiegend pflanzliche Nahrung ist leicht zu erkennen.

Die Losung kann – vor allem nach der Aufnahme von Obst – auch breiig sein und Obstteile enthalten.

Nach Aufnahme von Fleisch erscheint die Losung oft schwarz und riecht intensiv.

Nahrung

Der Bär ist anatomisch überwiegend ein Raubtier. Er ist überaus kräftig, hat ein starkes Gebiss mit Fangzähnen und kann mit einem Prankenhieb einem Jungrind das Rückgrat brechen. Aber ist er deshalb gleich ein Jäger? Es ist unbestritten, dass er gelegentlich Wildtiere erbeutet, etwa ein Rotwildkalb, das noch nicht mit der Mutter flüchtet, vielleicht einen Frischling oder irgendein krankes, nicht mehr voll fluchtfähiges Wildtier, bis hinauf zum Elch. Zum echten Jäger wird er deshalb noch nicht. Schon die Tatsache, dass er Sohlen- und nicht Zehengänger ist, lässt Zweifel aufkommen. Im Spätwinter und Frühjahr, wenn er seine Winterruhe beendet und überall das Fallwild ausapert, dann wird er zum Kadaververwerter und Abfallbeseitiger. Der menschliche Jäger müsste ihm für diese Arbeit eigentlich dankbar sein. Sobald die Wiesen mit frischen, saftigen Gräsern und Kräutern prahlen, wird er zum Vegetarier. Er grast in dieser Zeit gierig wie Rot- oder Schwarzwild. Wie Letzteres gräbt er auch nach Mäusen und nimmt nebenbei Insektenlarven auf.

Zugegeben, es ist schwer vorstellbar, dass ein so großes, schweres Tier auf der Suche nach Insekten die Rinde von kranken Bäumen löst, morsche Stämme zerlegt und an Ameisen und ihren Larven Gefallen findet. Gleichwohl ist es so.

Der Bauer sorgt mit Wiesen und zahlreichen Ackerfrüchten für sein Wohlbefinden. Ab ihrer Milchreife machen Hafer und Mais Meister Petz satt. Im Spätsommer und Herbst kommen Obst sowie die Beeren und Früchte zahlreicher Wildgehölze hinzu; mit seinen langen Krallen erntet der Bär höchst effizient Heidel- und Preiselbeeren. Und wo er sie findet, erfreut er sich an Weintrauben.

In den großen, von Bären besiedelten Waldgebieten Sloweniens und Kroatiens steht auch die Imkerei hoch im Kurs. Die Forstverwaltungen bieten Stellplätze für Wanderimker. Häufig werden zu Imkereifahrzeugen umgebaute Lkw abgestellt, aber es gibt auch Plätze, auf denen die Bienenstöcke ganzjährig verbleiben, wie hier auf dem Bild. Meist werden diese elektrisch geschützt. Die Probleme halten sich in Grenzen.

Schilder, die auf die Anwesenheit von Bären hinweisen, führen gleichermaßen zur Disziplin von Waldbesuchern wie zur Versachlichung der Diskussion über die Gefährlichkeit von Bären.

Nicht vergessen wollen wir Weidetiere, vor allem Schafe, die der Bär reißt.

Im Sommer plündern Bären häufig ungeschützte Bienenstöcke. Dabei geht es ihnen nicht nur um den Honig, begehrt sind vor allem die sehr eiweiß- und energiereichen Larven.

Der Jäger liefert ihm Schalenwildaufbrüche und angeschweißtes Wild. Gelegentlich nimmt der Bär sehr schnell Besitz von zuvor erlegtem Wild, wenn der Jäger dies kurzfristig verlässt.

Den Jäger treffen die vom Braunbären verursachten Schäden nicht. Er muss diese nicht ersetzen. Der Jäger profitiert sogar von der gelegentlichen Anwesenheit des Bären. Dieser reduziert und diszipliniert die Zahl der Menschen im Revier. Bei uns in Kärnten klärt die Landesregierung mit kleinen gelben Schildern die Waldbesucher über die eventuelle Anwesenheit des Bären auf und gibt Ratschläge, wie man sich bei Begegnungen verhalten soll.

Lebensweise

Bären sind Einzelgänger mit großen, variablen Streifgebieten. Diese werden nicht aggressiv verteidigt, vielmehr gehen sich die Bären aus dem Weg. Sie nutzen reiche Nahrung oft gemeinsam. Bei der Nahrungssuche und auf Wanderungen suchen Bären gelegentlich auch menschliche Siedlungen auf, meiden aber den Menschen. Dennoch kommt es vor, dass Bären am hellen Tage in der Stadt gesehen werden. So durchquerte Anfang dieses Jahrtausends ein Bär (auf seiner Wanderung nach Österreich) Sloweniens Hauptstadt Ljubljana. Ein anderer Bär wurde mitten in Villach gesehen. Keiner zeigte sich aggressiv. Eher schien ihnen der Weg in die für sie „irre Menschenwelt" peinlich. Sie versuchten, so schnell wie möglich ihre grüne Normalität zu erreichen. Die Medien schlachten solche Spaziergänge meist dramatisch aus.

Bärinnen gehen – so lange sie selbst noch nicht einjährige Junge führen – er-

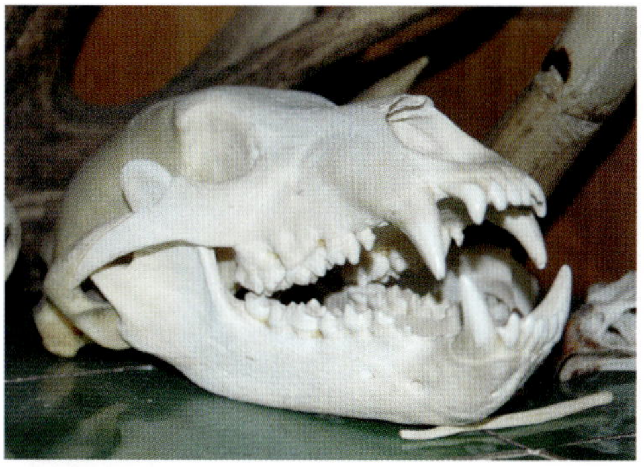

Braunbären besitzen sehr starke Kiefer und lange Fangzähne.

Die eigentlichen „Waffen“ des Bären sind nicht seine Zähne, sondern seine bis zu 8 cm langen Nägel der Vorderbranten, mit denen er – meist im Vorbeiflüchten – ernste Verletzungen zufügen kann. Sie dienen aber auch als Werkzeuge beim Drehen von Hölzern und Steinen und zum Zerlegen. © iStock.com/Санкт-Петербург

wachsenen männlichen Bären aus dem Weg. Jungbären steigen bei Begegnungen schnell auf Bäume, wo sie halbwegs sicher sind.

Bären halten eine Winterruhe – keinen Winterschlaf. Antritt und Ende der Ruhe hängen stark vom Nahrungsangebot und von der Witterung ab. Bei den „Winterhöhlen“ handelt es sich meist um recht simple, ungepolsterte Felsspalten, die den Bärinnen auch als Wurfhöhlen dienen.

Verhalten gegenüber Menschen

Bären vermeiden Auseinandersetzungen. Wenn sie sich bei einer Begegnung auf den Hinterbeinen aufrichten, ist das kein Zeichen eines bevorstehenden Angriffs. Dieses Verhalten dient nur der Orientierung. Fast immer folgt die Flucht des Bären. Nie dient das Aufrichten zum Start eines Angriffs!

Gefährlich kann die Begegnung mit einer Bärin sein, die Junge führt. Dies vor allem dann, wenn der Mensch zwischen sie und diese gerät. Die meisten Angriffe werden jedoch durch mitgeführte, frei laufende Hunde ausgelöst. Die überwiegende Mehrzahl der Angriffe dient dem „Ausloten“ des Menschen, sie sind reine Scheinangriffe ohne körperliche Kontakte.

Vorsicht ist geboten – Angst ist kontraproduktiv

Der Kärntner Wildbiologe Andreas Zedrosser arrangierte in Schweden experimentell 169 Zusammentreffen von Menschen mit telemetrierten Bären. Dabei zeigte sich, dass Bären den Menschen in der Regel auf sehr große Distanz wahrnehmen (500 m) und mehrheitlich flüchten. Dabei hatten aktive Bären eine höhere Fluchtdistanz (115 m) als ruhende Bären (69 m). Die Fluchtweite, also die Strecke vom Beginn der Flucht bis zum nächsten Ruhelager in dichter Vegetation, betrug im Schnitt 1.173 Meter. Nur in 15 % der Begegnungen wurde der Bär vom Menschen überhaupt gesehen!

Dass auch die Begegnung mit einer führenden Bärin nicht zwangsläufig zu einem Angriff auf den Menschen führt, zeigen ebenfalls schwedische Untersuchungen. Dort kam es zu 42 Begegnungen mit einer durchschnittlichen Distanz von 51 Metern. Dennoch – und trotz der Information per Funk – wurden die Bärenfamilien nur in 26 % der Fälle vom beteiligten Menschen gesehen. 95 % der Bärenfamilien flüchteten

(Zedrosser 2014, mündlich). Jahre später erlebte ich in den slowenischen Wäldern ähnliche Situationen selbst.

Adamič berichtet über ein Monitoring der slowenischen Forstverwaltung, das helfen sollte, die real von Bären auf Menschen ausgehende Gefahr abzuschätzen. Einbezogen wurden 146 Förster, die in den Bären-Kerngebieten des Südens tätig waren. 47 weitere, ebenfalls in das Monitoring eingebundene Förster arbeiteten außerhalb der Kerngebiete, jedoch ebenfalls mit Bärenvorkommen. Die slowenischen Förster arbeiteten im Wald überwiegend alleine und trugen keine Schusswaffen. Im Ergebnis kam es zu 211 Begegnungen der Förster mit Bären. Nur bei 13 Begegnungen (6,2 %) zeigten die Bären ein aggressives Verhalten. Diese 13 Begegnungen fanden alle in den Kerngebieten statt. Dabei handelte es sich ausschließlich um Bärinnen, die im betreffenden Jahr geborene Junge führten. Es wurde jedoch keiner der Förster ernstlich verletzt.

„Obwohl Menschen sehr selten von Bären angegriffen werden, ist die Angst des Menschen ein Schlüsselfaktor für seine Akzeptanz durch die Bevölkerung.“ (Černe, 2007)

HINWEIS! Andere Gefahren sind wahrscheinlicher

Kühe mit Kälbern auf einer Wiese oder einer Alm sind für den Wanderer ungleich gefährlicher als wild lebende Bären!

WO SIE NIE GANZ VERSCHWUNDEN WAREN

Italien

Südwestlich des „Eisernen Vorhangs“, also in Süd- und Mitteleuropa, gab es im 20. Jahrhundert nur noch einige sehr kleine Reliktvorkommen.

Einige wenige Exemplare – 1999 nur noch drei Tiere – konnten sich im Bereich der Adamello-Brenta-Gruppe halten. Nach Freilassung von zehn Bären aus dem Gebiet südlich von Postojna (Javornik und Snežnik), erholte sich der bis dahin nicht mehr überlebensfähige Bestand. Eine etwas größere Gruppe lebte noch im Abruzzen-Nationalpark südöstlich von Rom.

Spanien

In Spanien konnte sich eine kleine, auf drei Standorte verteilte Population halten. Die größte Gruppe aus geschätzten 140 Tieren lebt im kantabrischen Gebirge in Asturien. Im selben Gebirge, jedoch schon in der Provinz Kantabrien, lebt noch eine weitere kleine, aus zwei Dutzend Tieren bestehende Gruppe. Einige wenige Tiere halten sich in den Pyrenäen an der Grenze zu Frankreich auf.

Jugoslawien

In Jugoslawien war der Bär nie ausgestorben. Im Bereich des heutigen Sloweniens kam er jedoch bereits Mitte des 19. Jahrhunderts nur noch selten vor. Um die Jahrhundertwende 19./20. Jahrhundert lebten in ganz Krain nur noch 30 bis 40 Bären. Die damals geltenden, die Jagd betreffenden Gesetze und Verordnungen blieben bis 1935 in Kraft. Damals erfuhren die Bären einen ersten staatlichen Schutz. Allerdings beschränkte sich dieser auf die Bezirke Kočevje, Črnomelj, Novo mesto und Logatec. Er beinhaltete nicht nur ein Tötungsverbot, sondern untersagte auch den Handel mit toten und lebenden Bären. Es war gleichzeitig der erste Versuch einer Zonierung.

Zu Beginn des Zweiten Weltkriegs sollen es – trotz der signifikanten Verbesserung der Waffentechnik – mindestens 60 Tiere gewesen sein. Nach 1945 wurde in den Wäldern von Kočevje die erste „Državna rezervatna lovišča" (staatliches Jagd-Reservat) gegründet, ebenso im Bereich Snežnik, in Notranjska. Zu deren besonderen Aufgaben gehörte auch der Schutz der verbliebenen Bären. Gleichwohl verbesserte sich die Situation nicht wesentlich, da immer noch die Verwendung von Giftampullen zur Vernichtung von Wolf und Fuchs gebräuchlich war. Sie blieb bis 1962 legal. Dennoch stieg der Bestand nach Jagdverzicht bis Ende der 50er-Jahre auf geschätzte 160 Tiere. Das entsprach einer Verdreifachung. Begünstigt wurden die Bären zusätzlich durch den ständig wachsenden Waldanteil.

1966 bekam der Bär eine feste Schonzeit vom 1. Mai bis 30. September. 1974 wurde der Braunbär in ganz Jugoslawien unter Schutz gestellt. Hinter diesem Schutz stand maßgeblich der damalige Staatspräsident Jozip Broz Tito – ein Jäger!

1993 wurde die Verordnung zum Schutze gefährdeter Tierarten („Uradba o zavarovanje ogroženiti živalskih vrst") erlassen. In ihr wurde der Bär zum Naturdenkmal erklärt. Fortan war er überall in Jugoslawien geschützt. Abschüsse wurden nur noch ausnahmsweise in begründeten Fällen bewilligt. Somit genoss der Bär auch außerhalb seines eigentlichen Verbreitungsgebietes Schutz.

2001 entstand die „Strategie bezüglich des Umgangs mit Braunbären in Slowenien". Sie wurde 2002 von der slowenischen Regierung abgesegnet. In ihr ist auch geregelt, welche Bereiche den Bären als Kerngebiete zugestanden werden und welche Räume als Korridore beziehungsweise als Verbindung zu Italien und Österreich dienen sollen.

WIE BÄREN UNS UND WIE WIR SIE SEHEN

Als wir vor Jahrzehnten aus dem damals noch wunderschönen Allgäu nach Kärnten übersiedelten, wussten wir aus der Literatur und von Freunden, dass es dort Bären gab. Das war spannend, der Gedanke, wenigstens einmal einem Bären im Wald zu begegnen, führte keineswegs zu Angst, eher zu Hoffnung und Vorfreude. Damals wurden im „Kärntner Jäger" einmal im Jahr Zahl und Ort der Bärensichtungen veröffentlich. Was mich erstaunte war der Umstand, dass in manchen Jahren gerade am Dobratsch, unserem Hausberg, die meisten Sichtungen vermerkt waren. Dabei gab es weiß Gott stillere Berge, auf die sich weniger Menschen „verirrten". Von Osten her führte ein Lift auf den Dobratsch, ebenso eine Mautstraße. Oben war nicht nur ein altehrwürdiges Haus des Alpenvereins, sondern auch ein Sender, der halb Kärnten mit den Programmen des ORF versorgte. Zahlreiche Wanderwege erschließen bis heute von allen Seiten den Berg. Die Bären schien das nicht zu stören.

Unserem weiter oben im Bergwald wohnenden Nachbarn lief der Bär beim Abendansitz am Hochsitz vorbei. Solche nahen Begegnungen mögen für viele Jäger, die bis dahin nichts mit Bären zu tun hatten, eine „blöde Situation" darstellen.

Gar nicht so weit hinter unserem Haus hatte der Bär den dicken, angemorschten Wurzelstock einer Fichte aus dem Hang gerissen und auf der Suche nach Insekten zerlegt. Bei einer Bekannten in Heiliggeist, einem kleinen, benachbarten Weiler, war er im Garten und hatte Karotten und Salat verkostet. Also, er war da, nicht ständig, aber regelmäßig, und wir hofften auf eine Begegnung.

Damals wanderten wir fast jeden Abend – manchmal ging es bereits auf Mitternacht zu – mit unserem Hund ins Dorf und dann wieder heimzu. Es war ein schmaler, steiler Steig, den wir dabei nutzten. Er gestattete immer wieder Ausblicke auf die unterhalb gelegenen Bergwiesen und hinüber zum Dobratsch. Gerade bei Mondlicht sah man in den Wiesen manchmal Schatten, die einem vorher nicht aufgefallen waren. Schaute man länger angestrengt hin, war man manchmal überzeugt, dass sie sich bewegten. Dann beschlich zumindest mich immer ein eigenartiges Gefühl und es schien angebracht, ein paar Worte mit meiner Frau zu wechseln oder einen Stein loszutreten. Wenn der Schatten wirklich ein Bär war, sollte er auf uns aufmerksam werden. Überraschungen waren schlecht. Die Hälfte des Weges führte durch den Wald. Manchmal sprang in der Dunkelheit in unserer Nähe ein Wild ab und ich erschrak – der Bär? Mit der Zeit setzte der Gedanke an den Bären auch nicht mehr Adrenalin frei als jener an die neben dem Steig blühenden Feuerlilien oder den betörenden Duft der Hollerblüten.

Später kosteten uns auch nächtliche Wanderungen in den slowenischen Wäldern keine Überwindung. Oft wanderten wir in der Dunkelheit die fünf Kilometer von der „Koča v Krnici“, einer Berghütte am Ende des Krnica-Tales, nach Kranjska Gora zurück. Besonders im Mondlicht war das immer ein erhebendes Gefühl.

Manchmal hielt sich ein Bär auch in unserer Gemeindejagd in Kärnten auf und ich musste in finsterer Nacht vom Hochsitz zum Auto. Dann stieß ich hin und wieder mit der eisernen Spitze meines Bergstockes an einen Stein, ja man tat es sogar ungewollt. Diese sporadischen und fast diskreten Geräusche – so hatten mir Freunde in Slowenien drüben versichert – reichen völlig aus, um Bären auf Distanz zu halten.

Kaum jemand in unserer Umgebung wusste, dass es bei uns Bären gab. Gelegentliche Meldungen in den Medien wurden wohl überlesen oder als unbedeutende Ereignisse aufgefasst, die abgehakt werden konnten. Manchmal hatten wir den Eindruck, dass wir, die beiden zugezogenen „Piefke“, schlicht für doof gehalten wurden, wenn die Rede auf Bären kam. Das war so verkehrt nicht. Wer nicht an die gelegentliche Anwesenheit glaubt, der hat auch keine Angst. Also beschlossen wir, den Bären künftig nicht mehr zu thematisieren. Nur höchst selten wurden wir von wachen, an der Natur interessierten Zeitgenossen auf das Vorkommen von Bären angesprochen. Dann stießen wir durchaus auf Wohlwollen, ja selbst auf Begeisterung.

Der Bär „beurteilt“ Sicherheit anders

Meine erste Begegnung mit einem Bären in Kärnten hatte ich Jahre später, daheim am Dobratsch. Es war ein wunderschöner Sommerabend und ich konnte mich wieder einmal nicht aus dem Büro lösen. Es war meine Frau, die mich ermunterte, den schönen Abend zu nutzen. Also rasch umgezogen und in die Au geradelt. Dort gab es zwischen einem trockenen Altarm der Gail und einem verwachsenen Kanal, der den Fluss bei Hochwasser entlasten sollte, einen großen Maisacker. Dieser grenzte an eine kleine Kleewiese am Ende des Altarms. Da es weit und breit keinen Hochsitz gab, setzte ich mich vor der Wiese in die letzte Maisreihe. Zwei, drei Stängel halbhoch umgeknickt, Stockerl aufgeklappt, und alles war perfekt. Entlang des Kanals führt der einzige Weg in die Au. Traktoren, Jogger, Radfahrer, Spaziergänger mit Hunden und viele andere Zeitgenossen nutzen ihn, vom Hellwerden bis in die Nacht hinein. Besonders ruhig oder gar einsam war es dort nicht.

Es war noch heller Abend, als ich leicht erschrak. Hinter mir – es konnten nur ein paar Meter sein – schniefte jemand laut durch die Nase. Ich wagte zunächst nicht, mich nach hinten zu drehen. Es musste ein Wild sein, aber welches? Doch dann fuhr es mir regelrecht in die Knochen! Ich hatte dieses Schniefen oder Blasen schon gehört – in Slowenien drüben. Als ich meinen Kopf drehte, stand wenige Reihen hinter mir der Bär!

Wir hatten beide keine Pampers im Rucksack, gleichwohl – zumindest im übertragenen Sinne – die Hosen voll. Er musste, ohne von mir Wind bekommen zu haben, angewechselt sein. Vermutlich hat er mich erst auf kurze Distanz bemerkt, ohne sich über den Störenfried klar zu werden. Dann gab er sich mit seinem Schniefen zu erkennen und rauschte, als ich den Kopf drehte, durch die Maisstauden davon. Ich ergriff mein neben mir lehnendes Gewehr und trat, gleichermaßen vorsichtshalber wie sinnlos aus dem Mais. Erst jetzt wurde mir bewusst, dass ich gar nicht geladen und den Verschluss des Gewehrs immer noch in meiner Beintasche stecken hatte. Tief durchatmen und innerlich den Kopf schütteln, das war alles.

Der Bär musste den Tag im Maisacker verbracht haben, ohne sich von den zahllosen Menschen, Pferden, Hunden und Maschinen gestört zu fühlen. Nun wollte er wohl rüber zum Dobratsch. Doch zwischen dem den Mais begleitenden, mit Weiden, Erlen, Schilf und Springkraut bewachsenen Altarm und dem Bergwald lag noch ein breiter Wiesenstreifen.

Jetzt noch sitzenzubleiben machte wenig Sinn. Also packte ich zusammen und pirschte meinem etliche hundert Meter weiter vorne abgestellten Fahrrad zu. Übermäßig weit kam ich nicht, zwei- oder dreihundert Meter mochten es gewesen sein. Da rumpelte es neben mir noch einmal durch den Mais – der Bär!

Am nächsten Tag erfuhr ich, dass er in selbiger Nacht drüben am Dobratsch noch einen Bienenstock zerlegt hat. Zwei Erkenntnisse blieben mir: Eine war die, dass der Bär auch dort sein kann, wo wir ihn niemals vermuten würden, auch wenn er große, stille Rückzugsgebiete vor seiner Nase hat. Die andere Erkenntnis war jene, dass Angst vor dem braunen Zottel wirklich unnötig ist!

Reaktion des Hundes auf Bären

An anderer Stelle dieses Buches weise ich darauf hin, dass das Mitführen von Hunden in Bärengebieten problematisch sein kann. Gleichwohl war unsere Hexi, eine Brackenhündin, auch in den Bärengebieten Sloweniens unsere ständige Begleiterin. Wir konnten uns auf ihren Gehorsam und ihren Instinkt absolut verlassen. Sie hatte nie direkten Kontakt mit einem Bären, aber dessen Witterung muss ihr unangenehm oder bedrohlich gewesen sein. Bekam sie von einem Bären Wind, blieb sie einfach stehen, zeigte uns den Bären an und wollte zurück. Einmal hatten wir uns oben in Mašun einquartiert, in einem einsamen Gasthaus in den riesigen, zwischen Snežnik und Javornik liegenden Wäldern. Es war der 17. Dezember und bitterkalt. Dort oben lag gut kniehoch Schnee, die Forststraßen waren geräumt und der Mond fast voll. Da wir die einzigen Gäste waren, sperrte der Wirt um 20 Uhr zu. Unser Zimmer war eisig kalt. So entschlossen wir uns nach dem Abendessen zu einer ausgedehnten Nachtwanderung. In tiefstem Schweigen, weit, weit ab jeder menschlichen Siedlung, umfing uns der verschneite, vom Mondlicht verzauberte Wald. Kaum 200 Meter waren wir gegangen, da blieb die wenige Meter vor uns gehende Hexi am Wegrand stehen, zog schniefend die Luft ein und stellte ihre Nackenbürste auf!

Irgendein Wild musste in unserer Nähe sein. Vielleicht waren es Wölfe, vielleicht auch ein Luchs. Ein Bär, so dachte ich, konnte es kaum sein. Der würde sicher schon im Winterlager schlafen. Ich redete gedämpft und in ruhigem Ton mit Hexi, animierte sie, uns zu folgen. Aber Hexi blieb eisern am Wegrand sitzen, auch als wir langsam weitergingen. Jetzt war uns die Sache auch nicht mehr geheuer. Wenn es Wölfe waren, würden sie unsere alleine zurückbleibende Hexi vielleicht als Festmahl betrachten. Andererseits hätten sie bei unserer Annäherung längst das Weite gesucht. Dennoch drehten wir um und schlugen die entgegengesetzte Richtung ein. Jetzt tänzelte Hexi freudig ein paar Meter vor uns her – alles war gut!

Am anderen Morgen fanden wir dort, wo Hexi zu streiken begonnen hatte, eine starke Bärenfährte. Ob der Bär am Abend kurz vor uns die Straße überquert hatte oder noch in der Nähe war, ließ sich nicht feststellen. Hexi untersuchte die inzwischen völlig kalte Fährte gleichermaßen freudig erregt wie vorsichtig. Beim Weitergehen kreuzten noch vier verschiedene Bärenfährten die Forststraße, und alle führten auch wieder zurück. Später erfuhren wir, dass die Petze regelmäßig einen Luderplatz besuchten, da die Forstverwaltung noch auf Jagdgäste wartete.

Selbst wenn sie sich im lockeren Schnee nicht sauber abbildet, ist die Bärenfährte an der Größe der einzelnen Trittsiegel sowie an der Breite und Schrittlänge der Fährte problemlos zu erkennen.

BEGRENZTE LEBENSRÄUME

Wer hat mehr Angst?

Die Meinung, europäische Braunbären würden nur in unendlich großen, menschenleeren Wäldern leben, ist absoluter Unfug. Das sehen wir ja schon daran, dass Bären, wo immer sie vorkommen, gelegentlich auch ohne Not durch Dörfer und selbst durch Großstädte marschieren. Bären sind auch bei der Nahrungssuche nicht auf den Wald angewiesen, wie das beim Luchs der Fall ist. Wenn es gerade passt, holen sie von der Weide hinterm Haus das Schaf oder plündern dort die Obstbäume. Das Problem sind wir Menschen! Wir haben zunächst Angst vor dem Bären und wir wollen ihm weder unsere Schafe noch unsere Zwetschgen und Birnen opfern. Wir wollen auch nicht, dass er uns an einem nebligen Morgen bei der Fahrt zur Arbeit vors Auto läuft. Nein – das alles wollen wir nicht, auch ich nicht!

Daher wird es kaum möglich sein, ihn in als echten Mitbewohner in Deutschland willkommen zu heißen.

Situation in Deutschland

Der fast winzige Anteil, den Deutschland an den Alpen hat, erfüllt nicht die Merkmale einer „Bärenwohnung". Noch dazu, wo kaum ein vergleichbares europäisches Land seine Landschaft und Natur ähnlich rücksichtslos dem Wachstum und Profit geopfert hat wie Bayern. Die Wälder werden intensivst genutzt, und die meisten größeren Waldgebiete werden von immer mehr Straßen durchschnitten. Forststraßen und Waldwege führen fast in den allerletzten Winkel. Almhütten wurden zu Gastronomiebetrieben, Almen dienen dem Wintersport, und wo nicht genug Almen vorhanden sind, wird der Wald gerodet.

Freilich – wer noch nie wirkliche oder nur sparsam geschändete Naturlandschaften erlebt hat, wer sein Leben vielleicht sogar in der Stadt fristen muss – für den sind viele Gegenden Bayerns immer noch Traumlandschaften. Bären haben in ihnen keinen Platz mehr!

Das heißt nicht, dass man jeden Bären so behandeln muss wie jenen armen Teufel mit Namen Bruno. Auch das angrenzende Land Tirol ist schon reichlich geschunden, und niemand denkt ernsthaft daran, stopp zu sagen. Doch Tirol grenzt an waldreiche österreichische Bundesländer und an die stillen, teils äußerst dünn besiedelten Wälder Friauls und Graubündens. Das benachbarte Kärnten bildet die Brücke zu Slowenien und von dort geht es durch endlose Wälder den Balkan hinunter. Raum auch für Bären, die sich von keinem Geschrei werden abhalten lassen, immer wieder Raum im Norden zu erobern. Ein paar Schilder mit der Aufschrift „Freistaat Bayern" werden keinen einzigen Bären beeindrucken. Der Bär, der von Tirol, vom Trentino oder Friaul aus ein paar Wochen Urlaub am Eibsee oder hinter Neuschwanstein macht, könnte dies ohne politische Profilierungssucht und mediale Panikmache durchaus tun. Wenn er aber glaubt, er müsse in Rosenheim, Starnberg oder Lindau für Schlagzeilen sorgen, dann wird er als nicht mehr tragbar erklärt, egal, wie viele Bürgerinitiativen sich für ihn einsetzen!

Immer wieder wird davon geträumt, in der waldreichen Oberpfalz und im Böhmerwald wäre genug Platz für ein paar Bären. Das mag sein. Doch langfristig hätten Bären dort keine Überlebenschancen. Es fehlen die „Brücken" zu den Karpaten wie zum Balkan. Ihre genetische Verarmung und ihr neuerliches Aussterben wären unabwendbar. Das schaut bei Wolf und Luchs völlig anders aus. Ihnen würden Tschechien und Österreich genug taugliche Räume bieten, um einen Genaustausch zu sichern.

Situation in Österreich

In Österreich steht einer Rückkehr des Bären nicht die naturnahe Jagd, sondern die „Jagdwirtschaft" entgegen. Jagd wird immer noch von vielen Jägern als Trophäenzucht verstanden, als Statussymbol oder als Geschäftsfeld. Die Rede ist vom „Jagdwert der

Reviere", ein Begriff, den man in anderen Ländern Europas eher als jagdschädigend versteht. Der Versuch genetischer Selektion und intensiver Fütterung sind die Instrumente.

Zum Nachdenken: Rehwild wird in weiten Teilen Europas längst nicht mehr gefüttert. Dennoch sind die Rehwildbestände nicht eingebrochen. Regional ist sogar das Gegenteil der Fall. Beste Beispiele sind Schweden und Norwegen. Dort lebten Rehe noch in der ersten Hälfte des 20. Jahrhunderts fast nur im Süden. Gefüttert werden sie bis heute nicht. Die wenigen Ausnahmen im eher milden Süden bestätigen die Regel. Dennoch sind sie in Schweden bis über den Polarkreis gewandert und geblieben. In ihrem Schlepp kamen Wolf und Luchs zurück. In Österreich werden die Rehe mancherorts – Verbote hin oder her – sogar im Sommer gefüttert. Doch unabhängig von der Jahreszeit sieht der Bär in Rehwildfütterungen in erster Linie Selbstbedienungsrestaurants. Er zerlegt Futterhütten und Futterautomaten und bedient sich. Er wird aber ob solcher Taten nicht als „Ökopionier" gepriesen, sondern verflucht und als untragbar empfunden.

Rotwild wird in einigen Bundesländern in Wintergattern überwintert. Solange sich der Bär nicht zur Ruhe begibt, sticht ihm die verlockende Witterung einer ganzen Rotwildherde in die Nase und meist auch noch das Kraftfutter. Vielfach sieht er das Wild im Gatter sogar. Da ist es doch naheliegend, dass er den Gatterzaun überwindet, um sich zu bedienen. Oft sind sogar bequeme Einsprünge vorhanden. Auch das ruft heftige Reaktionen hervor. Dabei müssten wir Jäger froh sein, wenn uns der Bär von einem der gefährlichsten Holzwege falsch verstandener Hege – der halbjährigen „Einstallung" dieser Tierart – herunterhilft!

Ein Trauerspiel

1972 wanderte ein männlicher Bär aus Krain (damals Jugoslawien) nach Österreich ein und blieb im steirisch-niederösterreichischen Grenzgebiet. Zwischen 1989 und 1993 setzte der WWF dort drei Bärinnen aus, die eine eigene österreichische Population gründen sollten. Eine Bärin stammte aus dem kroatischen Gorski Kotar, die beiden anderen aus den Wäldern von Kočevje, direkt angrenzend auf slowenischer Seite. Diese Aktion war zunächst erfolgreich, denn von 1991 bis 2006 wurden mindestens 31 Bären in Österreich geboren. In den Folgejahren wurden Beobachtungen und Nachweise immer seltener. Gerüchte, die Bären seien illegal abgeschossen worden, gab es genug, doch war niemand bereit, auch offiziell auszusagen. Ermittlungen verliefen ergebnislos. Nur in einem Fall wurde der Schütze bekanntgegeben, allerdings erst nach seinem Ableben.

Schließlich gab es – abgesehen von Kärnten – überhaupt keine Nachweise mehr. Der WWF ersuchte neuerlich um die Genehmigung, einige Bären aussetzen zu dürfen, was aber am Widerstand der Jäger und Bauern scheiterte. Die Tourismusorganisationen zeigten keine einheitliche Haltung.

Auch in Kärnten, wo Braunbären regelmäßig in den Karawanken sowie in den Karnischen- und Gailtaler-Alpen vorkommen, waren nicht alle Jäger gesetzestreu. Wirkliches Aufsehen erregte jedoch nur ein einziger Fall im Mai 2009. Ein am Snežnik besenderter, „Rožnik" genannter, männlicher Jungbär wurde im Raum Zell-Pfarre illegal erlegt. Er wurde, wie die Ermittlungen ergaben, fachmännisch enthäutet und in einem Kühlraum zwischengelagert, ehe der Kadaver auf slowenisches Staatsgebiet verbracht und dort von der Passstraße aus in ein trockenes Bachbett geworfen wurde.

Es wurden schwerwiegende Fehler und Versäumnisse bei der Beweissicherung kolportiert, schließlich aber – unter dem Druck der öffentlichen Meinung – doch Anklage gegen einen 48-jährigen Kärntner Jäger erhoben. Der Prozess endete mit Freispruch „Im Zweifel für den Angeklagten".

PROBLEME UND HOFFNUNGEN

Der Bär und der Mensch

Bären, die sich menschlichen Siedlungen nähern oder gar eindringen, werden schnell als Problembären deklariert, eine Bezeichnung, die bei vielen Menschen Angst, ja Panik auslöst. Dabei ist ein solches Verhalten keineswegs außergewöhnlich. Warum soll der Bär das nicht tun? Nur weil der Mensch sich inzwischen von der Natur so weit entfernt hat wie nie zuvor in seiner Geschichte? Weil er weniger denn je in der Lage ist, die Welt mit den Augen von Wildtieren zu sehen? Die Anwesenheit von Steinmardern in Dörfern und Wohnsiedlungen, ja in Großstädten haben schon unsere Urgroßeltern und deren Vorfahren akzeptiert. Einen die Bürgersteige in Schwabing oder Simmering nutzenden Marder hat nie irgendjemand zum Problemmarder hochstilisiert. Ein solcher entstand im Verständnis der Menschen erst, wenn er Zündkabel benagte, Bremsschläuche durchbiss oder sich an Hühnereiern vergriff. Auch an den Fuchs als urbanen Mitbewohner haben wir uns längst gewöhnt. In den letzten Jahrzehnten haben ebenso Wildschweine gelernt, die Vorteile städtischer Räume zu nutzen: angenehmeres Klima, reichlich bequem erreichbare Nahrung und – keine Jagd! Den Bären führen dieselben Motive zwischen unsere Häuser: Auch er hat entdeckt, dass es dort Nahrung gibt: Komposthaufen am Land, Mülltonen in der Stadt. Durchaus möglich, dass er auch nur auf kurzem Weg von A nach B will.

Alle bisher in Slowenien mit einem Sender ausgerüsteten Bären haben während ihrer telemetrischen Beobachtung ein Dorf oder sogar eine Großstadt (z. B. Ljubljana) besucht. Das ist schlicht normal! Bedenklich wird es, wenn es für den Bären zur Gewohnheit wird, weil er dann schnell „Ansprüche" stellt. Das heißt, er versucht, sich gewaltsam Zugang zu Nahrung zu schaffen. Kritische Situationen können entstehen, wenn er vor dem Menschen keine Scheu mehr zeigt. Also wenn er beispielsweise Ställe aufbricht und vor Menschen nicht mehr flüchtet.

Die „Müllbären" in Rumänien tun das nicht mehr. Sie haben entdeckt, dass es in den unverschlossen herumstehenden Müllcontainern jede Menge Fraß gibt. Sie lassen auch den Menschen problemlos an sich herankommen, solange er einen Mindestabstand hält und ihnen den Fraß nicht streitig macht. Das Problem ist jedoch nicht die Dreistigkeit des Bären, sondern der Umgang des Menschen mit seinen Abfällen. Füchse und Waschbären verhalten sich nicht anders, obwohl sie – im Gegensatz zum Bären – dem Menschen an Größe und Kraft weit unterlegen sind.

Der Bär ist einerseits ein sehr scheues Tier, das den Menschen meidet, sich andererseits nicht unbedingt vor ihm fürchtet. Er hat den Unterschied zwischen einem Jäger draußen in der freien Landschaft und einem ungefährlichen Menschen in der Ortschaft längst begriffen. Dennoch ergreifen Bären beim Erscheinen eines Menschen – ob in freier Landschaft oder im menschlichen Siedlungsraum – meist die Flucht. Erst wenn das nicht mehr der Fall ist, wird der Bär problematisch – zum Problembär.

Die meisten Begegnungen, die der Mensch mit Bären im Wald hat, bemerkt er selbst gar nicht. Der Bär hingegen nimmt den Menschen sehr früh wahr. Seine unglaublich feine Nase hilft ihm dabei. Er verdrückt sich vom Menschen unbemerkt oder wartet – ebenfalls unbemerkt – einfach ab, bis der Mensch sich wieder entfernt hat.

Im Sommer 2020 begegnete ich in Mašun (Snežnik-Massiv, südlich Postojna) einem Ehepaar aus Berlin, das im dortigen Gasthaus für eine Woche Quartier bezogen hatte, um Bären zu fotografieren. Sie taten dies nicht von einem Ansitz aus und auch nicht in den frühen Morgen- oder Abendstunden, sondern schlicht beim langsamen und aufmerksamen Begehen der Forststraßen am hellen Tag. Dabei unterhielten sie sich bewusst miteinander. Ihnen war klar, dass sie keinen Bären überraschen konnten. Immer würde dieser sie zuerst bemerken. Je früher ihm das gelang, umso gelassener nahm er die Begegnung. Mit dieser unkonventionellen Methode gelangen ihnen eine ganze Reihe spannender Aufnahmen.

Kommt es im Wald in seltenen Fällen dennoch zu Angriffen, dann nicht, weil der Mensch in das Beuteschema des Bären passt, sondern weil dieser sich in der momentanen Situation durch den Menschen bedroht sieht. Das ist dann der Fall, wenn der Mensch eine kritische Distanz zum Bären unterschreitet. Diese lässt sich nicht exakt definieren, weil sie den unterschiedlichen Situationen entsprechend variabel ist.

In Slowenien kommt es alljährlich zu einer großen Zahl von Begegnungen zwischen Bären und Menschen, auch im kritischen Nahbereich. „Angriffe“ sind aber äußerst selten (1–2 pro Jahr) und gehen in der Regel für den Menschen schadlos aus. Die meisten Angriffe sind reine Scheinangriffe, mit denen der Bär den Menschen lediglich „testet“. In der Regel kommt er ihm dabei nicht näher als 20 Meter. In den vergangenen 50 Jahren gab es nach Angaben des Ministeriums für Landwirtschaft und Ökologie keinen einzigen tödlich endenden Angriff.

Häufig ist der Auslöser für einen Bärenangriff ein den Menschen begleitender und meist frei laufender Hund oder der Mensch gerät zwischen eine Bärin und ihre Jungen oder die Begegnung verläuft für die Bärin zu überraschend und sehr nahe. Diese Fälle sind jedoch sehr selten, da der Bär den Menschen meist zuerst bemerkt.

Bären können mächtige Gegner des Menschen sein. Dieser gehört aber nicht zu ihrem Beuteschema. Sie meiden ihn und flüchten vor ihm. Vor einem Bären zu flüchten, macht jedoch keinen Sinn. Die auf den ersten Blick plump und unbeholfen wirkenden Tiere sind weit schneller als der Mensch.

Wie verhält man sich bei einer Begegnung mit Bären? (Empfehlung der slowenischen Forstverwaltung)
Im Wald Hunde grundsätzlich an der Leine führen. In den Wäldern, in denen Bären ständig anwesend sind, im Frühling (Mai–Juni) ganz auf Spaziergänge verzichten.
Der Bär bemerkt uns frühzeitig, wenn wir singen, reden, pfeifen, ab und zu mit dem Schlüsselbund klimpern oder mit einem Stock an einen Baum klopfen. Dann wird er sich rasch verdrücken.
Wenn der Bär frühzeitig gesehen wird, am besten ruhig zurückziehen. Kommt uns der Bär auf dem Weg entgegen und hat uns noch nicht gesehen, mit ruhiger Stimme reden; er wird flüchten.
Bei Nahebegegnungen (auch Bärin mit Jungem) Ruhe bewahren. Bär nicht durch Schreie erschrecken. Langsam zurückziehen.
Wenn der Bär angreift, Nerven bewahren, ruhig stehen bleiben oder auf den Boden legen. Es handelt sich fast immer um einen Scheinangriff, bei dem der Bär stoppt, ehe er uns erreicht.
Einen wirksamen Schutz bietet „Bären-Spray“, das in Slowenien in einigen Geschäften, ansonsten im Internet erhältlich ist.
Nie selbst flüchten, außer wenn problemlos Sicherheit erreicht werden kann, etwa das Auto.
Nie bei Beutetieren des Bären aufhalten.
Sicherstellen, dass sich in der Nähe des Hauses keine Nahrungsquellen wie Komposthaufen, Mülltonnen, Bienenstöcke und dergleichen befinden, die den Bären anlocken könnten.
Sich nicht jungen Bären nähern, auch wenn diese den Eindruck erwecken, verlassen zu sein, sondern sich zurückziehen.
Zwischen Oktober und Mai Bärenhöhlen (Winterlager) meiden.
Dem Bären nicht wissentlich Lebensmittel überlassen.

Belegte Vorfälle

Am 24. Februar **2000** kam es in Kot pri Ribnici, 40 Kilometer südlich der Hauptstadt Ljubljana, zu einem Zwischenfall. Allerdings galt auch dieser Angriff nicht dem Menschen, sondern einem Hund. Dieser attackierte eine Bärin mit ihrem Jungen nur 700 Meter vom Dorf entfernt in ihrem Winterlager. Als die Bärin den Hund in die Flucht schlug, suchte dieser Schutz bei seinem Herrn. Dieser bekam einen kräftigen Brantenhieb und etliche Bisse ab und musste im Krankenhaus versorgt werden, aus dem er am 14. März unter starker „Medienbeteiligung“ wieder entlassen wurde. Die Bärin, die ja gewissermaßen in Selbstverteidigung handelte und ihren vermeintlichen Gegner nicht tötete, was eine Kleinigkeit für sie gewesen wäre, wurde mit ihrem Jungen erschossen. Die Medien griffen den Vorfall willig auf und machten die weitere Duldung der Bären im Lande zum Thema.

Die Stimmung wurde noch durch einen weiteren Vorfall im Mai desselben Jahres aufgeheizt, der als Angriff eines Bären auf einen Schulbus dargestellt wurde. Tatsächlich kam es zu einer Kollision zwischen einem die Straße kreuzenden Bären und einem Schulbus, bei dem jedoch nur der Bär zu Schaden kam. Hojnik verwies damals darauf, dass zwischen 1. Januar und 23. Mai 2000 auf Sloweniens Straßen 106 Menschen starben und 240 Personen freiwillig aus dem Leben schieden. Diese Fakten fanden allerdings kaum öffentliches Interesse, vor allem nicht das der sensationslüsternen Medien.

Immerhin löste dieser Vorfall eine heftige und länger anhaltende Diskussion darüber aus, ob in Slowenien noch Platz für Bären sei. Plötzlich erwachten in Teilen der Bevölkerung Bedenken und Ängste, nicht zuletzt deshalb, weil die Medien sich dieses Themas vielfach wenig sachlich annahmen. Die Angst vor Bären wurde durch populistische Politiker und die Medien bewusst geschürt und teilweise sogar mit Rassismus vermengt, etwa in dem Satz: „Here around we have mainly two problems: bears and gypsies."

Im Mai 2000 dominierte der Bär die politische Szene. Einer der damaligen Top-Politiker postulierte, dass Menschen, die in Bärengebieten leben, eine „low quality of life" hätten. Der Politiker nutzte bewusst die vorausgegangene öffentliche Diskussion gegen die Zahl der angeblich in Slowenien lebenden Bären und forderte das Einfangen und Verbringen in große Gehege.

Im Juni **2010** wurde eine Frau, die am Abend mit ihrem Hund spazieren ging, nur 200 Meter von der Hauptstraße entfernt von einer führenden Bärin attackiert und verletzt. Die Frau befand sich auf einem stark von Spaziergängern frequentierten Forstweg. Offenbar war das Zusammentreffen für die Bärin überraschend. Anlass für die Attacke dürfte jedoch der Hund gewesen sein. Bleibende Schäden hat die Frau keine davongetragen.

Anton Tožbar war ein Bauer, Holzknecht, Bergführer und Jäger in der Trenta, unterhalb des Vršič Passes. Bei einer Nachsuche folgte er mit seinem Vorderlader einem bereits todkranken Bären. Der nahm ihn an und riss ihm mit einem Schlag seiner Brante den Unterkiefer weg. Diese Verletzung machte Tožbar zu einer legendären Persönlichkeit.

Der in Slowenien wohl bekannteste Fall einer Bärenattacke liegt fast **eineinhalb Jahrhunderte zurück.** Er wäre heute nicht mehr so präsent, wäre der Leidtragende nicht schon zu Lebzeiten zur Legende geworden. Es war ein Bauer aus der Trenta, dem Oberlauf der Soča, mit Namen Anton Tožbar. Er war einer der treuesten Weggefährten und Bergführer von Julius Kugy, einem Advokaten aus Triest. Kugy konnte mithilfe Tožbars viele Erstbesteigungen in den Julischen Alpen für sich verbuchen und gilt heute noch als der Bergpionier der Julier schlechthin.

In den Jahren 1870 und 1871 trieb sich in den Bergen der Trenta ein wohl aus dem Süden des Landes zugewanderter Bär herum und machte sich unangenehm bemerkbar. Schließlich wurde ein Treiben organisiert, bei dem der Bär zur Strecke kommen sollte. An diesem nahm auch Tožbar als Schütze teil. Er hatte seinen Stand unter der Planjawand, auf einem mit Krummholz bewachsenen Riegel. Der Überlieferung nach kam der Bär und erhielt von Tožba auf 80 Schritte hinterm Genick die Kugel. Der Schuss war nicht sofort tödlich, und der Bär flüchtete bergab in das Krummholz. Tožbar aber lud seinen Vorderlader neuerlich und folgte der gut sichtbaren Wundfährte ins Krummholz, bis der Bär 20 Schritte vor ihm aus dem Wundbett hoch wurde und ihn annahm. Tožbar schoss ein zweites Mal, worauf der Bär zehn Schritte zurücktaumelte, sich aber noch einmal aufraffte und Tožbar annahm. Ein rasches Nachladen war bei den damaligen Vorderladern nicht möglich, und so riss der Bär Tožbar mit einem Brantenhieb Unterkiefer und Zunge weg, ehe er verendet zusammenbrach. Tožbar konnte sich fortan nur noch mithilfe eines Trichters ernähren, musste lebenslänglich einen Verband tragen und wurde zum viel besuchten und bestaunten Objekt in- und ausländischer Ärzte. Er lebte noch 20 weitere Jahre und starb beim Holzschlägern durch einen fallenden Baum. Niemand hatte hernach gefordert, das Fällen von Bäumen aus Sicherheitsgründen zu verbieten

Es handelte sich also im eigentlichen Sinne gar nicht um den Angriff eines Bären auf einen Menschen. Vielmehr würden wir es heute als ausgesprochen leichtsinnig bezeichnen, wenn ein Jäger ohne Begleitung und Wartezeit einem angeschossenen Bären in ein Latschendickicht folgen würde, in dessen Enge und Astwerk er selbst zum Gefangenen wird. Ähnliche Verletzungen durch Schwarzwild – auch mit tödlichem Ausgang – kommen immer wieder vor.

Ungeklärte Vorfälle

Wie großartig sich gegen unerwünschte vierbeinige Zeitgenossen Stimmung machen lässt, wie arglos selbst die Politik auf ziemlich absurde Meldungen reagiert, wenn es ihr gerade ins Konzept passt, und wie kurz die Keimzeit von Experten ist, zeigt ein Fall im österreichischen Bundesland Salzburg.

Am 26. September 2014 brachten die ORF-news vormittags eine Meldung, wonach am 23. September im Lungau ein Jäger von einem Bären angegriffen und schwer verletzt wurde. Einen Arzt suchte der Jäger nicht auf und die Bezirkshauptmannschaft erfuhr von dem schweren Vorfall laut ORF erst am 25. September, also zwei Tage später. Der Jäger sagte aus, er habe den Bären gesehen und sei dann selbst langsam und vorsichtig zurückgegangen und dabei gestürzt. Daraufhin sei er von dem Bären angegriffen und verletzt worden. Da er sich aber totgestellt habe, hätte der Bär sofort von ihm angelassen, was ihm das Leben gerettet habe. Ebenso wurde mitgeteilt, dass ein „kanadisch-österreichischer Bärenexperte" sich bereits geäußert habe, Österreich sei kein für Bären geeigneter Lebensraum. Kurze Zeit später kam die Meldung, ergänzt mit dem Hinweis, dass ein Zahnarzt eine Verletzung des Jägers ursächlich einem Bären zugeordnet habe. Nochmals eine halbe Stunde später war die Meldung aus den ORF-news gelöscht, wurde aber dennoch Gegenstand der Nachrichtensendung „Heu-

Die meisten Begegnungen mit einer Bärin in Begleitung ihrer Jungen bemerkt der Wanderer gar nicht, weil sie ihn zuerst bemerkt und sich verdrückt. Gefährlich wird es für den Menschen nur, wenn er zwischen sie und ihre Jungen gerät oder wenn er von einem frei laufenden Hund begleitet wird, der die Bären attackiert.

te Mittag". In der Sendung wurde mitgeteilt, dass der verletzte Jäger nicht bereit sei, sich fotografieren zu lassen.

In der Folge gab es eine hochkarätig besetzte Pressekonferenz der Politik und Behörden (ohne den Verletzten) und für die Bevölkerung wurde eine Hotline eingerichtet. Die Wogen schlugen hoch. Die Politik wurde aufgefordert, endlich zu handeln, etwas zum Schutze der bedrohten Bevölkerung zu tun.

Ein Expertenteam suchte mehrere Tage nach Spuren des Bären, ohne irgendetwas zu finden. Zweifel wurden geäußert, ob der Jäger überhaupt einen Bären gesehen habe. Vermutungen wurden laut, es habe sich wahrscheinlich nur um einen „Affen" gehandelt.

Es ist schon sehr bedenklich, wenn es genügt loszuplärren, man sei von einem Bären überfallen worden, damit eine solche Schreckensmeldung spontan von den Medien verbreitet wird und sich Politiker zu Krisensitzungen versammeln. Das Vertrauen in die Zuverlässigkeit der Medien und die Kompetenz der Politik wird damit nicht gestärkt.

SCHÄDEN DURCH BÄREN

Weidetiere, Bienen und Obstbäume

Wer sich über Schäden durch Braunbären in der Landwirtschaft informieren will, der muss nach **Slowenien** gehen. Dort findet er im Westen und Süden eine hohe Bärendichte und eine kleinbäuerliche Landwirtschaft. Wenn es um die eventuell von Bären verursachten Schäden geht, denken die meisten von uns an tote Schafe, Rinder und Pferde. Doch in Slowenien ersetzt der Staat in manchen Jahren mehr von Bären an Obstbäume verursachte Schäden als für gerissene Schafe. Dabei geht es nicht so sehr um die Menge an verzehrten oder beschädigten Früchten. Für die betroffenen Landwirte ist ärgerlicher, dass Bären häufig die Äste herunterziehen und dabei abbrechen, um besser an das Obst zu gelangen. In erster Linie werden dabei junge Obstbäume beschädigt. Jungbären besteigen jedoch häufig auch ältere Bäume und brechen durch ihr Körpergewicht selbst dicke Äste herunter.

In Slowenien sind die von Bären an Obstbäumen verursachten Schäden meist größer als jene an Weidevieh und Bienen.

Das hängt sicher mit der ländlichen Struktur des Landes zusammen und kann sich in anderen Teilen der europäischen Bärenvorkommen anders darstellen. Slowenien ist noch stark von bäuerlicher Landwirtschaft und geringer Siedlungsdichte geprägt. Die Flächen sind relativ klein, ebenso die landwirtschaftlichen Maschinen. Viele Höfe sind noch umstellt von Obstbäumen. Zwetschgenbäume bleiben des Schnapses wegen erhalten, Apfel- und Birnbäume säumen die Ortsverbindungsstraßen. Der Bär findet hier im Sommer und Spätsommer willkommene und bequeme Nahrung. Er erntet zunächst ab, was er vom Boden aus erreichen kann. Dann aber erklimmt er die Bäume. In Notranjska waren um die zehn Zwetschgenbäume direkt vor einem Haus vom Bären – vielleicht war es eine Bärin mit Jungen? – alle in einer einzigen Nacht umgeknickt oder zerbrochen worden.

Obstbäume in einem Garten beim Haus kann der Besitzer eventuell mit einem E-Zaun schützen. Draußen in der freien Landschaft ist das meist nicht möglich, weil zu aufwändig. Das trifft auch auf Obstanbaugebiete zu. In den Tälern und Beckenlagen zwischen dem Hohen Karst und dem Brkini, dem äußersten Südwesten des Landes, liegt eines der wichtigsten Obstanbaugebiete. Gleich daneben, auf dem Hohen Karst, ist die Bärendichte mit am höchsten in Europa. Die Staatsstraße von Pivka und Ilirska Bistrica sowie das komplette Straßennetz auf dem Höhenzug Brkini trägt daher den Namen „Sadna cesta“ (Früchtestraße). Dort werden hauptsächlich Äpfel angebaut, jedoch auch Steinobst.

Eine nicht geringe Bedeutung hat in Slowenien die Imkerei, wobei die Mehrzahl der Imker ihre Völker im Wald oder zumindest in Waldnähe sömmert. Auch dabei kommt es immer wieder zu Schäden durch Bären. Neben der Plünderung von Larven und Honig fallen vor allem die Schäden an Rahmen, Waben und Baulichkeiten ins Gewicht. Einen absolut wirksamen Schutz bietet der E-Zaun – vorausgesetzt, man vergisst nicht, ihn zu warten oder einzuschalten.

Ersatz von Schäden

Slowenien ist absolut kein wirtschaftlich zurückgebliebenes Land. Dennoch ist seine Landwirtschaft – noch – weit kleinflächiger und naturnäher als jene in Österreich oder gar in Deutschland und es setzt auf Tourismus. Die Weidehaltung insbesondere von Schafen und Ziegen ist viel weiter verbreitet als in Deutschland. Dennoch leistet es sich Großraubwild in beachtlicher Zahl. Für das Jahr 2019 verzeichnet die Statistik Sloweniens 110.259 Schafe und 24.358 Ziegen. Bär, Wolf, Luchs, Fischotter, Steinadler und Kolkrabe sind geschützte Arten. Daher haften die Jäger auch nicht für die von diesen Arten verursachten Schäden in der Landwirtschaft oder Imkerei. Gleichwohl werden alljährlich eine bestimmte Zahl von Bären (so um die 100) und wenige Wölfe zum Abschuss freigeben.

Die von geschützten Arten verursachten Schäden vergütet das Umweltministerium, vorausgesetzt, die vorgeschriebenen Schutzmaßnahmen wurden getroffen. Mit der Feststellung und Zuordnung von Schäden sind Sachverständige der Forstverwaltung beauftragt. Sie fotografieren die Opfer, dokumentieren Bissspuren und Ohrmarken und nehmen DNA-Proben. Lämmer werden derzeit (Jänner 2021) mit 112 Euro vergütet, erwachsene Schafe mit 180 Euro.

Schutz der Weidetiere

Am sichersten lassen sich Übergriffe von Großraubwild auf Weidetiere durch einen Komplettschutz – Herdenhunde plus E-Zaun – erreichen. Die Mehrzahl der in Deutschland und Österreich eingesetzten E-Zäune sind jedoch völlig unzureichend gebaut. Viele sind zu niedrig, oft ist der unterste Draht zu hoch angesetzt und die Abstände zwischen den stromführenden Drähten sind mitunter zu weit.

SloWolf, eine slowenische Organisation, die sich intensiv mit der Schadensproblematik beschäftigt, erreichte 2011 mit fachgerechten Zäunen bei den Wolfsschäden gegenüber 2010 an nur fünf Standorten eine Ersparnis von 100.000 Euro, da nur noch bei drei der so geschützten Herden Schäden auftraten. Dabei dauerte der Weidegang rund 200 Tage, danach wurden die Tiere eingestallt oder in Hofnähe gehalten. Alle drei Schadensfälle hatten nachvollziehbare Gründe. Entweder war die Stromversorgung des Zauns unterbrochen oder einzelne Tiere befanden sich außerhalb des Zauns. Auch in Frankreich hat sich die Kombination von E-Zaun und Herdenschutzhund bestens bewährt. Dort gingen die Schäden um 94 % zurück.

In Slowenien wie in Frankreich wird die Prävention finanziell übernommen oder gefördert.

Verschiedene Zäune: Unterschieden werden ständige oder stationäre E-Zäune und mobile E-Zäune. Bei den stationären Zäunen sitzen Isolatoren an Pfosten (bevorzugt Eiche oder Robinie) oder an den die Weidefläche umstehenden Bäumen, über welche Strom führende Drähte gespannt sind. Mobile Zäune (allgemein als Schafzäune bekannt) sind Netzzäune, die meist an Kunststoffstäben befestigt werden. Vor

Tierschützer mögen sich darüber erregen, aber diese mit einem E-Zaun verbundene und mit Fleisch bestückte „Köderdose" versetzt dem Bären (oder dem Wolf) einen so kräftigen Impuls, den er künftig mit dem Zaun in Verbindung bringt, dass er Schutzzäune meidet.

allem bei ihnen sind die Bodenverhältnisse ein Problem, wenn die Humusauflage sehr dünn oder der Boden besonders steinig ist. Die Stäbe können dann nur schwer in den Boden gedrückt werden. Das ist ein Nachteil, wenn die Zäune häufig umgesetzt werden müssen.

Auch die Art der Strom führenden Drähte hat Einfluss auf die Schutzwirkung. Die breiten weißen Litzen sind besser als dünne runde Drähte, da sie von Wolf und Bär bei Nebel und in der Dämmerung zuverlässiger wahrgenommen werden.

Zäune, die Weidetiere – insbesondere Schafe und Ziegen – nur über Nacht aufnehmen sollen, dürfen nicht zu klein dimensioniert sein. Als Faustregel werden fünf Quadratmeter pro Schaf gerechnet.

Ein gewisses Problem ist, dass die stationären Zäune im Winter, wenn die Weidetiere eingestallt werden, keinen Strom führen. Kommen Wolf und Bär in dieser Jahreszeit mit ihnen in Berührung, lernen sie diese als harmlos kennen. Das gilt vor allem für Jungtiere, die vorher noch keine negativen Erfahrungen mit E-Zäunen gemacht haben. Bei solchen Tieren besteht die Gefahr, dass sie während der nächsten Weidezeit mehrfach oder an mehreren Stellen versuchen in den Zaun einzudringen.

Außenseitig muss ein einen Meter breiter grüner Grasstreifen sein, damit Bär oder Wolf eine gut leitfähige Verbindung mit der Erde haben.

Bei stationären Zäunen empfiehlt es sich, außenseitig Metallbehältnisse (Blechdosen) oder Metallhaken zur Aufnahme von Ködern anzubringen. Diese müssen mit den stromführenden Drähten gut verbunden sein. Der Köder erregt die Aufmerksamkeit des Raubwildes oder streunender Hunde, noch ehe diese versuchen, in den Zaun einzudringen. Der Köder kann nicht aufgenommen werden, ohne mit dem Stromkreis in Berührung zu kommen. Das Raubwild verknüpft dann nicht nur den Zaun (die Optik) mit Schmerz, sondern auch den Gedanken an Fleisch!

Grundvoraussetzung für das Funktionieren eines E-Zauns ist gewissenhafte Kontrolle und Instandhaltung. Notwendig sind aus Haftungsgründen auch Hinweis- oder Warntafeln für die Bevölkerung.

GROSSRAUBWILD & TOURISMUS

Wildtiere haben einen Erlebniswert

Wo immer Bär oder Wolf zurückkehren, wird vor den negativen Folgen für den Tourismus gewarnt. Gut – es wird einige ängstliche Gemüter geben, die sich in einem Freizeitpark à la Legoland sicherer und wohler fühlen. Grundsätzlich aber hat die Anwesenheit von Großraubwild in der Tourismuswirtschaft einen ganz hohen Stellenwert. Davon können wir uns im Internet überzeugen. Kommunen werben mit dem Bären, so zum Beispiel Kočevje im Süden Sloweniens, ebenso im benachbarten Kroatien. In den schier endlosen Wäldern der ehemaligen Gottschee leben die meisten Bären und Wölfe des Landes. Das wird jedoch nicht schamhaft verschwiegen, weil man befürchtet, damit Urlauber abzuschrecken. Ganz im Gegenteil, man macht ganz groß darauf aufmerksam. Die Aussicht, wenigstens einmal in freier Wildbahn einem Bären zu begegnen, lockt nicht nur Fotografen an.

Im Laufe der Jahre habe ich in den slowenischen Bärengebieten viele forstliche und naturkundliche Exkursionen geführt. Dabei fanden wir – vor allem auf den Forststraßen – immer wieder Kot und Fährten von

In Slowenien wird vielfach mit den Bären um Touristen, aber auch für die Bären selbst geworben. Im Bild die „Ortstafel" von Kočevje in der ehemaligen Gottschee.

Bären. eides löste bei der überwiegenden Zahl der Teilnehmer echte Begeisterung aus. Kot wurde zerlegt und untersucht, alles gesucht, fotografiert und gefragt. Nur wenige reagierten eher ängstlich. Auch Kratzspuren an Bäumen, Haare an Stämmen, an denen sich Bären aufrechtstehend den Rücken geschruppt hatten oder heruntergebrochene Äste an Obstbäumen ließen die Gesichter erwachsener Menschen strahlen.

Wo immer wir einkehrten und „Medved" auf der Speisekarte zu finden war, fanden Steaks, Gulasch, Schinken und Salami vom Bären Zuspruch.

Bei Miha Mlakar

Westlich der Gottschee liegt Stari trg (Alter Platz). Kaum jemand hat früher dort Urlaub gemacht. Die Landschaft war toll, aber es fehlten die notwendigen Strukturen und die Bekanntheit. Das änderte sich, als Miha Mlakar für Gäste seiner kleinen Pension Bärenbeobachtungen anbot. Heute ist Stari trg bei Wildfotografen in der ganzen Welt bekannt. Bei Miha treffen sich Naturfreunde aus Neuseeland ebenso wie aus Finnland, Kanada, Spanien und vielen anderen Ländern. Sie alle kommen nur der wilden Bären wegen. Dabei haben Skandinavier, Balten und Kanadier Bären sozusagen vor der eigenen Haustür.

Auch ins benachbarte Loški Potok, ein kleines Dorf mit endloser, großartiger Landschaft, fahren Urlauber der Bären und Wölfe wegen.

Drüben am Snežnik bietet die in Postojna stationierte Forstverwaltung Bärenbeobachtungen bei Ansitzen wie bei geführten Pirschgängen an.

Jenseits des Javornik, unweit der Stadt Pivka, werden Bärenbeobachtungen vom Hochsitz aus, zusammen mit Ferien auf dem Bauernhof (kmečki tourism), angeboten.

Auch Kroatien, Rumänien und Bulgarien sind Länder, die mit ihren Bären um Urlauber werben. In anderen Ländern, etwa Finnland oder Kanada, gibt es solche Angebote längst. Doch in Kanada einem Bären zu begegnen, kostet viel Zeit und Geld.

Slowenien ist ein Land der großen Wälder mit relativ wenigen Menschen. Doch in den Wäldern sind auch viele Lichtungen, auf denen vor allem Schafe, aber auch Rinder und Pferde weiden. Außerhalb der Wälder liegen kleine Dörfer mit meist noch kleinbäuerlicher Landwirtschaft. Im Bild das nur aus wenigen Häusern bestehende Dorf Kopriva (= Brennnessel).

BEGEGNUNGEN

An die Bären mussten wir uns herantasten. Bis zur ersten Begegnung hat es gedauert. Einmal – es war noch im vorigen Jahrtausend – wanderten wir in den Wäldern unterm Snežnik. Was uns fehlte, war eine Wanderkarte und Sonne, an der wir uns hätten orientieren können. Wir folgten einer Forststraße in eine riesige Doline, in der es sicher hundert kleine Dolinen gab, und waren uns sicher, auf dem gewählten Weg wieder oben auf die geschotterte Gemeindestraße von Ilirska bistrica nach Sviščaki zu stoßen. Damals gab es in den riesigen Wäldern zwischen Snežnik und Javornik kaum Wandermarkierungen.

Wir mochten bereits gut sechs oder acht Kilometer zurückgelegt haben, als unsere Forststraße abrupt bei einem Holzlagerplatz endete. Doch ich war mir ziemlich sicher, bereits unterhalb der geschotterten Straße nach Sviščaki zu sein. Aber aus bereits gehabter Erfahrung schien es mir zu riskant, uns ohne Sonne in das Labyrinth aus Steinblöcken und Dolinen abseits eines Weges zu begeben. Man muss die Dolinen oben umrunden. Den Plenterwäldern fehlen die Strukturen unserer langweiligen Altersklassen-Wälder. Wohin man sich auch wendet, überall schaut es gleich aus. Wenn man Pech hat, glaubt man sich drei Dolinen weiter und entdeckt, dass man doch wieder am Rande der ersten steht.

Allerdings führte von unserem Lagerplatz aus ein Traktorweg weiter. Meist handelt es sich bei einem solchen um eine „Sackgasse", die irgendwo in der Anonymität des Waldes endet. Also bat ich meine Frau, sie möge es sich auf einem der Stämme bequem machen, während ich dem Traktorweg ein Stück folgen wollte.

Kaum war ich den Blicken meiner Frau entschwunden, stand ich vor einer der im Karst hochseltenen Schlammlachen. Sie war halb ausgetrocknet, aber in ihr standen, nicht zu übersehen, die Fährten einer Bärin und ihrer zwei Jungen. Und weil die Freude darüber wirklich übergroß war, stieß ich einen lauten Juchzer aus. Den hörte meine Frau und deutete ihn spontan als Mitteilung, die Straße gefunden zu haben. Gleich kam sie mir entgegen.

Was sie mehr bewegte, die Enttäuschung, die vielen Kilometer wieder zurückgehen zu müssen oder die Freude über die ersten Bärenfährten, die sie sah, weiß ich nicht. Egal – wir mussten zurück. Doch der Wunsch, tatsächlich einem leibhaftigen Bären gegenüberzustehen, war bei ihr geweckt und wuchs.

Viele Jahre sollte es bei Losungshaufen und Fährten bleiben. Doch einmal waren wir zwei Bären am hellen Vormittag sehr nahe. Es war in den endlosen Wäldern der Gottschee – auf dem „Kočevski rog". Dort steht abseits, erhaben und den Wahnsinn der Menschheit scheinbar ignorierend, seit mehr als einem halben Jahrtausend die „Kraljica na Rogu". Es ist Sloweniens mächtigste, mehr als 50 Meter hohe Weißtanne. Nur wenige Menschen kennen und besuchen sie.

Während wir auf einem der zahllosen, den Karst prägenden Steine saßen und der noch absolut vitalen „Königin des Horns" unsere Aufwartung machten, begann ein lautstarker Streit zwischen zwei Bären. Sie konnten nicht weiter als 150, maximal 200 Meter ober uns im Wald sein. Sehen konnten wir sie im Meer der benadelten Riesen, zwischen denen auch noch zäh die Nebel jenes Oktobertages hingen, nicht. Nur akustisch „sah" man sie – bei jedem wütenden Aufbrüllen.

Wir hatten uns erhoben und starrten in den Nebel. Heidi drängelte, die Bären anzupirschen. Ich zog den Rückzug zum nahen Auto vor. Es war ein tolles Erlebnis: die vielen Baumgiganten, der Nebel und in die Stille des Urwaldes hinein die lautstarke Auseinandersetzung zweier – warum auch immer – aneinandergeratener Bären!

Irgendwann lernte ich Miha kennen und bereitete bei ihm einen Besuch mit Freunden aus Deutschland vor, die ebenfalls Bären erleben wollten. Zur Vorbereitung des für Juni geplanten Besuches war ich mit meiner Heidi schon im April ein paar Tage dort. Mihas Kameras zeigten an unseren Ansitzplätzen fast täglich Bären – mal eine halbe Stunde ehe wir kamen, mal eine halbe Stunde nachdem wir gegangen waren.

Als ich im Juni mit den Freunden aus Deutschland neuerlich dort war, hatte jeder Anblick, auch ich. Nur meine Frau, die sich so sehr auf einen Bärenbegegnung freute, konnte nicht mit.

So saß ich an einem schwülheißen Nachmittag in der kleinen Ansitzhütte. Um mich herum das sprichwörtliche „Schweigen im Walde", die Luft stickig, kein Laut aus menschlicher Zivilisation, kein Vogel, nur das Summen der Schwebfliegen. Irgendwann fernes Grummeln, aus dem schnell näherkommender Donner wurde. Schwindende Mittagshelle. Erste Blitze.

Daheim hätte ich abgebrochen, wäre schnell zurück zur Jagdhütte oder zum Auto. Aber ich war abgesetzt worden und musste bis zur Dunkelheit warten, ehe ich abgeholt wurde. Erste Tropfen schlugen fast noch behutsam ins Blätterdach, wurden mehr, trommelten schneller – rauschten. Das Gewitter hatte uns erreicht, tobte sich aus. Ein paar grelle Blitze vor dem dunkel gewordenen Himmel, nahe, kaum zeitversetzt mit dem Donner. Und noch ins Nachrollen und ins sich an den Hängen der Berge brechende Echo die nächsten Blendlichter, die nächsten Kracher.

Aber auch dieses Gewitter zog irgendwann weiter, wurde leiser, wurde friedlich und verstummte schließlich in den zahllosen Dolinen und Höhen der Waldberge. Der Regen ließ nach, hörte bald ganz auf. Nur noch das tausendfache Getropfe aus dem Blätterdach blieb zurück. Dunkle Wolken zerrissen, flüchteten, gaben frisch gewaschenes Blau und Sonne frei. Die fast bedrückende Stille, die vor dem Gewitter den Wald beherrscht hatte, schlug in Heiterkeit um. Die ersten, die sich meldeten, waren die Ringeltauben, dann Häher, die einander folgten, sich suchten und vertrieben. Und wie triumphierend der Regenruf des Buchfinks – herrlich! Welch ein Geschenk, dass ich hatte ausharren müssen!

Dann ging alles ziemlich schnell. Keine 20 Minuten nach dem Gewitter stand kaum einen Steinwurf weit rechts von mir – wie hingezaubert – ein Bär. Es war keiner der wirklich alten, massigen Vertreter diese Art, eher ein „Schmalbär", vielleicht ein dreijähriger. Einer, der noch einen schmalen weißen Kragen trug, wie er für Jungbären typisch ist. Er starrte zur Hütte herüber, hob seine Nase in den Wind – sicherte. Dann aber setzte er sich gemütlich in Bewegung, drehte hier und dort einen Stein um und prüfte immer wieder den Wind. Schon schien er im Begriff, mich zu verlassen, da drehte er noch einmal, suchte zwischen den glatt polierten, teils bemoosten Steinmugeln herum, die für den Hohen Karst und überhaupt für die dinarischen Wälder so markant sind. Mancherorts liegen sie so eng beieinander, dass die Buchen und Tannen, welche die kleinen Zwischenräume nutzen, Steine wegdrücken oder mit ihren Wurzeln umklammern müssen – Karst, wunderschöner, verzauberter Karst! Der Bär mochte sich meiner kleinen Hütte auf kaum mehr als sechs Meter genähert haben, als er sich auf den Rücken legte, sich mit seinen Schultern zwischen zwei glatten Steinmugeln einklemmte. Da lag er, schien die Sonne des frühen Abends zu genießen und gähnte. Ja, er gähnte und streckte dabei Arme und Beine aus, nicht anders als auch wir Menschen es tun. Dann hangelte er mit den langen Krallen seiner rechten Vorderpranke ein dürres Stück zwischen den Steinen liegendes Holz und spielte damit.

Viele Jahre zuvor waren meine Frau und ich nach Kanada eingeladen gewesen, um dort einen Schwarzbären zu schießen. Wir flogen damals – warum auch immer – nicht. An diesem Abend, als sich der Bär vor mir rekelte, war ich ehrlich froh, keinen seiner kanadischen Vettern erschossen zu haben. Man mag mich kindisch nennen, heuchlerisch oder was immer, aber es war und blieb so!

Nein, ich trete nicht für die Totalschonung der Braunbären in Europa ein. Sie müssen bejagt werden. Unterbliebe die Jagd, hätten sie keine Unterstützung mehr, und wir alle hätten viele Probleme. Und warum sollen Forstverwaltung und Privatjäger in Slowenien oder anderen Ländern die Abschüsse nicht verkaufen. Es sind die Abschusskäufer, die Europas Bären das Überleben sichern!

Irgendwann löste sich Medved aus seinem Steinbett, schüttelte sich und trottete davon. Für mich war es ein bewegendes, wahrscheinlich auch einmaliges Erlebnis!

DER FISCHOTTER
(Lutra lutra)

© Milos Andera

ANZEIGER DER WASSERQUALITÄT

Körperbau/Erscheinungsbild

Gewicht: Die meisten Rüden erreichen nicht mehr als 9 kg. Fähen sind signifikant leichter. Es wurden aber bei Rüden auch Spitzengewichte bis 12 kg festgestellt und Minimalgewichte von knapp 4 kg bei ansonsten gesunden Fähen.

Beine: Beim Schwimmen und Tauchen zwischen Wurzelwerk und Steinen sind lange Beine eher hinderlich. Fischotter haben daher kurze Beine und Schwimmhäute zwischen den Zehen. Für Antrieb sorgen nur die Hinterbeine und der Schwanz. Trotz ihrer kurzen Beine sind Otter an Land relativ schnell und legen dabei auch weite Strecken zurück.

Balg: Rund 50.000 Haare pro cm² bei ganzjährig nahezu gleicher Dichte.

Besonderheit

Blut und Lunge: Otter können beim Tauchen problemlos 1 Minute auf Atmung verzichten, doch wurden schon bis zu 7 Minuten gemessen. Bei längeren Tauchgängen wird die Herzfrequenz sehr stark abgesenkt, ebenso der Sauerstoffverbrauch. Überdies enthält das Blut des Fischotters einen höheren Hämoglobinanteil als das anderer Säuger.

Sinne

Sehvermögen: Fischotter sind kurzsichtig, was bei ihrer Lebensweise keine Rolle spielt.

Hörsinn: Unter Wasser ist dieser Sinn schon deshalb nicht wichtig, weil die Ohren beim Tauchen verschlossen werden. An Land hören Otter jedoch ganz gut. Es scheint noch Forschungsbedarf zu geben.

Geruchssinn: Unter Wasser hält der Otter seine Nase hermetisch verschlossen. An Land riecht er jedoch sehr gut.

Tastsinn: Otter jagen nicht nur im trüben Wasser, sondern auch bei Dunkelheit. Da ist ein „Rundumschutz" im Gesichtsbereich unerlässlich. Er wird durch betont lange und relativ dicke Vibrissen im Maul-Nasen-Bereich und über den Augen hergestellt.

Lautäußerungen

Fortpflanzung: Die Fähe keckert bei der Kopula, während der Rüde sie mit Nackenbiss hält. Der Nackenbiss ist bei vielen Tierarten Teil der Paarung und dient wohl in erster Linie der Stimulation.

Fortpflanzung

Geschlechtsreife: Rüden werden im Alter von 2 Jahren geschlechtsreif, doch kommen manche nie zur Paarung. Fähen werden wohl mehrheitlich im dritten Lebensjahr trächtig. Offenbar gibt es beträchtliche regionale Unterschiede.

Paarbildung: Rüden und Fähen sind polygam.

Ranzzeit: Otter paaren sich im Prinzip ganzjährig, Hauptranzzeit ist jedoch Januar bis April. Vermutlich spielt die Laichzeit der lokalen Fischarten (reiches Nahrungsangebot) eine gewisse Rolle.

Geburt: Die Fähe bringt nach 61–63 Tagen in einer Erdhöhle, unter Wurzeltellern oder Reishaufen in gepolsterten Wurfnestern 2–3 (max. 7) blinde, gut behaarte Jungen zur Welt. Diese öffnen mit 15–38 Tagen die Augen (Wayre 1979).

Säugezeit: Etwa ab der siebten Lebenswoche erfolgt die Gewöhnung an feste Nahrung. Doch erst nach 6–8 Monaten endet die Säugezeit.

Aufzucht: Wie bei polygamen Arten üblich, kümmert sich die Mutter alleine um die Welpen. Sie bleibt während der ersten beiden Wochen nach der Geburt weitgehend im Bau. Die Jungen verlassen den Bau im Alter von 2 Monaten.

Führung: Ausschließlich durch die Mutter. Trennung im Alter von 9–13 Monaten.

ALLGEMEINES

Im feuchten Schlamm bildet sich das Trittsiegel des Otters gut ab. Die fünf mit Schwimmhäuten verbundenen Zehen stehen dicht beieinander. Die Sohle verjüngt sich nach hinten deutlich. Die Länge beträgt bei ausgewachsenen Exemplaren bis 7 cm vorne und 9 cm hinten, die Breite bis 6 cm.

Die Losung des Otters finden wir sowohl wurstförmig wie breiig. Sie wird gerne auf Steinen abgesetzt, die aus dem Wasser ragen. Sie enthält meist Fischgräten und Schuppen, aber ebenso Haare von Kleinnagern (rechts).

Nahrung

Otter fressen keineswegs nur Fische. Sie erbeuten auch Lurche, Krustentiere, Wassergeflügel, Nager und sogar Aas. Nahrungsanalysen zeigen, dass der Fischanteil an der Gesamtnahrung regional stark schwanken kann. Watt (1993, zitiert bei Kranz 2000) kommt zu dem Ergebnis, dass vor allem junge, im Fischfang noch weniger geübte Otter vermehrt andere Beute fangen. Sagt dem Otter der Lebensraum insgesamt zu, weist dieser aber eine eher geringe Fischdichte auf, scheint er sich ebenfalls auf „alternative“ Nahrung zu konzentrieren. Dabei kann die Dichte der Otter im Bereich von größeren Teichanlagen durchaus hoch sein (Ozolins & Pilats 1995, zitiert bei Kranz 2000).

HINWEIS! Otter jagen durchaus sinnvoll

Otter fangen bei entsprechendem Angebot auch jene Arten, die als Speisefische wenig geschätzt werden, ebenso kranke Fische. Fischereiwirtschaftlich wie fischereiökologisch ist das eher positiv zu bewerten.

In welchem Maße Otter Edelfische erbeuten, hängt offenbar von der Fischfauna eines Gewässers ab. Wo ständig Salmoniden eingesetzt werden, erbeuten Otter diese bevorzugt. Dies ist besonders dann der Fall, wenn eine natürliche Altersstruktur der Fische fehlt (Einsatz fangfähiger Fische oder Zuchtteiche).

Lebensräume

Fischotter sind in der Akzeptanz von Habitaten nicht besonders wählerisch. Sie bewohnen Stillgewässer – vom großen See bis zum kleinen Teich – und Fließgewässer – vom Strom bis zum schmalen Entlastungsgerinne. Nur die Wasserqualität muss stimmen und die Störungen durch Wassersportler und andere Erholungssuchende müssen sich in Grenzen halten.

Flache Fließgewässer werden bevorzugt, weil sie die Jagd erleichtern. Der Otter bevorzugt unbefestigte Ufer mit Wurzelwerk und er legt Wert auf naturnahe Begleitvegetation. Nach Jahrzehnten teils brutaler Gewässerverbauung werden heute viele Bäche und Flüsse – auch aus Gründen des Hochwasserschutzes – renaturiert. Diese Maßnahmen sind ganz im Sinne des Otterschutzes.

Auch an intakten Fließgewässern beanspruchen Otter viel Raum. Das ist ein Grund dafür, dass ihre Zahl oft weit überschätzt wird, einfach weil die Nachweise (Kot, Fraßplätze, Spuren) oft nahe beieinander liegen. Allerdings zeigen DNA-Proben des Kotes, dass selbst Weibchen Streifgebiete zwischen 10 und 20 Flusskilometer bejagen. Die Reviere der Männchen können doppelt so groß sein. Letztlich hängt die Größe eines Otterreviers von vielen Faktoren ab. Renaturierung kann Fisch- wie Otterbesatz steigern!

Reviergrößen in Teichlandschaften und an Fließgewässern

- Wichtigster Faktor ist das Nahrungsangebot, gefolgt von der „Befischbarkeit" durch den Otter.
- Naturnahe Teichlandschaften sind meist nahrungsreicher als Fließgewässer. Bei Letzteren nehmen die Uferstruktur (massive Verbauung oder natürliche Ufer) und die durchschnittliche Tiefe Einfluss.
- Reicher Pflanzenbewuchs an den Ufern wie in der Gewässermitte geht meist einher mit einem hohen Nahrungsangebot. Otter nutzen auch schmalste Gewässer wie Gräben mit weniger als einem Meter Breite. Schmale und wenig tiefe Fließgewässer sind leichter zu bejagen als breite und tiefe, weil Fische weniger ausweichen können.
- Breitere Fließgewässer haben den Vorteil, dass beide Ufer getrennt bejagt werden können. Damit reduziert sich die Länge eines Otterreviers.
- Auch der technische Verbau eines Fließgewässers zur Elektrizitätsgewinnung nimmt Einfluss auf die Größe eines Otterreviers, weil die Wanderung der Fische eingeschränkt wird.

Kranz vermutet, dass das Streifgebiet eines Rüden jene von zwei bis drei Fähen überlagern kann. Die Streifgebiete der Fähen sollen sich hingegen kaum überschneiden, ebenso wenig jene der Rüden.

Lebensweise

Otter haben meist eine Vielzahl von Verstecken, in denen sie ruhen. Kranz (2000) schreibt von bis zu 50 verschiedenen Verstecken. Diese werden nahezu täglich gewechselt (Weinberger und Baumgartner, 2018). Die Vorstellung, dass die Fähe nur einen Wurfbau habe, dessen Eingang unter der Wasseroberfläche liege, trifft nicht zu. Otter ruhen unter Reisighaufen ebenso wie in Fuchs- und Dachsbauten oder eben in dichter Vegetation. Ihre Lager können sich in direkter Ufernähe befinden, aber auch mehrere hundert Meter entfernt (Roy 1991, zitiert bei Kranz 2000). Dabei scheuen sie die Nähe von Menschen keineswegs. Dennoch bleibt ihre Anwesenheit häufig unbemerkt.

PROFESSIONELLE AUSROTTUNG

Fischräuber, Pelz- & Fleischlieferant

In dem Standardwerk „Buch Hege – Haarwild" schrieb Stubbe noch 1988: *„Der Fischotter gehört heute zu den gefährdetsten der von der Ausrottung bedrohten Säugetierarten Europas. Als Tier mit stark spezialisierter Lebensweise ist der Otter auf Gedeih und Verderb von der Vernunft bzw. dem Raubtierinstinkt des Menschen und den Folgen der Zivilisation abhängig."*

Hätte der Otter Wasserpflanzen statt Fische gefressen, wäre niemand so vermessen gewesen, öffentlich und sogar in den Jagdgesetzen und zahlreichen Verordnungen seine Ausrottung zu fordern.

Damals hätte wohl keiner daran gedacht, dass der Mensch den Otter wenige Jahrzehnte später neuerlich zum Problem machen und lokal seine Ausrottung fordern würde. Es mag polemisch klingen und vielleicht ist es das auch – dennoch: Ein kleines Geweih zwischen seinen noch viel kleineren Ohren hätte ihm zumindest Sympathie und Hilfe jener Jäger gesichert, die nicht gleichzeitig Fischer sind. Aber so?

Noch an der Wende vom 19. ins 20. Jahrhundert gab es in Deutschland professionelle Otterjäger, die rund ums Jahr mit ihren Otterhunden durch die Lande zogen und ihre Dienste anboten. Ihr Versprechen war,

Noch zu Beginn des 20. Jahrhunderts zogen ganzjährig hauptberufliche Otterjäger durch die Lande. Sie versprachen, die Otter auszurotten. Ob ihnen das letztlich alleine gelang, ist zu bezweifeln. Die Industrialisierung sorgte für teils katastrophale Wasserverschmutzung und Fischsterben. Dem Otter wurden die Lebensgrundlagen entzogen. Stich (Archiv Hespeler)

die Otter auszurotten! Gebucht wurden sie von Fischereibesitzern und Jägern.

Dem Otter wurden gleich drei Eigenschaften zum Verhängnis: Er fraß Fisch und wurde damit zum Feind des Menschen erklärt. Sein Balg war teuer und ganzjährig verwendbar, damit wurde die Habgier zu seinem Feind. Letztlich fand sein Fleisch überall Verwendung, damit wurde auch der Hunger zu seinem Feind. Mitte des 20. Jahrhunderts war der Otter in Westdeutschland nahezu ausgerottet. Einige wenige Exemplare lebten noch im wasserreichen Schleswig-Holstein, in Niedersachsen und im Bayerwald. In Ostdeutschland konnte sich die Art noch im Lausitzer Seengebiet, im Raum Frankfurt an der Oder und in der Mecklenburgischen Seenplatte in geringer Stückzahl halten (Stubbe, 1988). Auch in den anderen mitteleuropäischen Ländern wurde der Otter als eine Art ohne Zukunft angesehen.

Neben der direkten Bejagung mit Schusswaffen und Fallen waren es die modernen Netze und Reusen aus Kunststoff, die den letzten Ottern das Überleben schwer machten. Vielleicht hätten ihnen Hass und Habgier gar nicht so sehr zugesetzt, wenn nicht auch seine Lebensräume systematisch entwertet und teilweise auch völlig vernichtet worden wären. Ursachen dafür waren die sich für die Natur insgesamt negativ auswirkenden Wasserbaumaßnahmen und die Wasserverschmutzung durch Industrie und Haushalte. Auch die Landwirtschaft trug über den Eintrag von Chemikalien maßgeblich zur Vernichtung der Otter bei. Vor den Ottern selbst trafen alle diese Dinge die Fische und andere Wasserbewohner – ihre Nahrung.

Darauf, dass Otter durchaus in der Lage sind, die Biodiversität von Gewässern zu erhöhen, weist das Artenschutzzentrum St. Georgen in Südtirol hin. Demnach werden vor allem an Gewässer gebundene Insekten und Lurchtiere vielfach durch massiven künstlichen Besatz mit heimischen wie nicht heimischen Fischen zurückgedrängt. Wenn regelmäßig in großer Zahl fangfähige Fische eingesetzt werden, übernutzen diese ihre natürlichen Nahrungsressourcen. Sie übernutzen Jungfische der eigenen Art wie kleinere Fische insgesamt und ebenso Insektenlarven und Lurche. Der Otter, aber auch fischfressende Vogelarten können hier durchaus regulierend eingreifen.

Die Verfasser der Studie zeigen auf, dass künstlicher Besatz mit Fischen selbst auf Landtiere negativen Einfluss nehmen kann (siehe hierzu: https://www.nationalgeographic.com/environment/2018/07/yellowstone-lake-trout-trumpeter-swan-avian-collapse-animals/).

Wenig bedacht wird, dass selbst in Mitteleuropa als autochthon geltende Fischarten wie die Bachforelle regional keineswegs heimisch waren. So haben die zur Sportfischerei eingesetzten Bachforellen in Südtirol aber auch in Slowenien und anderen Teilen südlich der Alpen die dort heimische Marmorata-Forelle an den Rand der Ausrottung gebracht.

DIE RÜCKKEHR DER FISCHOTTER

Trendwende

Es waren die großen Fortschritte in der Abwasserbeseitigung, vor allem der Bau von Abwasser-Ringleitungen und Kläranlagen, welche die Erholung der Reliktbestände ermöglichten. Ebenso die erzwungene Einsicht bei vielen Sportfischern und ihren Verbänden, dass eine funktionierende

Gewässerökologie nicht durch das massenhafte Aussetzen einiger weniger für Freizeitangler interessanter Fischarten geschaffen oder erhalten wird. Die Gewässer wurden sauberer, die Fischfauna wieder reicher.

Anfang des zweiten Jahrtausends kehrten die Otter in weite Teile ihres ursprünglichen Verbreitungsgebietes zurück. Was der Naturschutz bejubelte, vermerkten andere äußerst kritisch. Solange die Rückkehr des Otters nicht bemerkt wurde, kamen auch keine Klagen auf. Doch schließlich sorgten schon die Medien dafür, dass nichts geheim blieb. Nicht selten wurde in der Folge berichtet, der Otter habe diesen oder jenen Bach oder Teich völlig leer gefischt, von dem es zuvor schon geheißen hatte, die Kormorane hätten nichts übrig gelassen. Und vor den Kormoranen waren es bereits die Graureiher. Nicht vergessen wollen wir, dass noch Mitte des 20. Jahrhunderts der kleine Eisvogel als gefährlicher Jungfischräuber galt, geschossen und in Eisen gefangen wurde.

Im Winter ist der Otter auf eisfreie Zugänge und Atemlöcher im Eis angewiesen. Dafür befinden sich die Fische in einem trägen Zustand und werden ihm leichter zur Beute. Daher sind Otter auch nicht an feste Ranz- und Wurfzeiten gebunden. © Libor Sejna

Trotzdem: Der Otter ist zurück, und wenn er auch wahrscheinlich in gar nicht so geringer Zahl illegal geschossen und gefangen wird – er ist da und er wird bleiben.

OTTERSCHUTZ UND SCHUTZ VOR DEM OTTER

Problem Fischteiche

Otter und Mensch leben seit Jahrtausenden nebeneinander, und ebenso lange dient Fisch beiden als Nahrungsmittel. Trotzdem gab es früher weniger Konflikte und vor allem weniger Geschrei. Viele Adelshäuser und auch zahllose Klöster besaßen teils sehr große Fischteiche, an diesen jagte selbstverständlich auch der Otter. Angelsportvereine gab es freilich noch keine, ebenso wenig überfischte Gewässer, „Preisfischen", „Catch & release" oder das Einsetzen und postwendende Herausangeln fangfähiger Fische. Der Sportangler sieht diese Praktiken als völlig normal, ethisch gerechtfertigt, als notwendig und sogar als Naturschutz. Viele Nichtfischer, und das ist sicher die Bevölkerungsmehrheit, empfindet diese Dinge als nicht mehr zeitgemäß und manche auch schlicht als „pervers".

Die Probleme wuchsen, als Fischerei zum „Sport" für Bürgerliche wurde und Teiche nicht mehr erstrangig Kloster- und Adelsküchen beliefern mussten, sondern den in- und ausländischen Handel. Heute verwildern viele der ehemaligen Kloster -und Schlossteiche, jene, an denen Otterfamilien jagen konnten, ohne zum existentiellen Problem der Teichbesitzer zu werden. Natürlich wurden ihnen auch in alter Zeit ihrer Bälge und ihres Fleisches wegen nachgestellt, aber die Probleme der Teichbesitzer waren nicht so brennend wie heute. Es sind die kleineren Teiche, in denen Jungfische einer Art und Altersstufe in Massen aufgezogen oder bis zur Marktreife gefüttert werden. Diese „Massentierhaltung" macht es dem Otter leicht. Wir wissen aber auch, dass Otter gerne – obwohl weitgehend territorial – gemeinsam jagen und dabei höchst erfolgreich sind.

Bleiben derartige Teiche ohne Schutz, werden sie vom Otter ausgeräumt! Gefordert wird, die Zahl der lokal vorkommenden Otter zu reduzieren. Das klingt logisch und es wäre zuzustimmen, wenn es denn so einfach wäre, doch es gibt dabei einige große Probleme:

Es ist der Tierschutz zu beachten. Das bedeutet, die zur Aufzucht der Jungen erforderlichen Muttertiere müssen geschont werden. Bei anderen Tierarten lässt sich diese Forderung erfüllen, indem eine Schonzeit festgesetzt wird. Beim Fischotter ist aber in jedem Monat des Jahres mit Nachwuchs zu rechnen.

Wie erkennt der Jäger oder Teichbesitzer, der in kalter Mondnacht an seinen Teichen sitzt, um dem Otter aufzulauern, ob es sich um eine Fähe oder einen Rüden handelt? Fallenjagd? Erlaubt sind nur sofort tötende Eisen, die jedoch völlig unselektiv fangen, oder Lebendfallen. Wie aber erkennt der Fänger, ohne das Tier zu betäuben (was er nicht darf), um was es sich handelt?

Doch selbst wenn es diese Probleme gar nicht gäbe, dann würde sich für ein solches „Premium-Otterrevier" ganz schnell ein Nachfolger finden. Und auch wenn dieser liquidiert würde, stünden bereits seine Nachfolger bereit.

Die Lösung kann nur der Zaun sein. Ob sich ein wirklich ottersicherer Zaun errichten lässt, hängt aber weitgehend vom Gelände ab. Otter sind schlanke und äußerst bewegliche Tiere, die schnell eine Schwachstelle am Zaun finden und nutzen. Dann gibt es aber auch noch das Problem der Zu- und Abflüsse. Selbst wenn sie sich lösen lassen, können Hochwässer, Sturmschäden und im Winter Schnee den Teichbesitzer immer wieder vor Probleme stellen. Überdies leben heute im Bereich vieler Fischzuchtanstalten Wildschweine, die mit Vorliebe Zäune anheben und so dem Otter Zugang verschaffen. Wie ein ottersicherer Zaun beschaffen sein muss, findet der Leser in dem Buch „Wildschäden" (Stocker Verlag, Graz).

E-Zäune halten – wenn sie richtig gebaut sind und gewartet werden – Fischotter zuverlässig ab. Das Problem ist, dass der unterste Draht oft zu hoch angebracht wird und sich der Otter unten durchscharrt. Wird die Zauntrasse nicht regelmäßig bewuchsfrei gehalten, kommt es zu Spannungsverlust. Weitere „Knackpunkte" sind Zu- und Abflüsse, Wege und ungünstige Geländeausformungen. © Andreas Kranz

Da gibt es aber noch ein Problem, nämlich die Finanzierung von Neubau und Unterhaltung derartiger Zäune. Die ist keineswegs überall gesichert. Der Teichbesitzer leistet mit dem Zaun ohne jeden Zweifel einen Naturschutzbeitrag. Es wäre Sache des Staates, dafür aufzukommen. An Geld kann es nicht fehlen. Die Rechnungshöfe klären uns alljährlich darüber auf, wie verschwenderisch und gleichgültig Politik und Verwaltung Steuergelder vernichten.

Otter und Reiher sind Konkurrenten, die gut miteinander auskommen. Während Reiher Lauerjäger sind, die nur am Ufer stehend das Flachwasser bejagen, bewegen sich Otter sehr schnell und gewandt auch in tieferen Wasserschichten. Reiher weichen bei der Nahrungssuche häufig auf Äcker und Wiesen aus, wo sie Kleinnager, Lurche und Reptilien jagen. © Jiří Bohdal

BEGEGNUNGEN

An der Soča, diesem unter dem Namen Isonzo bekannt gewordenem Schicksalsfluss der untergehenden K & K-Monarchie, war der Otter noch daheim. Öfter habe ich im Winter, wenn wir drüben waren und nicht allzu viel Schnee lag, nach seinen Spuren gesucht. Gefunden habe ich nie welche, was mich heute auch nicht mehr wundert. Zehn Kilometer sind für den Wassermarder nicht besonders viel, für einen neugierigen Naturfreund hingegen schon. Wer Glück hat, findet beim ersten Besuch welche. Wer Pech hat, stolpert Jahre an ihnen vorbei, denn im fließenden Wasser zeichnen sie sich nicht ab.

Längst hatte der Otter auch nördlich der Karawanken seine alte Heimat zurückerobert. Längst wurde von Einzelnen seine neuerliche Ausrottung gefordert und wieder Abschussquoten bewilligt. Doch mir war inzwischen auch klar, wie schwierig es sein musste, mehr als rein zufällig einem von ihnen zu begegnen. In Slowenien drüben hatte ich im Sommer per Zufall Janez kennengelernt. Das war in Triest, im „Civico Museo di Storia Naturale“, zu dem auch ein Botanischer Garten gehört. In beiden findet man, was in Friaul und im Karst wächst – besser und einprägsamer als in jedem botanischen Führer. Die Brücke zwischen

Janez, Heidi und mir bildeten zwei simple, belanglose Worte: „Dober dan“ – Guten Tag. Die Sprache schlug eine Brücke.

Janez war Jäger. Er beschäftigte sich nicht nur mit der Flora Illyriens, sondern auch mit dem Fischotter. Er sah durchaus eine Chance – mit etwas Zeit und Geduld – einem Otter zu begegnen. Das interessierte uns. Am Schluss unseres „smolen getalks“ stand der Fragesatz: Kavica ali vino? Kaffee oder ein Achterl? Sivi Pinot war eine weise Entscheidung!

Vor Weihnachten fragte Janez an, ob ich Lust hätte, bei Mond Otter zu beobachten. Schnee oder Mond müsse es haben, am besten beides, stand im Brief. Der erste Vollmond des neuen Jahres war am 10. Jänner. An den Tagen davor wollten wir mit Freunden Wölfe heulen hören. Im Februar „versaute“ mir ein Termin in Deutschland das Vorhaben. Der nächste Vollmond war am 9. März. Die Tage davor musste ich neuerlich in Deutschland sein. Doch danach wollten Heidi und ich im Süden Sloweniens ohnehin die gewaltige Fülle an Frühlingsblühern erleben. Da passte es.

Die Chancen, einen Otter zu sehen, waren dennoch eher gering. Selbst ein kleines Otterrevier erstreckt sich sicher über fünf, sechs oder mehr Flusskilometer. Auch wenn Janez sicher bestens vertraut mit Fluss und Otter war, so gehörte doch viel Glück dazu, zur richtigen Zeit am richtigen Platz zu sein.

Janez hatte mich bei einer verfallenen Mühle abgesetzt. Dort gab es tiefere Bereiche, wie sie die Forellen mochten. Unter dem alten, aus groben Steinbrocken aufgeschichteten Wehr, das einst dafür sorgen sollte, dass genug Wasser in den Mühlkanal floss, hatten sich tiefe Gumpen gebildet. Auch unterhalb der Mühle, wo das Wasser nach getaner Arbeit vom Rad wieder in den Fluss entlassen wurde, sammelten sich die Fische, ebenso unter der alten, längst morschen Brücke, welche das Ufer mit der winzigen Insel verband, auf der die Mühle stand.

Ich saß nicht lange, vielleicht eine halbe Stunde. Der bereits in Diät begriffene Mond stand am Himmel und verzauberte, filigrane Schatten werfend, die nächtliche Landschaft. Vor mir das alte Mühlenwehr, daneben Gemäuer, das begonnen hatte, der Natur wieder Platz zu machen, und die Brücke aus morschen Rundhölzern.

Von der milden Luft des frühen Abends, als wir mit Janez unter den kahlen Kastanienbäumen der Gostilna zwei Achterl Sviček tranken, war nichts mehr zu spüren. Später, auf dem kurzen Weg von der Straße zum Fluss, lag in den Senken kalte Nachtluft. Dann, von einem Meter zum anderen, umschmeichelte uns wieder ein warmer, vom Berg herabstreichender Hauch. Das war Stimmung aus frühen Bubentagen. Sie umfing einen, wenn man am Abend nach der Jagd mit dem Radl durch die dunkel gewordenen Wiesen und Felder heimwärts strampelte.

Im nahen Wald jaulte und ächzte der Kauz, und um die Ruine der alten Mühle gaukelte immer wieder stumm ein Schatten – die Schleiereule. Ein selten gewordener Anblick! Früher – in meiner Kindheit noch – war sie als Totenvogel verschrien, wurde oft geschossen und an Scheunentore genagelt und war dennoch allgegenwärtig. Heute ist sie eine Rarität.

Jetzt aber saß Janez einen guten Kilometer flussaufwärts, bei der Einmündung eines Seitenbaches. Otter haben große Reviere, und es ist schwer zu sagen, wo sie sich gerade aufhalten. Solche Einmündungen stellen eine Art „otterische Verkehrsknotenpunkte“ dar, auch wenn dort nicht jede Woche ein Otter vorbeikommt. Der ständige Wechsel ihrer Fanggründe sichert den schlanken Fischern den Jagderfolg, weil sie so ihre potenzielle Beute nicht durch ständige Anwesenheit sensibilisieren.

Einmal huschte ein Schatten ums alte Mühlenwehr und dann am Ufer entlang. Bei jedem Baum verhoffend, prüfend, die Böschung untersuchend. Aber es war nur ein Steinmarder. Früher, im Dezember und Jänner – im eigenen Revier noch –, hätte er kaum überlebt. Man wäre stolz gewesen, hätte sich gefreut, hätte ihn, eigener Tradition folgend, nach Rückkehr zum trauten Herd neben die Haustüre gehängt. Egal wie spät oder früh, in trauter Zweisamkeit wäre noch eine Tasse schwarzer Tee oder ein Schluck Rotwein fällig gewesen.

Aus dem warmen März-Nachmittag und lauen Abend war inzwischen eine kalte Nacht geworden. Die vom Fluss mit Feuchtigkeit geschwängerte Luft kroch unten in die Hosenbeine und oben in den Mantelkragen. Zum Teil war mein Frösteln auch der gepflegten Nostalgie geschuldet. Nach Jahrzehnten hatte ich erstmals wieder meinen alten Lodenmantel aus dem Schrank geholt. In vielen Waldjahren dünn und schäbig geworden, war er mir inzwischen auch viel zu eng. Zwischen ihm und mir war kein Platz mehr für eine isolierende Luftschicht.

Friedrich von Gagern fiel mir ein. Er war an der Wende vom 19. ins 20. Jahrhundert einer der ganz großen Erzähler der Jagd. Den weitaus meisten seiner Leser war er jedoch ein großartiger Romancier. Als solcher ist er heute weitgehend vergessen. Mit der Jagd „handelte er“, im übertragenen Sinne, nur so nebenher. Im ersten Teil seiner Grünen Chronik finden wir die brillante Erzählung „Heilige Nacht“, die das Passen auf den Otter am Mühlbach in der Christnacht zum Inhalt hat. Wenn man jedoch heute vom Schlossteich unter der Mokricer Burg, vorbei an der alten Mühle dem Bach entlang Otterspuren folgt, glaubt man, sich verirrt zu haben. Im Hintergrund das blinkende und blendende Lichtermeer der Grenzstation an der Autobahn nach Zagreb. Die Welt ist eine andere geworden.

Als ich zum ersten Mal dort war, hatten die Völker Südslawiens noch eine gemeinsame Heimat. Viele fühlten sich arm, uns Mitteleuropäern wirtschaftlich unterlegen. Der viel kritisierte Kärntner Dichter und Nobelpreisträger Peter Handke hat dieses Thema literarisch vertieft und sich dafür beschimpfen lassen. Krain galt damals, gemessen mit unserer Arroganz, als arm. Für mich war es ein unglaublich reiches Land, in dem es all das noch gab, was wir längst unserem Wachstumswahn geopfert hatten.

Nun saß ich am Fluss, und Mitternacht war schon Geschichte. Zum Frösteln kam die Müdigkeit. Bis zwei Uhr in der Früh' wollten wir sitzen bleiben. Ein Schluck Topinambur-Schnaps, zur Pflege des traditionellen Selbstbetruges, flüsterte etwas von Wärme. Und während ich die kleine Flasche vorsichtig in den Rucksack zurückschob, war drüben am Wehr wieder ein Schatten zu erkennen. Größer war er als zuvor jener des Steinmarders, länger, stärker und ohne buschige Lunte.

Nur einen kurzen Augenblick hatte ich ihn gesehen, dann ließ er sich hinter dem Wehr ins angestaute Wasser gleiten. Einmal glaubte ich, im Wasser vor der alten Brücke einen Schatten zu sehen. Unter der standen ruhend die Fische. Aber es geschah lange nichts. Hoffnung meldete Konkurs an. Doch plötzlich war er, ohne dass ich ihn hatte kommen sehen, keine 20 Meter von mir entfernt auf der anderen Seite des Flusses. Er lag auf einem großen Stein dicht neben dem Ufer und „nagte“ heftig an irgendeiner Beute, die er zwischen seinen Pfoten hielt. Im Glas erkannte ich, dass es ein Fisch war. Jenseits des Baches saß der erste freie Otter meines Lebens!

Von irgendwo hinterm Wald hallten dumpf sechs erzene Schläge herüber. Zwei gaben die Stunde an, vier sagten mir, dass sie voll war. Janez würde bald kommen, um mich abzuholen. Ich hoffte innig, er werde etwas später kommen; so war's dann auch. Als er kam, war mein Otter bereits „gegangen“.

Es war ein großes Erlebnis. Eines, dessen ich mir, bei aller Planung und Vorfreude, nicht sicher sein konnte und eines, von dem ich nicht weiß, ob es sich je wiederholen wird.

In meiner Bubenzeit war der Otter in weiten Teilen Mitteleuropas ausgestorben. Er lebte nur noch in meinen Vorstellungen, getreu Gagerns Heiliger Nacht, als huschender Schatten in verschneiter Landschaft. Aus Wunsch wurde Wirklichkeit. Nur die eisige Raunacht musste ich gegen eine durchfröstelte, aber durchaus angenehme, heilige Vorfrühlingsnacht tauschen. Toll war's!

DER EUROPÄISCHE ELCH
(Alces alces alces)

EINER, DER WIEDER HEIM WILL

Erscheinungsbild

Unterarten: Der Elch ist die weltweit größte und schwerste Hirschart. Sie bewohnt heute in 8 Unterarten fast den gesamten borealen Waldgürtel. Einige Zoologen unterscheiden jedoch nur zwischen dem Amerikanischen und dem Eurasischen Elch. Im Wechsel der Warm- und Kaltzeiten drang die Art bis in den Alpenraum vor.
Größe und Gewicht: Die Europäischen Elche sind kleiner und leichter als die übrigen Unterarten, insbesondere als die Amerikanischen Elche. Dennoch können sie eine Körperlänge von 3 m und ein Gewicht bis 400 kg erreichen.
Auffälligkeiten: Auffällig sind der besonders bei den Bullen ausgeprägte Schulterhöcker und der lange, rammnasige Schädel.
Die Beine sind auffällig lang und ermöglichen Laufgeschwindigkeiten bis 50 km/h.

Sinne

Sehvermögen: Elche sehen nicht besonders gut. Da sie überwiegend bewaldetes Gelände mit eher geringer Sichtweite bewohnen und keine Beute erspähen müssen, kommen sie damit zurecht.
Geruchssinn: Ihr Geruchssinn ist deutlich besser ausgebildet. Auch er dient kaum zum Finden von Nahrung, eher zur innerartlichen Kommunikation und zur Erkennung von Gefahren. Die sind in Europa jedoch gering. Zwar erbeuten Bären das eine oder andere Elchkalb oder einen Jungelch, haben damit jedoch kaum Einfluss auf die Entwicklung eines Elchbestandes. Erwachsene Elche fallen, vor allem wenn sie verletzt oder krank sind oder wenn der Schnee sie behindert, Wölfen zum Opfer. In Polen ist die Zahl der durch Wölfe gerissenen Elche eher gering.
Hörvermögen: Die relativ großen Ohren der Elche sind sehr beweglich, das Hörvermögen bestens.

Kommunikation

Geruchssignale: Wie alle Hirschartigen verfügen auch Elche über eine große Zahl an Duftdrüsen, mit den Sekreten hinterlassen sie bei der Fortbewegung, beim Absetzen von Kot und Urin, aber auch beim Scheuern an Bäumen und Sträuchern Nachrichten. Jeder Elch trägt aber auch seinen „Personalausweis“ in Form seines eigenen, ganz persönlichen Geruches bei sich. Die Pflanzen, mit denen er in Berührung kommt, das Substrat, auf und in dem er sich bewegt und säurebildende Bakterien bilden ihn.
Akustische Signale: Elchkühe mahnen ähnlich dem weiblichen Rotwild. Es sind Kontaktlaute der Kühe, wenn sie mit ihren Kälbern in Verbindung treten, aber – je nach Lautstärke und Intonation – auch Lockrufe, die Paarungsbereitschaft signalisieren.
Elchhirsche lassen in der Brunft ein dumpf klingendes Stöhnen hören.
Optische Signale: Wie wir Menschen senden auch Elche optische Signale an Arteigene wie Artfremde. Es ist ihre Körperhaltung, ihre Art der Bewegung oder das Spiel ihrer Augen, alles Signale, die über Stimmung, Laune und momentane körperliche Verfassung Ausdruck geben.

Fortpflanzung

Geschlechtsreife: Elche können ein Lebensalter von über 20 Jahren erreichen. Da eilt es mit der Geschlechtsreife nicht. Kühe erreichen sie im Alter von rund 2 Jahren, Bullen erst mit 3 Jahren.
Paarungszeit: Bedingt durch relativ große Streifgebiete und ihre geringe Siedlungsdichte dauert die Brunft von Ende August bis Anfang November. Schwerpunkt sind die Monate September und Oktober. Die Bullen werden von den Kühen aufgesucht. Finden sie diese während der nur etwa 30 Stunden andauernden Paarungsbereitschaft nicht, kommt es nach 28 Tagen neuerlich zum Eisprung.
Tragzeit/Kälber: Nach einer rund achtmonatigen Tragzeit bringt die Elchkuh 1 Kalb, gelegentlich auch 2 Kälber zur Welt.

ALLGEMEINES

Lebensweise

Elche sind weitgehend Einzelgänger, nur im Winter ziehen gelegentlich einige Kühe mit ihren Kälbern gemeinsam. Ansonsten ist die Kuh mit ihrem Kalb die Regel. Letzteres verbringt sein erstes Lebensjahr an der Seite der Mutter. Diese bringt es vor der nächsten Geburt auf Distanz. Bullen sind immer Einzelgänger, die nur in der Brunft die Nähe der Kühe suchen. Allerdings suchen nicht die Bullen die Weibchen, vielmehr werden sie von diesen aufgesucht.

Wie bei den nahe verwandten Rehen müssen die jungen Männchen im Alter von einem Jahr ihr Geburtsrevier verlassen und nach einem freien Revier suchen oder ein Nischendasein führen.

Elche sind überwiegend Tag- und dämmerungsaktiv. Im Sommer verbringen sie tagsüber viel Zeit im Wasser, um der Mückenplage zu entgehen. In weiten Teilen ihres Verbreitungsgebietes sind die Sommernächte nur kurz und werden – wegen der dann reduzierten Mückenplage – ebenfalls gerne genutzt. Wo sie die Möglichkeit haben, ziehen sie in dieser Jahreszeit wegen des Windes und der damit reduzierten Insektenplage gerne in höhere Lagen. Im Winter bevorzugen sie Tieflagen, da sie – im Gegensatz zu den vielerorts ihren Lebensraum teilenden Rentieren – keine Flechten freischlagen.

Es ist ihr Körperbau mit ihren hohen Läufen, der ihnen die Nahrungsaufnahme direkt am Boden erschwert und mühsam werden lässt. Sie nutzen eher die Nahrung, die sich in Gesichtshöhe und darüber bietet. Dazu stellen sie sich auch gerne auf die Hinterläufe.

Beim Äsen im Wasser verhindern ihre breiten Hufe und die dazwischen liegenden, die beiden Klauen verbindenden Schwimmhäute das Einsinken in den schlammigen Grund. Die Wasserpflanzen werden auch nicht direkt am Grund abgeäst, eher in bequemer Höhe. Sie werden aber auch unten abgerissen oder aus dem Grund gezogen.

Die Trittsiegel des Elches ähneln jenen des Rotwildes, sind aber mit einer Länge bis 15,5 cm deutlich größer. Anders als bei den übrigen Hirscharten drücken sich auch in ruhiger Gangart gelegentlich die Afterklauen ab.

Gefahrenabwehr: Selbstbewusst und wehrhaft

Die Geweihe der Elchbullen mögen imposant sein, werden aber als Waffen im eigentlichen Sinne kaum eingesetzt. Mit ihnen dokumentieren Bullen ihre Anwesenheit und Besitzansprüche oder legen Ränge fest. Gegen Menschen, Hunde oder Wölfe verteidigen sie sich eher mit ihren Vorderläufen und deren schweren, harten Schalen. Damit können sie wuchtige und mitunter tödliche Schläge austeilen. Beide Geschlechter tragen damit auch innerartliche Differenzen aus. Beide stellen sich aber auch dem Menschen oder nehmen ihn an. Sie sind ungleich gefährlicher als Wolf oder Bär! So sterben in Europa auch weit mehr Menschen durch Elche als durch Großraubwild. Gleichwohl gelten sie in unserer naturfremden, mitteleuropäischen Welt meist als zwar große, aber eher harmlose Zeitgenossen. Ihr Körperbau erinnert, trotz des Schulterhöckers und des fehlenden langen Schweifes, an ein Pferd. Schon der lange, wuchtige Schädel sorgt für diese Assoziation.

Ihre Nutzer

Im asiatischen Verbreitungsgebiet steht gebietsweise der Tiger an der Spitze der Nutzer. In Europa sind Wölfe ihre einzigen ernst zu nehmenden Nutzer. Dennoch nehmen Wölfe hier kaum Einfluss auf den Elchbestand. In Polen, wo sich die Lebensräume von Wölfen und Elchen decken, werden Letztere nur selten zur Beute. Wölfe bevorzugen eindeutig Rotwild und – wo dieses nur in geringer Dichte vorkommt – Reh- und Schwarzwild. So ermittelte Jędrzejewska (zitiert bei Okarma u. Herzog, 2019) für den Zeitraum 1986 bis 1990 im Nationalpark Bialowieża 83 % Rotwild, 2 % Reh- und 15 % Schwarzwild. Elche waren unter den Wolfsrissen nur mit 1 % vertreten.

In Skandinavien mag das eine oder andere Kalb vom Vielfraß erbeutet werden. Das trifft, wo er vorkommt, auch auf den Bären zu. Der Vielfraß reißt, wenn überhaupt, nur Kälber. Der Bär ist körperlich durchaus in der Lage, erwachsene Elche zu überwältigen, aber er ist kein wirklicher Jäger. Eher ein „Sanitätsarbeiter“, der hin und wieder krankes Elchwild erlöst. Im Winter, wenn Elche mit dem Schnee zu kämpfen haben, ruht der Bär. Alles in allem haben weder Wolf noch Bär einen großen Einfluss auf die Bestandsdynamik des Elchwildes.

Nahrung

Elche sind – wie die Rehe – echte Konzentratselektierer mit einem relativ kleinen Pansen. Sie füllen diesen nicht, indem sie eine bestimmte Fläche „abgrasen“. Vielmehr selektieren sie besonders energiereiche Nahrungspflanzen. Eine große Rolle spielen dabei Wasserpflanzen sowie Blätter und Triebe von Laubhölzern. Elche können ihre Nüstern schließen, was ihnen das Äsen unter Wasser ermöglicht. Um die „Freude“ der Förster und Waldbesitzer komplett zu machen, verbeißen sie junge Kiefern und schälen die Rinde verschiedener Laub- und Nadelhölzer. Besonders im Frühjahr ziehen Elche in die Wiesen, um – wie das Rotwild – den frischen Aufwuchs zu äsen. Dabei zeigen sie sich vertraut und oft in unmittelbarer Nähe von Gehöften. Im Sommer suchen Elche gerne Getreidefelder auf, vorzugsweise Hafer, wo sie ab der Milchreife die Ähren äsen. Auch Hackfrüchte – Kartoffeln und Rüben – nehmen sie gerne.

Lebensräume

Vielfach wird der Elch als Tier weiter Moorlandschaften gesehen. Das ist so nicht richtig. Er bevorzugt zwar – vor allem wegen der Wasserpflanzen – wasserreiche Landschaften, doch müssen das keine Moore sein. Elche leben auch in reinen, weitgehend trockenen Waldrevieren und selbst in den Bergrevieren Osteuropas. Sie waren in historischer Zeit sogar in den Alpen anzutreffen.

Was die Tauglichkeit der mitteleuropäischen Lebensräume betrifft, gilt es, die Zerstückelung der Landschaft durch Straßen und Bahnlinien zu bedenken. Elche stellen im Straßenverkehr eine absolute Bedrohung für Leib und Leben der Verkehrsteilnehmer dar. Mit einer Schulterhöhe zwischen 175 und 200 Zentimeter prallt der Körper eines erwachsenen Elches nicht gegen den Motorblock eines Fahrzeuges, sondern über diesem in die Windschutzscheibe. Wo der Elch in Europa heute noch vorkommt, sind die Bevölkerungs- und die Straßendichte sowie die Zahl der Autos ungleich geringer als bei uns in Mitteleuropa.

Bevölkerungsdichte europäischer „Elch-Länder“

Polen	123 pro km²
Litauen	43 pro km²
Schweden	23 pro km²
Finnland	16 pro km²
Norwegen	14 pro km²

Länder ohne Elchvorkommen

Deutschland 233 pro km²
Österreich 106 pro km²

AUSROTTUNG & RÜCKKEHR

Leichte Beute für Jäger

In weiten Teilen Mittel- und Osteuropas verschwand der Elch bereits im Mittelalter, noch vor dem Großraubwild. Es mag kurios klingen, aber es waren gerade seine Kraft und sein Selbstbewusstsein, die zu seiner Ausrottung führten. Weder Hund noch Mensch konnten ihn besonders schrecken. Hunde werden bis heute zur Elchjagd eingesetzt. Sie stöbern den Elch auf, drücken ihn den Jägern zu oder stellen und verbellen ihn. Dabei müssen sie auf Distanz bleiben, um nicht von einem Vorderlauf des Elches erschlagen zu werden. Dieser wird jedoch durch den ihn umkreisenden und Laut gebenden Hund abgelenkt. So konnte sich der Jäger bereits vor Erfindung praktikabler Feuerwaffen dem Elch unbemerkt nähern.

Der Elch war nach Erfindung für die Jagd brauchbarer Feuerwaffen eine relativ leichte Beute. Der letzte mitteleuropäische Elch fand 1570 in Böhmen sein Ende. Selbst in den Weiten des russischen Zarenreiches wurde er selten. Aus weiten Gebieten verschwand er. Was blieb, waren Reliktvorkommen. 1746 wurde der vorläufig letzte Elch in Sachsen erlegt. Überlebt hatte er in Skandinavien, im Baltikum und in den russischen Weiten.

Erfolglose Bemühungen um Rückkehr

Um seine Rückkehr bemühte man sich bereits früh, wenn auch erfolglos. Schon um 1700 wurde versucht, ihn in Brandenburg wieder heimisch zu machen. Das heutige Polen mit seinen großen Sumpf- und Waldgebieten wurde dennoch zunächst „elchfrei“. 1919 gewährte die Sowjetunion dem Elch ganzjährige Schonung, was zu einer Erholung und neuerlichen Ausbreitung der Restbestände und letztlich auch zur Rückkehr nach Polen führte (Briedermann, 1988). Auch Polen stellte ihn unter Schutz. Während der nationalsozialistischen Herrschaft entstand ein großes Schutzgebiet für Elche am Kurischen Haff in Ostpreußen, heute Kaliningrad. In den Wirren des Zweiten Weltkriegs erloschen Restvorkommen dieser Wildart wieder. Doch in den Jahrzehnten nach dem Krieg kam es zu einer Erholung kleiner und kleinster Reliktvorkommen am Westrand des verbliebenen Verbreitungsgebietes. So gab es in Polen 1950 nur noch 18 Tiere. Heute geht man wieder von einem Bestand zwischen 3.500 und 4.000 Elchen aus (Hofrichter, 2005).

Schon früh wanderten „Pioniere“ in die damalige Tschechoslowakei, nach Deutschland und Österreich ein. Sie wurden regelmäßig erlegt oder Opfer des Straßenverkehrs. Letzteres wurde durch ihr Verhalten begünstigt. Die Tiere zeigen vor dem Menschen wenig Angst, und mit Autos hatten sie in ihrer Heimat kaum Kontakt. Selbst heute sehen skandinavische Elche im Auto einen geringeren Gegner, den sie auf der Straße stehend erwarten.

Regelmäßig wanderten Elche über die Oder in die DDR ein. Dort hatte man sie ins Jagdrecht übernommen, ihnen allerdings auch eine ganzjährige Jagdzeit zugeteilt. Ohne aktive Verhinderung der Wiederbesiedlung wären Deutschland und wahrscheinlich auch Österreich längst wieder „Elchländer“. Das Primat dieser beiden Länder wird auch künftig sein, eine Wiederbesiedlung durch den Elch zu verhindern. Dabei ist nicht auszuschließen, dass Elche in einigen wenigen besonderen Gebieten – z. B. auf Truppenübungsplätzen, in Grenzregionen oder Nationalparks – geduldet werden.

Europäische Elche erreichen nicht die Stärke der nordamerikanischen Elche. Sie sind aber in dicht besiedelten Gebieten Mitteleuropas eine nicht zu unterschätzende Gefahr für den Straßenverkehr. Sie vertrauen auf ihre Stärke und zeigen sich auch dem Menschen gegenüber aggressiv.

BEGEGNUNGEN

Erstmals bin ich Elchen vor einem halben Jahrhundert in Schweden begegnet. Es war Mai, mit lindem Birkengrün, mit blühendem Löwenzahn und lila Schaumkraut in den Wiesen von Västmanland in Schweden. Die hügelige, auf einen Süddeutschen heimelig anmutende Landschaft, erinnerte an das Alpenvorland zwischen Lindau und Salzburg. Einzig die in der Landschaft verteilten, leuchtend roten Holzhäuser wollten so gar nicht ins Allgäu oder nach Oberbayern passen. In den Wiesen, welche diese Bauernhöfe umgaben, ästen am Abend ganz vertraut die Elche. Sie waren nach langen Monaten der Jagdruhe – wie daheim das Rotwild – unglaublich vertraut.

Es war das Angebot, dort oben einen kleineren Forst- und Jagdbetrieb zu leiten, das mich nach Schweden geführt hatte. Die Landschaft, die Gelassenheit der in den Einöden lebenden Menschen und letztlich die Elche übten einen großen Reiz auf mich aus. Bis dahin lebten Elche in meinen Vorstellungen nur in menschenfernen Wäldern und Mooren und ergriffen, sobald sie einen Menschen wahrnahmen, ganz sicher die Flucht. Was ich in den beiden Tagen, an denen ich mit dem Besitzer im Wald unterwegs war, erlebte, stimmte so gar nicht mit meinen Vorstellungen überein. Wir begegneten zweimal Elchkühen. Die erste führte zwei Kälber. Mein Begleiter hatte sie entdeckt und machte durch lautes Reden auf uns aufmerksam, was sie die Flucht ergreifen ließ. Die zweite Kuh war hochträchtig, stand zwischen den bereits geläuterten Kiefern und beobachtete uns aufmerksam, ohne zu flüchten. Nur kurz schauten wir sie mit unseren Gläsern an, dann entfernten wir uns ohne Hast.

Es gab damals in jener Gegend keine Bären und Wölfe. Aber mein Gastgeber versicherte, diese seien für Menschen und insbesondere Jäger ungefährlich. Mit Elchen komme es hingegen immer wieder zu Konflikten. Mit den Bullen ist insbesondere in der Brunft nicht zu spaßen, und die Kühe verteidigten ihre Kälber energisch. Die Waffen beider Geschlechter seien die Schalen ihrer Vorderläufe. Ein einziger hart geführter und richtig auf unserem Schädel sitzender Schlag könnte uns von allen irdischen Sorgen befreien. Das mit den Bären und Wölfen glaubte ich ihm damals überhaupt nicht und die Gefährlichkeit der Elche höchstens zur Hälfte.

Wenige Jahre später, ich hatte die Stelle dort oben aus familiären Rücksichten nicht angenommen, war ich in der Kalmar Län zum Brackieren von Rehen und Schneehasen eingeladen. Einer der dortigen Jäger hatte mich zu meinem Platz in einem der vielen Moore gebracht, gesagt, was ich schießen dürfe und wie ich mich zu verhalten hätte. Ansonsten solle ich sitzen bleiben, bis ich abgeholt würde. Zwei, drei Stunden könne das dauern, hatte mir beim Frühstück mein Gastgeber erzählt.

So saß ich mitten im Moor auf einem vom Wind umgedrückten Kiefernstamm und genoss die spätherbstliche Stimmung. Nichts geschah, außer dass ich zwei- oder dreimal – weit entfernt – den Laut eines Hundes vernahm. Die Zeit versickerte. Doch dann, als ich wieder einmal zur Seite blickte, stand 30 oder 40 Meter neben mir ein braunes, an vergangene Jahrhunderte erinnerndes Tier – ein Elch! Es war einer jener „Fahrradlenker“, wie jene jungen Bullen scherzhaft genannt werden, die auf dem Kopf statt imposanter Schaufeln nur dünne, mit zwei oder drei Enden geschmückte Stangen tragen. Er starrte mich regungslos an, wohl weil er keinen Wind von mir bekommen und mich als zusammengekauerte, leicht fröstelnde Gestalt nicht sogleich als „Homo flinticus“ erkannt hatte.

Alles, was ich bei meinem ersten Schwedenbesuch über Elche und ihr nicht immer richtig einschätzbares Verhalten gehört hatte, schoss mir durch den Kopf. Was, wenn er näherkam, mich vielleicht annahm? Vielleicht einen Schuss in die Luft abgeben oder erst schießen, wenn er tatsächlich aggressiv wurde? Der Elch verhielt sich rational. Er spreizte die Hinterläufe etwas, drückte seinen mehrere Gefriertruhen füllenden Rücken kaum merklich durch und hinterließ mir ein gutes Kilogramm feucht glänzender, walzenförmiger Verdauungsprodukte, ehe er sich ziemlich gelassen in Trab setze.

Da saß ich, umklammerte fest die mir geliehene Flinte samt zweier Schrotpatronen und nannte mich einen ausgemachten Narren. Der Anspannung folgte nach und nach Freude über die Begegnung und der Entschluss, meine Gedanken bezüglich Selbstverteidigung und Überleben niemandem zu offenbaren. Nie und nimmer hätte mich der Elch angenommen. Eine kleine Bewegung hätte ihn zur Flucht bewegt. Woher auch sollte er wissen, dass irgendwo im fernen Süden Europas, auf Rehe passende Jäger das Aussehen bemooster Wurzelstöcke annehmen?

DER WALDRAPP
(Geronticus eremita)

WER GUT SCHMECKT, LEBT GEFÄHRLICH

Erscheinungsbild

Gewicht: Waldrappe erreichen Gewichte bis 1,5 kg, wobei die Geschlechter äußerlich nicht bestimmbar sind.

Schnabel: Im Gegensatz zu anderen Vögeln besteht der nach unten gebogene Schnabel des Waldrapps nicht aus Hornmasse. Vielmehr handelt es sich um einen durchbluteten, mit Tastsinneskörpern ausgestatteten und mit Keratin überzogen Knochen.

Fortpflanzung

Paarbildung: Im Alter von 2–3 Jahren erreichen Waldrappe die Geschlechtsreife. Die Paare leben monogam und bleiben lebenslänglich zusammen.

Brutkolonien: Die Nester stehen immer in Kolonien, die in Felsnischen, an Gebäuden oder an Steilküsten angelegt werden.

Gelege: Nach Rückkehr aus dem Winterquartier legt das Weibchen zwischen März und Juni 2–3 Eier, die es 27–28 Tage alleine ausbrütet.

Aufzucht: Die Jungen werden von beiden Eltern 45–50 Tage versorgt und sind danach flügge. Die Familien bleiben jedoch weiterhin zusammen.

Zugverhalten: Im Herbst erfolgt gemeinsam der Zug in die Überwinterungsgebiete und im Frühjahr zurück in die Brutgebiete. Da die Zugtradition durch das regionale Aussterben verloren ging, wurde es den künstlich aufgezogenen Waldrappen mithilfe eines Ultraleicht-Flugzeuges wieder erfolgreich vermittelt.

ALLGEMEINES

Auf den ersten Blick erscheint das Gefieder schlicht schwarz. Im Licht schimmert es metallisch blau und grün. Die beiden Altvögel ziehen das Küken gemeinsam auf. © Zoo Basel

Lebensräume

Wir wissen nicht sehr viel von ihm. In Europa gibt es nur einige wenige kleine, vom Menschen begründete Kolonien. Was wir jedoch wissen ist, wo die Art vor langer Zeit nachweislich bei uns vertreten war.

Das erlaubt uns, ein grobes Bild jener Räume zu zeichnen, die sie damals bewohnt hat. Wichtig waren wohl steile und ausreichend hohe Abbrüche oder Wände, in denen sie ihre Nester bauen konnten. Solche waren vor allem in Flusstälern zu finden, aber auch an Baulichkeiten. Beispiele sind der Mönchsberg in Salzburg oder weiter nördlich, an der bayerischen Grenze, in der Wehrmauer der Festung Wasserburg, ebenso in Überlingen am Bodensee. Für das 4. Jahrhundert ist sein Vorkommen am Kaiserstuhl (Oberrheingebiet) nachgewiesen, wo es große Lösswände gab. Auch im Schwarzwald soll er verbreitet gewesen sein, also in völlig unterschiedlichen Landschaften.

Wenn wir bedenken, dass Flusstäler, etwa das der Salzach, früher völlig anders strukturiert waren als heute, könnten sowohl trockene wie feuchte insektenreiche Flächen genutzt worden sein. Beide entstehen, wo sich Flüsse ihr Bett selbst suchen dürfen, immer wieder neu. Der Kaiserstuhl war und ist eine Landschaft mit einem hohen Anteil an insektenreichen Trockenrasen. In den Aufzuchtgebieten nördlich der Alpen suchen Waldrappe auch noch heute ihre Nahrung gerne in Feuchtwiesen. Das deutet auf eine gewisse Fähigkeit der Anpassung hin.

Ursprüngliche Vorkommen finden wir heute noch in Nordafrika, in Syrien und in der Türkei, wo es ebenfalls reichlich Trockenlandschaften gibt.

Nahrung

Die Waldrappe gehören zu den ganz wenigen Arten, denen der auf Gewinne fixierte Mensch keine Schäden nachweisen kann! Sein komplettes Nahrungsspektrum ist wirtschaftlich ohne Belang. Wenn, dann dürfte er dem Menschen eine Rechnung für erbrachte Dienstleitung stellen. Schon sein langer, dünner Schnabel lässt ahnen, was er überwiegend zu sich nimmt: Insekten und deren Larven, Heuschrecken, Spinnentiere sowie Weichtiere und deren Eier. Seltener kleine Nager, Reptilien und Amphibien. Nur vereinzelt nimmt er auch pflanzliche Nahrung. Die bleibt jedoch ohne Bedeutung.

ENTDECKUNG UND ABGESANG

Früheste Hinweise

Bereits Plinius der Ältere berichtete über den Waldrapp, wobei er sich auf den Präfekten Egnatius Calvinus berief. Der wollte diesen Vogel auch in den Alpen gesehen haben.

Der erste, der den Waldrapp 1557 in seiner „Geschichte der Tiere" wissenschaftlich beschrieb, war der 1516 in Zürich geborene Arzt und Naturforscher Conrad Gessner. Das war damals gar nicht so einfach, denn eine wissenschaftliche Bezeichnung gab es noch nicht, dafür aber umso mehr Trivialnamen. Immerhin enthielt Gessners Werk eine Zeichnung des markanten Tieres. Inzwischen ausgestorben, glaubte man lange an ein Fabeltier.

Erst 1897 wiesen die drei Vogelkundler Walter Baron Rothschild, Ernst Hartert und Otto Kleinschmidt nach, dass es sich bei dem vermeintlichen Fabelwesen zweifelsfrei um den in Nordafrika und im Nahen Osten entdeckten „Schopfibis" *(Geronticus eremita)* handelt.

Ausrottung

Als Gessner seine Arbeit veröffentlichte, ging es mit dem Waldrapp in weiten Teilen Europas schon steil bergab. Dazu trug Gessner, der dem Vogel eigentlich sehr wohlgesonnen war, ungewollt bei. Er bezeichnete die Jungvögel nämlich als Delikatessen, die in Italien sehr gefragt seien. Damit hatte er allgemeines Interesse geweckt. Der „Schopfibis" galt fortan als ornithologische-kulinarische Kostbarkeit. Die Nester wurden von und für Eiersammler ebenso geplündert wie die Jungvögel für Menagerien. Die Altvögel wanderten zu Präparationszwecken in Museen, private Sammlungen und letztlich als Lebensmittel in Küchen. Bereits 1627 galt die einst in Süddeutschland weit verbreitete Art als ausgerottet.

Waldrappe sind Kolonienbrüter, die schon früh die Nähe zum Menschen suchten. Sie waren also leicht zu erbeuten und galten als wohlschmeckend. So starben sie in Europa bereits im 17. Jahrhundert aus. Wo er in Europa zuvor tatsächlich vorkam, ist nur unzureichend belegt.

Eine erste ornithologische Beschreibung lieferte der Schweizer Naturforscher Conrad Gessner 1557. Offenbar sah man im Waldrapp damals noch ein Mitglied der Raben-Familie. Eine Tafel in der Stiftsbibliothek Sankt Gallen zeigt im Kopf zwei Waldrappe.

Die Waldrappe machten es ihren Verfolgern leicht. Sie waren und sind „von Beruf" Zugvögel, die mit den Wintern nördlich der Alpen nicht zurechtkamen. Daher überwinterten sie im Süden, heute in der Toskana. Nur um zu brüten, überflog ein Teil die Alpen. Gemeinsam nisteten sie in Felsnischen, auch an Gebäuden und steilen Uferabbrüchen. Da war es für ihre Jäger leicht, reiche Beute zu machen. Als reine Kolonienbrüter gaben sie Kolonien aber auch auf, wenn die Zahl der Bewohner zu sehr sank. Einzelbrüter gibt es nicht. So ging schnell Lebensraum verloren.

Bis ins Mittelalter beherbergte der Salzburger Mönchsberg – schon damals im Herzen der Stadt – eine der größten Brutkolonien Europas. Auch den Vögeln dieser Kolonie wurde ihr Ruf als Delikatesse zum Verhängnis. Die Bewohner der Stadt bedienten sich. Im März 1578 erließ das Salzburger Erzstift schließlich ein Verbot. Fortan durften die Waldrappe am Mönchsberg nicht mehr verfolgt werden. Das Verbot kam zu spät.

GROSSE BEMÜHUNGEN FÜR DIE RÜCKKEHR

Aufzucht und Flugunterricht

Die Zahl der Projekte zur Wiedereinbürgerung dieser Vogelart steigt stetig, nicht nur in Deutschland und Österreich. Zur Auswilderung kommen heute auch Vögel aus Zoos. Vorreiter bei der Wiederansiedlung der Art war die Konrad-Lorenz-Forschungsstelle in Grünau im Almtal in Oberösterreich. Der Alpenzoo Innsbruck beschäftigt sich schon lange und erfolgreich mit der Zucht, und in Kärnten hat der Tierpark Rosegg eine Waldrapp-Kolonie aufgebaut. Eine weitere gibt es in Wien.

Das eigentliche Problem ist nicht die Nachzucht dieser Vögel. In Mitteleuropa brütende Waldrappe sind Zugvögel. Zwar sind sie keineswegs kälteempfindlich, aber sie finden bei uns im Winter keine Nahrung, vor allem dann nicht, wenn die Böden gefroren sind. Diese Tradition des Pendelns zwischen Brut- und Überwinterungsrevier wurde für viele Jahrhunderte unterbrochen und ging verloren. Jetzt musste sie den Vögeln erst mühsam wieder antrainiert werden. „Fernsteuern" lassen sie sich nicht. Also muss ein ihnen von der Aufzucht vertrauter Mensch vorausfliegen.

Erstmals gelang dies 2004 mit den Vögeln aus Oberösterreich, mithilfe eines Ultraleichtflugzeuges, an das sie zuvor gewöhnt wurden. Schon im Jahr 2003 gab es einen Versuch, sie nach Italien zu lotsen. Er gelang aber noch nicht wirklich. Rund 100 Kilometer der Reise mussten die Vögel schließlich im Auto zurücklegen. Doch 2004 war es dann so weit. Innerhalb zweier Wochen legte der Pilot Johannes Fritz mit seinem Ultraleicht-Fluggerät und acht Waldrappen 860 Kilometer in ein WWF-Naturschutzgebiet in der Toskana zurück.

Ermutigt von den Erfolgen in Grünau, startete 2004 in Burghausen (Bayern) die Nachzucht von Waldrappen. 2007 wurden auch sie erstmals in die Toskana begleitet, wo sie überwinterten. Im Frühjahr zogen sie dann – wieder begleitet von dem Leichtflugzeug – zurück ins Brutgebiet. 2011 flog erstmals ein noch unverpaartes Weibchen sozusagen „auf eigene Faust" zurück. Seither überquert die Burghauser Population die Alpen selbstständig. Damit hatten die Altvögel die 350 Jahre verschollene Tradition wieder aus der Versenkung geholt. 2012 gab es in Burghausen erstmals Nachwuchs. Gemeinsam zogen alle erstmals völlig alleine ins Winterquartier. Die Tradition lebt wieder!

Auch in Überlingen am Bodensee in Baden-Württemberg entstand eine Kolonie. Deren Mitglieder wurden ab 2017 ebenfalls mithilfe eines Leichtflugzeuges in die Toskana und zurück eskortiert. 2019 fanden dann erstmals auch die Waldrappe der Überlinger

Heute pendeln Waldrappe wieder selbstständig zwischen ihren Brutgebieten auf der Alpennordseite und ihren Winterquartieren in der Toskana. Voraussetzung war zunächst eine Gewöhnung an ihre „zweibeinigen Eltern" und dann an deren Ultraleichtflugzeug, dem sie im Herbst nach Süden und im Frühjahr nach Norden folgten.

Population ohne menschliche Hilfe den Weg in die Toskana und zurück.

Die neuen Bedrohungen

Auf den ersten Blick scheint die Entwicklung hoffnungsvoll. Doch ganz so ist es nicht. In den italienischen Winterquartieren werden Waldrappe nach wie vor illegal geschossen, so wie Luchse in Bayern und Österreich. In den deutschen und österreichischen Aufzuchtgebieten besteht diese Gefahr derzeit kaum. Hier verunglücken Waldrappe durch tödliche Stromschläge an Hochspannungsmasten. Technisch ist es kein Problem, diese Gefahr auszuschließen. Allerdings wollen die meisten Stromanbieter die Kosten ebenso wenig übernehmen wie öffentliche Stellen. Derzeit finanzieren private Organisationen die Sicherung von Masten – soweit möglich – mit Spenden.

Neben Überlandleitungen sind Windkraftanlagen eine große Bedrohung, nicht nur für die Waldrappe. In Spanien fallen ihnen besonders viele Gänsegeier zum Opfer, in Mitteleuropa Rotmilane und andere Greifvögel. Tausende Kleinvögel und Fledermäuse werden von ihnen geschreddert. Für den Naturschutz sind sie katastrophal. Den Bevölkerungszuwachs, den durch die E-Mobilität gigantisch steigenden Stromverbrauch und die Klimaerwärmung mit ihren dramatischen Folgen werden sie nicht bremsen.
@ iStock.com/R.Typ

Windenergie für die Zukunft

Inzwischen sind ganze Landschaften mit Windkraftanlagen zugepflastert. Geht es nach dem Willen der Politik, soll das aber erst der Anfang sein. Waldrappe sind keine besonders geschickten Flieger, dafür suchen sie ihr Futter bevorzugt dort, wo Energieerzeuger bevorzugt Windräder aufstellen wollen: in flachen, eher trockenen Feldlandschaften und auf niedrigen Pässen, wo Waldrappe, Greifvögel und natürlich auch viele Kleinvögel Gebirgsbarrieren zu überwinden suchen.

Dass die Zahl der bisher verunglückten Waldrappe, verglichen mit Störchen oder Greifvögeln gering ist, ist der noch extrem geringen Individuenzahl und der anfänglichen Führung durch Ultraleichtflugzeuge auf dem Zug geschuldet. Spätestens dann, wenn die Zahl der Waldrappe steigt und die Art sich selbst erhalten muss, könnten die Verluste bedrohlich werden.

BEGEGNUNGEN

Meine erste Begegnung mit dieser Vogelart fand vor vielen Jahrzehnten im Haus der Natur in Salzburg statt. Dort gab es ein großes Diorama, das die bereits vor Jahrhunderten erloschene Waldrapp-Kolonie am Salzburger Mönchsberg zeigte – mitten in der Altstadt. Ob ich den Namen Waldrapp zuvor schon einmal bewusst gehört hatte, weiß ich nicht mehr.

Irgendwann, schon in diesem Jahrtausend, hatte ich in der kleinen Kärntner Gemeinde Rosegg zu tun. Während der Fahrt mit dem Auto fielen mir auf einem frisch umgebrochenen Acker „Krähen“ auf. Etwas hochbeinig kamen sie mir vor. Doch mit jedem Meter, den ich ihnen näherkam, wandelten sich die Krähen mehr und mehr zu Fabelwesen: Hochbeinig waren sie, und ihre Schnäbel waren lang nach unten gebogen. Und komische „Frisuren“ trugen sie auch. Einige Kopffedern standen unfrisiert und wirr ab. Sie erinnerten mich an den Kopfschmuck amerikanischer Ureinwohner.

Es war ein Trupp Waldrappe. Für ein brauchbares Foto war es wieder einmal zu weit, aber das Jagdglas zauberte sie mir zum Greifen nahe heran. Ich hatte meinen Wagen angehalten, stand halb auf dem Randstreifen. Die Vögel stocherten im schwarzen Ackerboden nach Nahrung und bewegten sich dabei langsam Richtung Dorf. Zwei oder drei Autos begegneten mir, aber die Fahrer schienen sich eher für den am Straßenrand stehenden Wagen zu interessieren, nicht für die Vögel auf dem Acker. Später wusste ich warum. Die Vögel waren frei fliegende Angehörige einer im Tierpark Rosegg aufgebauten Waldrapp-Kolonie. Jeder, der in Rosegg und Umgebung lebte, wusste um sie. Sie waren so gewöhnlich und alltäglich wie echte Krähen.

Mich bewegte die Begegnung! Immerhin durfte ich, mitten in meiner Wahlheimat Kärnten, eine der seltensten Vogelarten dieses Planeten beobachten! Wieder daheim im Gailtal gab es ein paar Telefonate, dazu eine Spurensuche im Internet, dann war ich halbwegs informiert. Auch die nächste Begegnung kam unvorbereitet und völlig überraschend. Beim Frühstück fand meine Frau in der Zeitung eine kleine Notiz, die besagte, dass am Vorabend ein Ultraleichtflugzeug, mit einem Flug Waldrappen im Schlepp, auf dem kleinen Flugfeld

Vorbild für die Aufzucht der Waldrappe und ihre Prägung an ihre Betreuerinnen und die Gewöhnung an das Ultraleichtflugzeug war der Nobelpreisträger Prof. Konrad Lorenz, der zur „Mutter“ junger Graugänse wurde. © Waldrapp-Team

meines Heimatdorfes gelandet sei und bei gutem Flugwetter am folgenden Vormittag samt Waldrappen zum Weiterflug in die Toskana starten wolle. Das durfte ich mir nicht entgehen lassen. Innerhalb von Minuten war ich startklar, saß im Auto und fuhr zum Flugplatz. Dort herrschte schon reges Treiben. Vor dem Tower hatte ein Begleittrupp aus Helfern ein zerlegbares Gehege aufgebaut, in dem die Vögel sicher die Nacht verbracht hatten. Inzwischen suchten sie gemeinsam auf dem Flugfeld nach Nahrung. Ein Dutzend „Schaulustige" hatten sich eingefunden – Vogelfreunde und ein paar interessierte Jagdkollegen.

Mir gelang noch ein kleines Interview mit dem Piloten des Leichtflugzeuges und einer der Begleiterinnen. Dann war es auch schon so weit. Der Motor, dem ich als gelernt ängstlicher Mensch mein Leben nicht anvertraut hätte, jaulte auf, und der Propeller schnurrte. Das „Luftradl", so betitelte es einer der Anwesenden, holperte über die Wiese, erhob sich etwas torkelnd in die Luft. Die Vögel, die ihr Frühstück unterbrechen mussten, wurden aufmerksam, wussten nicht so recht, ob sie erst zu Ende frühstücken oder doch gleich aufbrechen sollten.

Der Pilot wartete auf seine autark mitfliegenden Passagiere. Deren hinter ihm sitzende Betreuerin versuchte die Vögel mit lauten Rufen zu animieren. Irgendwann erhoben sich zwei von ihnen, schlugen erst die Gegenrichtung ein, suchten aber rasch Anschluss, gefolgt von der restlichen Mannschaft. Noch eine Abschiedsrunde um den kleinen Tower, dann entschwanden Maschine, Mensch und Tier Richtung Grenze, hinüber nach Tarvisio. Dem Kanaltal und später dem an manchen Stellen einen Kilometer breiten Kiesbett des Tagliamentos folgend, durchquerten sie die Karnischen Alpen, bis hinunter in die Friulaner Tiefebene. Die Zeit schien stehen geblieben: Dem letzten großen, völlig naturbelassenen Bett des Tagliamentos folgten – nach einer Jahrhunderte dauernden Pause – Vögel, denen der Geschmack ihres Fleisches und ihre Nähe zum Menschen fast zum endgültigen Verhängnis geworden wären!

DER BARTGEIER
(Gypaetus barbatus)

EIN GEIER, DER „EITEL" IST

Erscheinungsbild

Gewicht: Weibchen erreichen ein Gewicht bis 7 kg. Männchen sind kaum erkennbar leichter. Äußerlich sind die Geschlechter nicht zu unterscheiden.

Spannweite: Mit einer Flügelspannweite von bis zu 2,9 m sind Bartgeier die größten flugfähigen Vögel Europas und mit keinem anderen Greifvogel verwechselbar.

Gefieder: Im Gegensatz zu den Fleischfressern unter den Geiern, die ihre nackten Hälse und Köpfe tief in Brust- und Bauchhöhlen toter Tiere stecken, sind Hals und Kopf beim Knochenfresser Bartgeier prächtig befiedert. So ab dem 5. Lebensjahr nehmen Kopf, Hals und Brust eine leuchtend rote Farbe an. Die Tiere färben sich beim Bad in eisenoxidhaltigen Wasserstellen.

Verdauung

Mit ihrem extrem sauren Magensaft sind Bartgeier in der Lage, Knochen aufzulösen. Ihr Schnabel lässt sich besonders weit öffnen. Daher können kleinere Laufknochen unzerteilt abgeschluckt werden. Die Luftröhre reicht fast bis zur Schnabelspitze. So gelingt die Atmung auch dann, wenn ein Knochen im Rachen feststeckt.

Fortpflanzung

Paarbildung: Bartgeier werden mit 5–7 Jahren geschlechtsreif, brüten aber meist erstmals mit 8–9 Jahren. Die Paare bleiben meist lebenslänglich zusammen. Es bilden sich aber auch Trios, aus 1 Weibchen und 2 Männchen. Dabei kopuliert das Weibchen mit beiden Partnern, lässt sich aber nur von einem befruchten (Hofrichter 2005).

Brutzeit: Während Gänsegeier gerne in Kolonien brüten, stehen die Horste der Bartgeier immer einzeln in Felsnischen oder unter Überhängen. Meist wird von Dezember bis Februar 1 Ei produziert, selten 2 Eier. Die Küken schlüpfen nach einer Brutzeit von 52–58 Tagen. Durch anschließenden Kainismus fliegt fast immer nur 1 Küken aus.

Aufzucht: Beide Eltern füttern. Die Flugfähigkeit wird nach 110–130 Tagen erreicht. Danach verlässt der Jungvogel den Horst.

ALLGEMEINES

Nahrung

Bartgeier mussten sterben, weil sie angeblich böse Räuber waren. Tatsächlich jagen sie – obwohl den Greifvögeln zugeordnet – überhaupt nicht. In weit ausholenden Suchflügen halten sie nach Aas Ausschau: Sie schlucken, was andere liegen lassen. Genau genommen interessiert sie nur, was von einem größeren toten Tier – von Aas im eigentlichen Sinne – übrig bleibt. Das sind die Knochen. Nur während der Kükenaufzucht nehmen sie in geringem Maße auch Fleisch auf.

Die Knochen verunglückter oder verendeter Tiere werden komplett abgeschluckt. Sind sie zu groß, lässt sie der Bartgeier aus großer Höhe zielsicher auf Felsen/Steinplatten fallen, damit sie zerbrechen. Das trifft auf Beinknochen von Hirschen oder Rindern zu, die einfach zu lang und teilweise zu dick sind, aber auch auf die mit Dornfortsätzen versehenen Wirbelknochen. Die zerplatzten Knochenteile werden gesammelt und abgeschluckt.

Lebensräume und Lebensweise

Bartgeier sind bei uns Vögel des alpinen Raumes. Sie suchen ihre Nahrung, indem sie sich von den Aufwinden der Berghänge emportragen lassen. Diese Aufwinde finden sie vor allem entlang steiler und möglichst hoher Hänge und Wände. Als hervorragende Segelflieger lassen sie sich ohne großen Energieeinsatz von der Luft tragen. Um nach Kadavern Ausschau zu halten, steigen sie im Alpenraum bis in Höhen von 3.000 Meter und streifen dabei bis zu 40.000 Hektar Fläche ab. Daher finden wir sie nahezu ausschließlich in den Hochgebirgen. Oberhalb der Waldgrenze liegende Kadaver werden von ihnen leichter gefunden als solche, die im Waldgürtel liegen. Bei der Suche nach Aas achten Bartgeier auf andere Aasverwerter. Bären, Wölfe und Füchse zeigen ihnen, wo etwas liegt. Steinadler und Kolkraben machen bereits in der Luft und auf größere Entfernung auf sich und das Aas aufmerksam.

Gänsegeier haben eine andere Strategie. Sie sind fast immer in größerer Zahl unterwegs und kreisen weit auseinandergezogen. So ist ihre Chance, Aas zu finden am größten.

Als „End- oder Restenutzer" sind Bartgeier auf Vornutzer angewiesen. Diese haben im Alpenraum lange gefehlt und sind im Moment erst dabei, zurückzukehren: Bär, Wolf und Luchs. Sie mögen untereinander Beutekonkurrenten sein, machen dem Bartgeier jedoch keine Konkurrenz. Auch Steinadler, Kolkrabe und Fuchs leisten in Gemeinschaft gute Arbeit für ihn.

Das meiste Fallwild fällt Ende des Winters und im zeitigen Frühjahr an. Im Hochgebirge apern dann jene Tiere aus dem Schnee, die von Lawinen mitgenommen oder bereits

Der Nationalpark Hohe Tauern, wo die ersten künstlich erbrüteten und aufgezogenen Bartgeier ausgesetzt wurden. Hier herrscht fast immer eine gute Thermik, die es den schweren Vögeln ermöglicht, ohne großen Energieaufwand aufzusteigen. Im Gleitflug suchen sie dann die weitgehend baumfreien Hänge nach Tierkadavern oder Knochen ab. © iStock.com/ Bernadet Strobel

verendet vom Schnee zugedeckt worden sind. Das Lawinenfallwild ist der Grund dafür, dass der Bartgeier mitten im Hochwinter brütet. Wenn der Jungvogel schlüpft, ist ausreichend Nahrung vorhanden! Das ist aber auch der Grund dafür, dass der Bartgeier bei uns immer ein Vogel des Hochgebirges war, auch wenn wir ihn gelegentlich im Vorgebirge und sogar im Flachland sehen.

SEIN VERSCHWINDEN

Prämien für tote Geier

In den Alpen verschwand der Bartgeier im 19. Jahrhundert. In der Schweiz wurde der letzte 1886 erlegt, in Österreich 1906 und 1913 in Italien. Ursächlich für seine Ausrottung waren – neben seiner für viele Menschen angsteinflößenden Größe – Fehlinterpretationen seines Verhaltens und jede Menge höchst dümmlicher Geschichten. Natürlich wurde er an den Skeletten von Wildtieren und Weidevieh gesehen und in der Unaufgeklärtheit der Zeit zum „Mörder" ernannt. Dieses Schicksal teilte er mit vielen Arten. Auch für seine Tötung wurden Prämien bezahlt.

Seine Größe förderte die Legendenbildung, an der sich selbst renommierte Naturforscher beteiligten. Da berichtete beispielsweise Friedrich von Tschudi (1868, zitiert bei Hofrichter, 2005), einer der renommiertesten Naturwissenschaftler seiner Zeit, von einer Frau, die als Kind im Urnerland (Schweiz) von einem „Lämmergeier" entführt worden sein will.

Im Kanton Appenzell soll ein Geier vor den Augen der Eltern ein Kind gepackt und weggetragen haben.

Im Kanton Schwyz gar *„stieß ein Geier auf einen auf einem Felsen sitzenden Hütebuben, begann ihn sogleich zu zerfleischen und stieß ihn, ehe die herbeieilenden Sennen ihn vertreiben konnten, in den Abgrund."*

Bei so viel Aberglauben und „Geschwätz" verwundert es nicht, dass die Jäger in ihm einen schlimmen Feind des Wildes sahen, zumal sie für jeden getöteten Geier gleich doppelt kassieren konnten: die landesherrliche Prämie und die finanziellen und „geldwerten" Zuwendungen aus der Bevölkerung.

Im ersten Schweizer Jagdgesetz von 1875 wurde der Bartgeier ausdrücklich noch als schädliche Art deklariert. Dieses Gesetz wurde zum Schutz wilder Huftiere erlassen, die durch die freie Jagd nahezu ausgerottet waren. Auch dieser Umstand – der Mangel an Wild – trug zu seinem Aussterben bei.

Der junge Bartgeier ist leicht an seinem dunklen Gefieder zu erkennen und auch mit keiner anderen Geierart zu verwechseln. Frühestens mit fünf Lebensjahren wechselt er ins Alterskleid. Bei gezüchteten und dann ausgesetzten Bartgeiern werden jeweils einige Schwung- und Steuerfedern nach einem bestimmten Code gebleicht. Es ist ihr „Personalausweis".

SEINE WIEDERKEHR

Die Zeit war reif

Nach dem Zweiten Weltkrieg gab es in den Alpenländern mehr Schalenwild als je zuvor. Selbst in der Schweiz und in Italien konnten Bartgeier, Steinadler und andere Nutzer wieder ausreichend Nahrung finden. So wurden Überlegungen laut, den Bartgeier wieder in die Alpen zurückzubringen. In den 1970er-Jahren wurden erstmals erwachsene Bartgeier ausgesetzt, die zuvor in Afghanistan gefangen worden waren. Doch das Projekt war erfolglos.

Auswilderung funktionierte nur über Gefangenschaftszucht und Aussetzung der Jungvögel in Kunsthorsten. Wertvolle Vorarbeiten leistete der Alpenzoo in Innsbruck. Später kamen der Wildpark in Grünau, der Tiergarten Schönbrunn und die Zuchtstation in Haringsee dazu. 1985 wurde in der Rauris, im Bundesland Salzburg, der erste Jungvogel in einen schwer zugänglichen Kunsthorst gesetzt. Diese Aktionen erfolgen bis heute immer kurz vor dem Flüggewerden. Der Jungvogel soll dort keinen Kontakt mit Menschen haben, wird aber noch einige Zeit mit Futter versorgt.

Da es bis zu zehn Jahre dauern kann, ehe Bartgeier erstmals zur Brut schreiten, vergingen viele Jahre, ehe die freigelassenen Vögel erstmals selbst Nachwuchs hatten. Im Rauriser Krumltal kam es im Winter 2010 auf 2011 zur ersten erfolgreichen Brut in freier Wildbahn. Zu dieser Zeit lebten im Alpenraum wieder 150 bis 170 Bartgeier.

Bis 2018 wurden im Alpenraum insgesamt 223 Bartgeier ausgewildert, davon 63 in Österreich. Von diesen leben derzeit noch 16 in Österreich, einige wurden erschossen. Bartgeier streifen unglaublich weit umher und halten sich nicht an Ländergrenzen. Ein im Gasteiner Tal freigelassener Bartgeier flog bis zur Nordsee und von dort wieder zurück. Ein anderer wurde fünf Jahre hindurch in den französischen Alpen gesichtet, ehe er dort abgeschossen wurde.

Nach wie vor sterben Bartgeier durch illegale Abschüsse, durch ausgelegte Giftköder, durch Bleivergiftung (wenn sich Splitter bleihaltiger Munition in den Knochen erlegter Tiere befinden) und an Hochspannungsleitungen. Dennoch darf die Wiedereinbürgerung des Bartgeiers in den Alpen als geglückt bezeichnet werden.

Im Altersgefieder ist der Kopf des Bartgeiers zunächst weiß und dann orange, mit einem schwarzen Streif vom Auge zum Schnabel. Sein Hals und die Körperunterseite sind zunächst weiß und dann ebenfalls auffällig orangerot bis rostbraun. Diese Färbung erhält er durch Baden in eisenoxidhaltigem Schlamm. © Jakob Zmölnig

BEGEGNUNGEN

Es ist schon Jahrzehnte her, und ich war damals noch Mitarbeiter einer bundesdeutschen Jagdzeitschrift, mit Außenredaktion im Allgäu. Da brachte die Post einen Hinweis unserer Hamburger Stammredaktion. Irgendwo hinter Salzburg liefe ein Projekt zur Wiedereinbürgerung der Bartgeier im Alpenraum, war zu lesen. Handschriftlich war knapp vermerkt: „Interesse?"

Natürlich hatte ich Interesse. Jeder Journalist meines Genres musste Interesse haben, egal ob er für oder gegen die Wiedereinbürgerung war. Wildtiere müssen einen Jagdjournalisten immer interessieren. Der Kontakt zur Leiterin des Projektes vor Ort war schnell hergestellt. Es war die Zoologin Nina Roth Callies. „Tatort" war das Krumltal in der Rauris.

Meine Frau, am Thema nicht weniger interessiert als ich, wollte mit von der Partie sein. Den Pressetermin ließen wir gerne verstreichen. Die „Geier-Walli", so wurde Frau Roth Callies im Dorf durchaus respektvoll genannt, gewährte uns eine „Privataudienz". Sie war, wie wir sofort feststellten, eine überaus liebenswürdige Frau und mit ganzem Herzen bei der Sache.

Also fuhren wir in dieses wunderschöne Salzburger Bergdorf, in dem damals noch seine teils uralten Häuser und nicht so sehr der Tourismus das Bild prägten. Am Ende des sicher 30 Kilometer langen Tales steht der Besucher unter der steilen Nordwand des 3.106 Meter hoch aufragenden Hohen Sonnblicks. Das gesamte Rauriser Tal wurde 1981 Teil des Nationalparks Hohe Tauern, des ersten in Österreich. 1986 wurden hier die ersten Bartgeier ausgewildert.

Es war eine wunderschöne Wanderung, von Bucheben hinauf ins Krumltal, geführt von Nina Roth Callies. Als wir oben aus dem Wald auf die freie Alm kamen, empfing uns eine kapitale Kreuzotter. Sie lag zusammengerollt, die Sonne genießend, mitten auf dem Fahrweg. Nichts vermochte sie aus der Ruhe zu bringen. Erst als ich endlich meine alte Praktika aus dem Rucksack geholt und auch noch das Objektiv gewechselt hatte, verschwand sie blitzartig im Almrausch-Gestrüpp.

Langsam wanderten wir das Krumltal hinauf, genossen die großartige Landschaft unter der Roten Wand, dem Gams- und dem Edlenkopf. Irgendwo dort hinten machten wir es uns in der Sonne bequem. Frau Roth Callies wusste viel zu berichten, zeigte uns Fotos von der Aufzucht und dem Aussetzen der Geier, und ich hatte viel zu fragen und zu notieren. So verstrich höchst angenehm die Zeit.

Dann tauchte, wie aus dem Nichts, zwischen Gamskopf und Roter Wand ein Greifvogel auf. Hoch und weit weg war er, und klein schien er noch. Hätte Frau Roth Collies nicht mit dem Kopf nach oben gedeutet und das Erscheinen des Vogels mit den simplen Worten kommentiert: „Dort oben!", hätte ich geglaubt, einen Steinadler zu sehen. Weit, verdammt weit war es halt und mein Blick flüchtig. Heute würde mir das nicht mehr passieren. Doch diese beiden Worte – „Dort oben!“ – sagten alles, riefen die komplette angelesene Biografie des Bartgeiers in Erinnerung.

In weiten Bögen kreiste der große Greif, der eigentlich gar keiner war, über uns. Bald schoss er im Sturzflug nach unten, dann wieder ließ er sich von den Aufwinden an den Hängen und Wänden hochreißen.

Warum aber soll der Bartgeier ein Greifvogel sein? Er greift ja nur tote, abgenagte Knochen. Landläufig assoziiert der Begriff Greifvogel eine Art, die jagt und sich dabei lebende Beute greift. Genau das tut der Bartgeier nicht.

Der Untergang des Bartgeiers begann mit Legenden, die um ihn gesponnen wurden. Schließlich glaubten die Jäger zu wissen, dass er sogar Hirsche schlug. Die Bauern, Heimatdichter und Chronisten berichteten selbst über Hütebuben, die der Bartgeier griff und zu seinem Horst trug.

Der Volksglaube hatte noch lange Zeit mehr Kraft als die Zoologie. In Georg Ludwig Hartigs 1810 erschienenem „Lehrbuch für Jäger und die es werden wollen“ lesen wir: *„Seine Nahrung besteht in jungen Gemsen, Schafen, Ziegen und dergl., auch frißt er Aas.“* In einem Nachsatz heißt es: *„Der Schaden ist aus seiner Nahrung abzumessen.“* Weiter danebengreifen konnte weder die Wissenschaft noch die Praxis! Heute bildet der Bartgeier innerhalb der Habichtartigen eine eigene Unterfamilie, die *Gypaetinae*.

Lange konnten wir den imposanten Vogel beobachten. Er war relativ vertraut, scheute uns nicht. Eher schien er uns zu ignorieren und kam uns auf etwa 100 oder gar nur 50 Meter nahe. Wir sahen seine von den Forschern gebleichten Handschwingen, die erstmals im dritten Jahr gewechselt werden und bis dahin eine Art Personalausweis darstellen.

Das war unsere erste Begegnung mit dem Bartgeier, der im Laufe der Jahre noch viele andere folgen sollten: daheim am Dobratsch, drunten in Friaul oder drüben in der Schweiz.

DER GÄNSESEGEIER

(Gyps fulvus)

DIE WELT IST VOLLER MISSVERSTÄNDNISSE

Erscheinungsbild

Gewicht: Gänsegeier werden bis zu 8,5 kg schwer. Die Geschlechter sind äußerlich nicht zu unterscheiden.

Gefieder: Bei Jungvögeln sind Hals und Kopf weiß und flaumartig befiedert. Der Hals schließt mit einem Federkragen ab, der beim Jungvogel bräunlich ist. Erst im Alter von 5–6 Jahren tragen Gänsegeier ihr Altersgefieder mit weißem, annähernd nacktem Hals und weißem Kragen. Die Flügelspannweite misst bis zu 2,7 m.

Besonderheit: Die Hälse der Gänsegeier sind nicht nur schwach befiedert, sondern – gerade im Vergleich mit dem Bartgeier – auch auffällig lang. Es ist eine Anpassung an die Größe ihrer Beutetiere, aus deren Körper sie die Innereien holen. Der lange Hals erspart es ihnen, in die Körper hineinkriechen zu müssen, um an ihr Futter zu kommen.

Kommunikation

Stimmfreudige Vögel, die beim Streit um Beute heisere, keckernde Laute von sich geben.

Fortpflanzung

Paarbildung: Paare binden sich lebenslänglich. Die erste Brut erfolgt mit 8–9 Jahren, die Geschlechtsreife tritt 1 oder 2 Jahre früher ein. Gänsegeier sind Koloniebrüter, die ihre dürftig ausgelegten Horste in Felsnischen, auf Absätzen oder unter Überhängen bauen.

Brutzeit: Die Eiablage erfolgt teilweise bereits Ende Dezember und dauert vereinzelt bis Ende März. Die Regel ist 1 Ei, das von beiden Altvögeln 47–57 Tage abwechselnd bebrütet wird.

Aufzucht: Beide Altvögel füttern. Das Junge erreicht die Flugfähigkeit nach etwa 135 Tagen und verlässt in der Folge der Horst.

Trennung: Flügge Jungvögel werden noch einige Wochen von den Eltern versorgt, ehe sie ungerichtet abwandern.

Gänsegeier sind Koloniebrüter und sehr gesellig. Gemeinsam suchen sie in breiter Front nach Kadavern. Dabei orientieren sie sich auch an anderen Aasfressern wie Adlern, Milanen, Füchsen oder Wölfen.

ALLGEMEINES

Nahrung

Im Gegensatz zum Bartgeier, der sich mit Knochen begnügt, fressen Gänsegeier nur Fleisch, bevorzugt Innereien. Sie sind reine Aasfresser. Zum Schlucken großer Knochen fehlen ihnen die anatomischen Voraussetzungen im Schnabel- und Schlundbereich und der erforderliche kalklösende Säuregehalt im Magen.

Im Alpenraum verwerten sie Kadaver von Schalenwild und verunglückten Weidetieren. Kleine Tiere wie Füchse werden kaum beachtet und anderen Aasfressern überlassen. Gänsegeier sind höchst imposante Vögel, die im Alpenraum problemlos leben könnten. Es gibt jede Menge Weidetiere, die im Sommer verunglücken. Viele Kadaver müssen unsinnig und extrem teuer mit Hubschraubern geborgen werden.

Ob Vieh oder Mensch: Liegt irgendwo im Gebirge ein toter Mensch, interessieren sich die Bartgeier, die reine Knochenfresser sind, nicht für ihn, wohl aber die Gänsegeier. Über einen solchen Fall berichtete die seriöse Süddeutsche Zeitung vom 3. Mai 2013.

Demnach rutschte in den französischen Pyrenäen in 1.800 Metern Seehöhe eine 53 Jahre alte Bergsteigerin aus und stürzte 300 Meter tief ab. Sie war wohl sofort tot. Der Unfall war bemerkt worden, und zwei Stunden später kreiste auch ein Hubschrauber über dem Absturzgebiet. Geier erregten die Aufmerksamkeit der Besatzung, die jedoch nur noch das Skelett der Bergsteigerin bergen konnte. Zu einem ganz ähnlichen Vorfall kam es 2012 in den Pyrenäen.

In Tibet, der Mongolei und anderen Teilen Asiens ist heute noch die „Himmelsbestattung“ üblich. Verstorbene werden noch einige Tage mit Nahrung versorgt. Wenn ihre Seele den Körper verlassen hat, werden sie im Rahmen eines buddhistischen Zeremoniells zu einem Bestattungsplatz gebracht. Dort „bestatten“ die Geier den seelenlos gewordenen Körper.

HINWEIS! Gänsegeier sind Aasfresser

Die Nahrungssuche erfolgt gemeinsam, hoch in der Luft kreisend. Für die Vielzahl der Vögel ist Aas unter der Größe eines Rehs relativ uninteressant.

Lebensräume und Wanderungen

Gänsegeier sind höchst gesellige Vögel, die gemeinsam brüten und auf Nahrungssuche gehen. In den europäischen Gebirgen sind sie bis in 3.500 Meter Seehöhe zu beobachten. Anders als die Bartgeier kommen sie aber auch in die Ebene.

Kompliziert scheint ihr Zugverhalten zu sein, wobei wohl der Lebensraum eine Rolle spielt. Adulte Gänsegeier sind meist Jahresvögel, während jüngere Vögel zwischen Winter- und Sommerlebensraum wechseln. In den Alpen übersommernde Vögel ziehen im Herbst über Kroatien nach Bulgarien und Griechenland südwärts, teilweise bis Israel und Afrika. Es scheint keine feste Regel zu geben. Jungvögel kehren erst mit Erreichen ihrer Geschlechtsreife zu ihren Geburtskolonien zurück.

Ein Phänomen sind ausgedehnte Wanderungen nach Norden und Nordost. Seit der Jahrtausendwende werden immer wieder Gänsegeier-Trupps in Holland gesichtet. Einen spektakulären Einflug von 122 Geiern gab es 2005 in der Schweiz. Selbst in Mecklenburg-Vorpommern, ganz im Norden Deutschlands, wurden im Sommerhalbjahr Gänsegeier beobachtet. Alle markierten Fernwanderer stammten aus Spanien oder Südfrankreich.

VERSCHWUNDEN UND ZURÜCKGEKEHRT

Der Tod holt eine Art zurück

Schnell wird die Ausrottung einer Art gefordert, wenn dem Menschen durch sie ein wirtschaftlicher Schaden entsteht oder er sich durch sie bedroht sieht. Es kommt aber auch vor, dass Tiere herbeieilen, wenn andere Tiere verunglücken oder an Krankheiten verenden oder wenn Menschen in großer Zahl sterben und nicht mehr bestattet werden. Auch Wölfe waren durch Jahrtausende zur Stelle, wenn Kriege Menschen dahinrafften. Bauernkriege, Dreißigjähriger Krieg und andere riefen Wölfe in Gebiete zurück, in denen sie vorher nur noch seltene Gastrollen gaben. Auch während der Pest feierten die Wölfe unvorstellbare „Orgien". Das verletzt unsere Pietätsgefühle ungemein. Wenn wir selbst töten, belasten uns „Wolfs-Bestattungen" nicht.

Mit den Gänsegeiern nördlich der Alpen war es ähnlich. Sie starben in Österreich bereits um 1700 aus. Doch dann geschah 1878 in den Hohen Tauern ein Unglück gewaltigen Ausmaßes. Im Mai trieb ein Matreier Viehhändler zusammen mit acht Helfern 130 Rinder über den Felber Tauern. Es war nur ein schmaler Saumweg. Zum Verhängnis wurde der Karawane, die am frühen Morgen am Matreier Tauernhaus aufgebrochen war, ein Wettersturz am frühen Abend selbigen Tages. So blieben alle im Schneesturm stecken. Die Kleidung und die Schuhe jener Zeit waren mit dem, was heute am Berg getragen wird, nicht vergleichbar. Sie hielten weder Kälte noch Nässe ab. Vier der insgesamt neun Menschen starben in Kälte und Schnee, ebenso fast die gesamte Rinderherde.

Bergrettung und Hubschrauber gab es ebenso wenig wie Tierkörper-Beseitigungsanlagen. Ob die vier toten Menschen geborgen und bestattet werden konnten, ist nicht verbrieft. Wolf und Bär, seit Urzeiten bewährte Bestatter, waren bereits ausgerottet. Zurück kamen aber von jenseits der Tauern die so lange abwesenden Gänsegeier. Sie schafften das dem Menschen Unmögliche und räumten auf. Seit damals kommen alljährlich im Sommer Gänsegeier in die Tauern und fliegen teilweise auch weit hinaus ins Flachland. Noch immer verunglücken Schafe, Ziegen und Rinder in den Tauern. Doch eine übereifrige Bürokratie und die Angst vor Seuchen haben den Geiern die Kadaververwertung entzogen und den wesentlich teureren Helikoptern übertragen. Den Geiern bleibt, was der Mensch nicht schnell genug findet.

RÜCKHOL-AKTIONEN

Österreich

Es begann im Salzburger Zoo, wo zwei in einer Voliere lebenden Gänsegeiern Freigang gewährt wurde. Bald zählten die riesigen Vögel zu den Publikumslieblingen und wurden zu deren Freude außerhalb der Voliere gefüttert. Irgendwann entdeckten sie den Untersberg und begannen zu pendeln. Der Untersberg, in dessen Felsen sie auch nächtigten, wurde mehr und mehr ihr Lebensraum. Der Zoo geriet zur „Sozialstation", die sie täglich aufsuchten. Schließlich kam es am Untersberg sogar zur erfolgreichen Brut. In Volieren funktioniert das selten. Gänsegeier sind Koloniebrüter und brauchen bei Paarung und Brut Gesellschaft.

Italien (Cornino)

Rund 300 Kilometer Luftlinie südlich, in den Karnischen Voralpen, läuft seit 1992 ein Projekt zur Wiederansiedlung der Gänsegeier. Rund 70 spanische Geier wurden bis zum Jahr 2000 ausgewildert. Inzwischen brüten dort um die 30 Paare, und es findet ein Austausch zwischen Cornino, Salzburg und Kroatien statt.

Heute kann man mit etwas Glück fast im gesamten Alpenraum wieder Gänsegeier beobachten.

Spanien

In keinem anderen Land Europas leben und brüten so viele Gänsegeier wie in Spanien. Geschätzt werden zumindest 22.000 Brutpaare. Im Gegensatz zum Alpenraum starben sie hier nie aus. Inzwischen werden jedoch Windkraftanlagen als größte Bedrohung angesehen. So wurden in Nordspanien bis 2016 insgesamt 1.892 dieser Vögel von Rotorblättern erschlagen.

Frankreich

Mit einem relativ guten Bestand von etwa 640 Brutpaaren kann Frankreich aufwarten. Dort wurde bereits Ende der 1960er-Jahre ein Projekt zur Wiedereinbürgerung gestartet. Im Zentralmassiv und in den französischen Alpen wurden insgesamt mehr als 200 Gänsegeier ausgewildert.

Gänsegeier sind hervorragende Segelflieger, die sich ohne großen Energieaufwand von der Thermik in die Höhe tragen lassen. Gemeinsam suchen sie nach größeren Kadavern von Wild- oder Weidetieren. Kleine Kadaver lohnen sich für sie kaum, weil diese für zehn und meist mehr Geier zu wenig Nahrung liefern. Das zentrale Problem der Geier in Süd- und Mitteleuropa sind die Tierkörperbeseitigungs-Vorschriften und die Schwerfälligkeit der lokalen Bürokratie.

Portugal

Hier leben noch über 400 Paare. In Griechenland sind es weniger als 200. Nach wie vor fallen zahlreiche Gänsegeier Giftködern zum Opfer. Diese werden meist von Jägern in die Innereien erlegten Wildes gesteckt und so von zahlreichen Nutzern aufgenommen.

BEGEGNUNGEN

Es ist schon lange her, als ich auf der Rückfahrt von der Isola della Cona am Stadtrand von Udine einen Gänsegeier sitzen sah. Es war ein unglaubliches Bild: Auf der Straße wälzten sich die Autos vorbei, während auf dem Rasen einer Villa ein Geier sein Abendessen verspeiste. Leider ging alles viel zu schnell. Halten war nicht möglich, und als ich an der nächsten Kreuzung nach rechts abbog, um irgendwie wieder zurückzufahren, verirrte ich mich hoffnungslos in einem Netz aus Baustellen, Umleitungen und Einbahnstraßen. Es half nichts, ich fand „meinen" Geier nicht mehr.

Immerhin war ich mir absolut sicher, einen Gänsegeier gesehen zu haben. Das war gleich in mehrfacher Hinsicht sensationell. Gänsegeier mochten in Indien auf Hausdächern sitzen, aber nicht in Friaul. Gänsegeier waren auch alles andere als Einzelgänger, es sind überaus gesellige Vögel, die in Gruppen auftreten. Überdies war das nächste Vorkommen dieser bedrohten Art meines Wissens weit drunten in Kroatien.

Wieder daheim in Kärnten, rief ich meinen Freund Paolo an. Er ist einer der populärsten Wildbiologen Italiens. Von ihm erfuhr ich, dass es ein Projekt zur Wiedereinbürgerung der Gänsegeier im rund 40 Kilometer entfernten Cornino am Rande der Voralpen gab. Dort leben und brüten inzwischen bis zu 240 Geier in Freiheit. Von hier aus suchen sie weite Teile der Ostalpen nach Kadavern ab. Ein Teil der großen Vögel trägt kleine Sender, die zeigen, wo sie sich gerade aufhalten. Obwohl sich viele fast immer in der Region um Cornino aufhalten, unternehmen einzelne Geier Ausflüge über mehr als tausend Kilometer.

Ein Problem, so erfuhr ich, waren immer wieder Bleivergiftungen. Die Geier entsorgen ja auch die Aufbrüche (Innereien) erlegter Wildtiere. Verwenden Jäger bleihaltige Munition, finden sich in diesen Innereien feinste Bleisplitter, die von Fleischfressern aller Art – auch von den Geiern – aufgenommen werden. Das Blei summiert sich in Muskulatur und Organen der Konsumenten. Am Ende stehen die Bleivergiftung und der Tod. Zwar gibt es schon lange bleifreie Munition, diese wird aber von einem kleinen Teil der Jäger aus ideologischen Gründen abgelehnt. Durchaus möglich, dass auch der einsame Geier in Udine ein „Blei-Problem“ hatte, weil er irgendwo Fallwild gefressen (gekröpft) hatte, das zuvor mit Bleimunition beschossen worden war.

Inzwischen war ich oft und mit vielen Jägern, Vogelbeobachtern und schlichten Naturfreunden in Cornino, um Gänsegeier zu beobachten. Es gab Tage, an denen wir keine sahen. Doch in der Regel machten die Fotografen unter uns reiche Beute. Die Geier werden in Cornino gefüttert. Dazu werden – abseits des Publikums – zu Verkehrsopfern gewordenen Haus- und Wildtiere ausgelegt. Das hat zwei Vorteile: Diese Tiere sind nicht mit Resten von Bleimunition belastet, und die Geier werden beim Fressen nicht von vorbeifahrenden Autos gefährdet.

Wunderschön ist es, an einem Herbsttag oben in Montebrat, einem ehemaligen Bergdorf, in der Sonne zu sitzen. Man sitzt, genießt die Stille und schaut – auf Augenhöhe – den in Gruppen ihre Kreise ziehenden Geiern zu. Langweilig wird es nie, denn mit von der Partie sind die selbstbewussten Kolkraben, meist auch ein paar Rotmilane, die ja ebenfalls passionierte Aasvertilger sind. Manchmal schaut sogar ein Bartgeier vorbei. An den Knochen haben seine kahlköpfigen Verwandten ja kein Interesse.

DER HABICHTSKAUZ
(Strix uralensis)

EIN FAST AUSGESTORBENER

Erscheinungsbild

Gewicht: Der Habichtskauz wird bis zu 1,3 kg schwer und ist etwas größer als der Waldkauz, aber deutlich kleiner als der Uhu.
Das Weibchen ist geringfügig größer als das Männchen, aber in der Natur kaum zu unterscheiden. Die Flügelspannweite misst bis zu 1,25 m.

Kommunikation

Akustische Signale: Stimmfreudige Vögel mit reichem Inventar an Lauten. Der Reviergesang ist im Herbst besonders intensiv.

Fortpflanzung

Paarbildung: Weibchen werden gegen Ende des ersten Lebensjahres geschlechtsreif, brüten jedoch mehrheitlich erst als Dreijährige. Die Partner leben in monogamer Dauerehe.
Brut: Brut und Gelegegröße sind stark vom Mäusevorkommen abhängig. Zwischen Mitte Februar und Anfang April legt das Weibchen im Abstand von 2–3 Tagen insgesamt 3–4 Eier. Es brütet ab dem ersten Ei 28 Tage alleine.
Aufzucht: Rund 30 Tage sitzen die jungen Käuze im Nest. Weitere 60 Tage werden sie von den Eltern geführt. Mit rund 3 Monaten erfolgt die Trennung und das Verlassen des Brutreviers.

ALLGEMEINES

Nahrung

Mäuse – vor allem Wühlmäuse – stellen den Hauptteil der Beute von Habichtskäuzen. In Jahren mit einer Mäusegradation machen Wühlmäuse etwa 90 % ihrer Nahrung aus. In solchen Jahren kommen viele Käuze zur Brut, und ihr Bruterfolg kann besonders gut sein. In den vom Habichtskauz bevorzugten Buchenwäldern lebt auch der Siebenschläfer, der ebenfalls zu seinen Beutetieren gehört. Zwar erbeuten Habichtskäuze in geringem Grad auch kleine Reptilien und ebenso Vögel, diese können aber fehlende Mäuse nicht ersetzen.

Sekundär ist die Art auch von der Witterung abhängig, denn reiche Niederschläge in Form von Regen lassen die Mäuse ersaufen. Hohe und anhaltende Schneelagen erschweren den Zugriff auf Mäuse. Damit fehlt dem Habichtskauz die wichtigste Nahrung.

Lebensweise

Die meisten Eulenarten folgen dem feinen Gewisper der Mäuse tagsüber nicht. Immerhin gibt es bei uns in Mitteleuropa eine ganze Reihe mit scharfen Augen und spitzen Krallen ausgestatteter Vögel, die sich am hellen Tag ganz gerne eine kleine Eule oder einen Kauz greifen und verzehren. So erbeutet der Uhu den kleineren Waldkauz und dieser schlägt den noch kleineren Raufußkauz. Fressen und gefressen werden!

Ornithologen locken Vögel nicht mit den Lauten ihrer Beutetiere. Sie ahmen meist den Gesang oder Ruf der jeweiligen Art nach. So lässt sich feststellen, ob sich die betreffende Art im Gebiet aufhält, ob beide Geschlechter anwesend sind oder mehrere Brutpaare.

Die meisten Arten rufen auch ohne „Aufforderung“ durch den Menschen. Gerade die Eulenarten machen so auf sich aufmerksam, allerdings nur bei Dunkelheit. Ihnen geht es ja sowohl um die Aufmerksamkeit der Weibchen wie um die Warnung von Nebenbuhlern: „Hier wohne ich – verschwinde!“ Auch Kleinvögel verhalten sich so. Die Kohlmeise ist selbst in der Großstadt zu hören, ebenso der Buchfink. Manche Arten wie das Rotkehlchen mögen die eher leisen Töne, aber sie bezwecken mit ihren Strophen genau das Gleiche.

Eulen halten am hellen Tage ungern Nachschau nach einem in ihrem Revier rufenden Nebenbuhler oder einem potenziellen Partner. Eine Ausnahme ist der Habichtskauz. Er versucht einen ins Revier eingedrungenen Artgenossen auch am hellen Tag zu vertreiben. Gut – er kann es sich leisten. Zwar ist der Uhu deutlich größer als er, aber alle anderen in Mitteleuropa vorkommenden Eulenarten und die meisten im Wald jagenden Greifvögel lassen sich mit ihm ungern ein. Habichtskäuze gelten – vor allem während der Brutzeit – als ziemlich aggressiv. Nicht nur Artgenossen werden vertrieben, auch andere Eulenarten. Im Nistbereich attackieren sie zuweilen sogar Hirsche, Wildschweine und selbst Menschen. Außerhalb der Brutzeit reagieren sie eher gelassen. Da darf sich der Mensch mitunter auf wenige Meter nähern, ehe sie auffliegen.

Habichtskäuze bevorzugen lockere Althölzer mit starken Buchen oder Eichen, die ihnen Nisthöhlen bieten. Sie wollen ungehindert fliegen und die Bestände nach Beute absuchen können. Das ist nur möglich, wenn am Boden nicht zu viel Verjüngung vorhanden ist.

Lebensräume

In den von der Forstwirtschaft bestimmten Wäldern Mitteleuropas verschwand der Habichtskauz nach und nach. Was ihm fehlt, sind alte, buchenreiche Wälder, die ausreichend große Höhlen aufweisen. Stehen die alten Bäume zu dicht oder sind sie mehrstufig (verschiedene Altersstufen), erschwert das dem Kauz die Jagd. Auch eine durchgehende Vergrasung des Waldbodens oder üppige Naturverjüngung wirken sich nachteilig aus.

Im Norden Europas bewohnt der Habichtskauz boreale Nadelwälder, die aber in ihrer Struktur nicht mit unseren Fichten-Altersklassenwäldern vergleichbar sind.

Hinsichtlich der Meereshöhe stellt er keine besonderen Ansprüche. Er ist – wenn auch mit großen Lücken, in die er noch nicht zurückgekehrt ist – vom Flachland bis zur Baumgrenze hinauf anzutreffen.

IHR VERSCHWINDEN

Pech gehabt

Eule oder Kauz zu sein war in Europa nie leicht. Die „Nachtschwärmer“ wurden durch Jahrhunderte – von Südeuropa bis Schottland – als „Totenvögel“ verfolgt. An Scheunentore und Haustüren genagelt, sollten sie böse Geister und den Tod abschrecken. Das habe ich selbst in den 1950er-Jahren in meiner badischen Heimat noch erlebt und in den 1970er-Jahren noch oben in Schottland. Bis in dieses Jahrtausend hinein fielen Eulen auch der Jagd zum Opfer, weil man glaubte, man müsse das Niederwild vor ihnen schützen.

Es versteht sich, dass große Eulen für gefährlicher befunden wurden als kleinere Arten. Dem Habichtskauz, der zwar längst nicht Größe und Gewicht eines Uhus erreicht, wohl aber den Waldkauz übertrifft, wurde das zum Verhängnis. Allerdings ist sein Verschwinden nicht ausschließlich auf direkte menschliche Verfolgung zurückzuführen. Eine wesentliche Rolle spielte die indirekte „Verfolgung". Forstverwaltungen, die im 19. Jahrhundert begannen, auf Altersklassenwälder und Reinbestände zu setzen und gleichzeitig das Zielalter der die Bergwälder dominierenden Fichte herunterzusetzen, machten seine Bruthöhlen rar. Damit läuteten sie den dramatischen Rückgang des Habichtskauzes ein.

Bayern

Zu Beginn des 20. Jahrhunderts war der Habichtskauz hier bereits selten. Er kam nur noch in wenigen Bergwäldern mit Resten natürlicher Bestockung vor. Im Bayerischen Wald war er Mitte der 1920er-Jahre noch vereinzelt Brutvogel. 1923 wurde dann der letzte der Art am Kaitersberg bei Kötzting erschossen. Etwa zeitgleich erloschen auch die spärlichen Vorkommen auf der tschechischen Seite des Bayerischen und Böhmerwaldes.

Österreich

In Österreich konnte er sich am längsten im Bundesland Kärnten halten. Dort brütete er im 19. Jahrhundert noch regelmäßig. Danach erging es ihm wie dem Braunbären. Auch dieser war in Kärnten nie völlig verschwunden, weil immer wieder einzelne Bären aus dem direkt benachbarten Jugoslawien zuwanderten. So wurden bis heute auch immer wieder einzelne Habichtskäuze in Kärnten bestätigt. In der Steiermark wurden sogar bis kurz nach den Zweiten Weltkrieg Brutpaare festgestellt. Auch in Oberösterreich kam es noch zu einzelnen Bruten. Danach galt die Art als in Österreich ausgestorben.

Was Kärnten betrifft, so ist Hoffnung erlaubt. Sozusagen gleich um die Ecke, wo Slowenien und Italien sich treffen, brüten Habichtskäuze seit 1994 wieder regelmäßig.

WICHTIG! Was wir meist gar nicht sehen

Stress in vielfältiger Art lässt zunächst Buchen und andere Waldbäume häufiger und reicher Samen bilden als früher. Diese Waldsamen kommen den Mäusen und Kleinvögeln zugute. Viele Mäuse lassen viele Käuze zur Brut schreiten und viele Jungkäuze überleben. Wird der Stress für die Waldbäume jedoch zu groß, sterben sie – im Kronenbereich beginnend – ab. Dann fehlt es an Waldsamen. Die Mäuse müssen sich die dann noch produzierten Waldsamen mit einer steigenden Zahl anderer „Samenfresser" teilen. Manche dieser anderen Samenfresser – z. B. Wildschweine – fressen gleichzeitig Mäuse.
Bäume mit Nisthöhlen sterben ab und brechen zusammen. Es fehlt an natürlichen Brutgelegenheiten und ebenso an gesunden, alten Bäumen, die künstliche Nisthöhlen tragen können. Es kommt mehr Licht auf den Waldboden, was zu überreicher, den Boden abdeckender Verjüngung oder Vergrasung führt. Das erschwert den Käuzen die Jagd. Der nachwachsende Jungwald behindert entscheidend ihre Jagdflüge. In der Folge geben sie den Standort auf.

WIEDERANSIEDLUNG IN ALTEN WOHNGEBIETEN

Deutschland

Die ersten Ansiedlungen gezüchteter Habichtskäuze fanden schon in den 1970er-Jahren im Nationalpark Bayerischer Wald an der deutsch-tschechischen Grenze statt. 1989 konnte im Nationalpark erstmals wieder eine erfolgreiche Freilandbrut bestätigt werden. 2012 wurden zehn besetzte Reviere geschätzt. Der Bestand scheint sich stabilisiert zu haben.

Seit 1995 läuft auch im angrenzenden Šumava Nationalpark auf tschechischer Seite ein Wiederansiedlungsprojekt. Ein Teil der dort ausgewilderten und inzwischen auch brütenden Käuze verließ jedoch die von Fichten betonten Hochlagen des Nationalparks und bildete Reviere außerhalb, in tieferen, an Buchen reicheren Lagen. Derzeit gehen die beiden Nationalparks zusammen von etwa 60 Brutrevieren aus (Jörg Müller, 2021, mündlich).

Österreich

Im **Mühlviertel** in Oberösterreich setzte der WWF 2001 zwei Habichtskäuze aus. Es sollte der Beginn eines längerfristig angelegten Projektes sein. Dieses musste aber schließlich wieder abgebrochen werden. Die Jägerschaft befürchtete negative Einflüsse auf das Niederwild. Die mit hohem ideellem und materiellem Aufwand ausgesetzten Habichtskäuze wurden abgeschossen.

Im **Wienerwald** und in **Dürrenstein** startete schließlich 2009 die Veterinärmedizinische Universität Wien das Projekt „Habichtskauz in Österreich". Innerhalb von

Der Habichtskauz ist – wie der Uhu und im Gegensatz zum Waldkauz – auch tagaktiv. Daher ist er, wo er vorkommt, gar nicht so selten zu sehen. Sein herzförmiger Gesichtsschleier ist markant.

zehn Jahren wurden 332 Habichtskäuze nachgezüchtet und in zwei für diese Art geeigneten Waldgebieten freigelassen – im Wienerwald und im Wildnisgebiet Dürrenstein, beide in Niederösterreich. Beide zeichnen sich durch alte Buchenbestände mit natürlichen Bruthöhlen und einem entsprechenden Nahrungsangebot aus. Beide Gebiete wurden zusätzlich mit zahlreichen Nistkästen ausgestattet. Bis 2019 kam es in diesen zwei Gebieten zu 62 erfolgreichen Bruten, aus denen 175 Jungeulen flügge wurden.

Beste Voraussetzungen?

Wie bei den meisten Eulenarten hängt auch bei den Habichtskäuzen der Bruterfolg stark vom Vorkommen ihrer Hauptbeutetiere ab. Das sind Mäuse, und deren Vorkommen ist – vor allem witterungsbedingt – starken Schwankungen unterworfen. Somit schwanken auch die Bruterfolge der Habichtskäuze und die Überlebensraten der Jungkäuze sehr stark.

Im Moment schaut es noch gut aus. Eigentlich macht das bisher Erreichte Mut, zumal das Projekt inzwischen auf andere Gebiete erweitert wurde, um eine Vernetzung zu erreichen. Letztlich bleibt der Lebensraum entscheidend. Doch über das Fortbestehen der alten, zusammenhängenden Buchenwälder entscheiden weniger die Waldbesitzer und Förster als das Klima. In weiten Teilen Europas kämpfen die Buchen ums Überleben. Schadstoffbelastung der Luft, steigende Temperaturen, sinkende Grundwasserspiegel und eine völlig veränderte Niederschlagsverteilung machen den Buchen und anderen Laubholzarten schwer zu schaffen. Diese Entwicklung könnte nicht nur für Habichts- und Waldkauz, zumindest lokal, das Ende bedeuten.

BEGEGNUNGEN

„Geh' ma Eulen schaun ..." Wie schaut man Eulen? Ja, gelegentlich mache ich mir, wenn ich am Abend auf der Jagd bin, einen Spaß daraus, den Waldkauz zu narren. Da gehört nicht viel dazu. Man sitzt einfach still auf seinem Hochsitz und ahmt das feine Wispern der Mäuse nach. Jäger haben zu diesem Zweck gelegentlich ein kleines Pfeiferl in der Jackentasche. Der Waldkauz ist unglaublich neugierig. Lautlos kommt er geflogen und sitzt – mit seinem großen, runden Kopf nickend – kaum einen Meter vor dem Jäger. Es geht ihm einzig um die Maus als fette Beute, deren Anwesenheit ihm der Jäger vorgegaukelt hat.

Dieselben Ambitionen hat der Fuchs. Auch er denkt ans Fressen, wenn er diesen feinen, hochfrequenten Ton hört. Auch er hält zuweilen Nachschau und wird dabei selbst zur Beute des Jägers.

Es war wieder einmal drüben in Slowenien. Wir waren im Mai ein paar Tage dort, um Bären zu beobachten. Bei der abendlichen „Tafelrunde" kam das Gespräch auch auf den Habichtskauz und sein Verhalten. In den Wäldern um Kočevje sind Habichtskäuze durchaus häufig und tagaktiv. Kein Problem, meinte unser Führer. Schauen wir ihn halt morgen nach dem Mittagessen an. Alle stimmten zwar freudig zu, doch irgendwie hatten wir auch Zweifel. Ja – war schon möglich, aber ganz so sicher schien uns das nicht zu sein.

Kurz und gut, am Folgetag fuhren wir nach dem Mittagsmahl zu fünft ins Kauzrevier. Jeder postierte sich bei einem dicken

Baum, unser Gastgeber in der Mitte. Er hatte einen „digitalen Habichtskauz“ auf einer CD und diese im Fach eines Abspielgerätes. Als Jäger ist man gewohnt, sich im Wald immer sehr vorsichtig und besonnen zu bewegen und auf seinem Platz erst einmal still zu verharren. Gut – wir waren bemüht, beim Verlassen des Autos keinen Lärm zu machen und sprachen nicht miteinander. Aber wenn irgendwo in den alten Buchen und Weißtannen ein Habichtskauz saß, dann konnten wir ihm nicht verborgen bleiben!

Maximal fünf Minuten mochte unser Führer gewartet haben, ehe er auf die Starttaste drückte. Er hatte das gesamte Repertoire des Vogels aus dem Internet heruntergeladen. Zuerst das „Lied“. Es begann mit einem völlig klar vorgetragenen „Uhu“, gefolgt von einem Uh und ein oder zwei nachgeschobenen, fast „gebellten“ undeutlichen Lauten. Sofort blieb ich an dem klaren „Uhu“ hängen!

Ich hatte es in den Wäldern am Kočevski Rog schon mehrmals gehört, ebenso drüben im Rakov škocjan und mich immer gewundert, dass die slowenischen Uhus anscheinend viel deutlicher und klarer „sprachen“ als jene daheim am Dobratsch. Überall ist zu lesen, dass der Uhu seinen Namen rufe. Doch alle bis dahin von mir gehörten Uhus „nuschelten“, wie nach drei Halben „Villacher dunkel“. Nur die slowenischen Uhus schienen ihren Namen sauber auszusprechen ... Tatsächlich aber war es der Habichtskauz, dessen Lied ich gehört hatte!

In den ersten Minuten tat sich nichts. Dann aber kam die zweite Überraschung. Markus drückte wieder die Taste, und aus dem Trichter des kleinen mitgeführten Megaphons kam das gleichmäßige, mehrfach wiederholte „Wu – Wu“ eines Hundes. Ich war ziemlich irritiert, schaute zu unserem Führer hinüber, zuckte mit den Achseln, schüttelte, Unverständnis andeutend, den Kopf. Mein Gegenüber aber lächelte vielsagend. Er wusste schon, was in mir vorging, welche Gedanken mich umtrieben. Es waren wohl schon andere Bird Watchers hier, denen es ebenso ergangen war.

Noch ehe Markus neuerlich die Taste drückte, schwebte durch die alten Buchen und Tannen ein großer Vogel auf uns zu, umrundete unsere Baumgruppe und blockte einen Steinwurf weit vor uns auf – der Habichtskauz!

ZUM VERWECHSELN ÄHNLICH?

Der Uhu *(Bubo bubo)*

Mit bis zu 67 cm Körperlänge (Kopf bis Schwanz), einer Flügelspannweite von bis zu knapp 170 cm und einem Gewicht von bis zu 3 kg ist der Uhu die größte Eule weltweit. Markant und auffällig sind seine bis zu 8 cm langen Federohren. Diese finden wir sonst nur noch bei sehr viel kleineren Arten wie Wald- und Sumpfohreule oder Zwergohreule. Das Gefieder ist „erdfarben“ und auf der Bauchseite mit feiner „Sperberung“ versehen.

Der Habichtskauz *(Strix uralensis)*

Mit bis zu 60 cm Länge und einer Flügelspannweite bis 125 cm ist der Habichtskauz etwas kleiner als der Uhu. Seine auffällig helle Unterseite hat schmale, dunkle, vertikale Streifen. Die Steuer und Stoßfedern sind hingegen gebändert.

Auffällig ist der fast herzförmige, von einem schmalen, hell und dunkel gesprenkelte Kranz umgebene, radial gestrichelte Gesichtsschleier. Ein solcher fehlt dem Uhu.

Der Waldkauz *(Strix aluco)*

Mit rund 40 cm Länge und einer Flügelspannweite von knapp 100 cm ist der Waldkauz deutlich leichter und kleiner als die beiden vorgenannten Arten. Im nördlichen Skandinavien und in Teilen Osteuropas werden die Waldkäuze jedoch deutlich schwerer als in Mitteleuropa.

Waldkäuze kommen in mehreren hellen und dunklen Morphen (Variationen) vor. Auffällig ist ein dunkler Scheitel, der sich zur Spitze verengend bis zum Schnabelansatz zieht. Sein Gesichtsschleier ist dunkel umkränzt. Der ganze Körper wirkt eher plump, und der Körper scheint übergangslos in den verhältnismäßig großen Kopf überzugehen.

Uhus sind Fels-, Baum- und gelegentlich auch Bodenbrüter. Wie alle Eulen sind sie keine Nestbauer. © iStock.com/nanmoid

Der Habichtskauz ist Höhlenbrüter, nimmt aber auch Halbhöhlen wie Bruchstellen starkerer Bäume an.
© iStock.com/huettenhaelscher

Der Waldkauz ist wie der Habichtskauz Höhlenbrüter und – im Gegensatz zu Uhu und Habichtskauz – nur dämmerungs- und nachtaktiv.
© iStock.com/Matt_Gibson

TEIL II – FREIWILLIGE UND UNFREIWILLIGE ZUWANDERER

Heute leben viele Tier- und Pflanzenarten bei uns, die vor 1492 (Entdeckung Amerikas, durch Christoph Kolumbus) hier nicht vorkamen. Zahlreiche Arten kamen aus dem fernen Amerika, andere aus Asien. Manche lebten aber auch fast „vor unserer Haustür", etwa in Nordafrika oder im Nahen Osten. Dabei lässt es sich nicht mehr sicher klären, welche Arten im Wechsel der Warm- und Kaltzeiten nicht doch schon einmal vor 1492 im Gebiet des heutigen Europas gelebt haben.

Manche Arten kamen ungewollt zu uns, etwa unbemerkt auf Schiffen, zwischen Lebensmitteln, in Wassertanks oder schlicht anhaftend. Doch manche Arten wurden auch bewusst importiert: Fasan, Damwild und Kaninchen sollten Menagerien oder aber fürstliche Küchen bereichern. Die „Pelzlieferanten" wie Bisam, Nutria oder Waschbär wurden aus kommerziellen Gründen sowie zur Faunenbereicherung eingeführt. Häufig entkamen Arten aus der „produktiven Haltung", fanden in Freiheit günstige Lebensbedingungen und vermehrten sich. Manchen Arten wie etwa der Goldschakal kamen einfach so, ohne irgendwelche Förderung durch uns Menschen und eroberten neue, ihnen gute Lebensbedingungen bietende Gebiete. Manche Wildarten wie Schneehase, Schneehuhn und das aus östlichen Steppen zugewanderte Murmeltier kamen als „Klimaflüchtling" zu uns. Bei uns haben sie sich „integriert". Ob sie sich mit dem hier stattfindenden Klimawandel auch arrangieren oder schlicht verschwinden werden, wissen wir nicht.

HINWEIS! Wer bleibt und wer geht wieder?

Unabhängig davon, ob eine Art freiwillig kommt oder zu uns verschleppt wurde: Wer wenig geeignete oder nur suboptimale Lebensbedingungen findet, stagniert oder stirbt regional wieder aus. Bestes Beispiel ist der Fasan, der in seiner neuen „Heimat" nur überlebt, wenn ständig Nachschub aus der Zucht kommt.

Journalisten informieren und desinformieren über neu bei uns vorkommende Arten, bejubeln diese oder schüren Ängste. Sie bieten, was die Mehrheit ihrer Kunden „konsumieren" will. Das Medium eines Bauernverbandes zeichnet einen völlig anderen Wolf als das Medium eines Naturschutzverbandes! „Expertenrunden", Politiker, Verbände und Behörden beschäftigen sich mit diesen Zuwanderern, legen Regelungen fest und suchen nach Lösungsansätzen, wo Probleme auftauchen. Sicher scheint jedoch zu sein, dass tierische und pflanzliche Zuwanderer nur hierbleiben und sich ausbreiten, wenn sie geeignete Lebensräume finden. Zuwanderer, die in einem neuen Lebensraum ihre Lebensgrundlagen vernichten, überleben nicht lange, egal ob sie bei uns erwünscht sind oder verflucht werden!

Bei nahezu allen Neozoen (Einwanderern) kommt es zu teils heftigen Diskussionen, welchen Einfluss die jeweilige Art auf heimische Pflanzen- und Tierarten hat. Bestes Beispiel ist der Mink oder Amerikanische Nerz. Bis heute wird behauptet, er verdränge den Europäischen Nerz. Dies, obwohl Letzterer bei uns de facto längst ausgestorben ist.

DIE NUTRIA
(Myocastor coypus)

EIN „ZWANGS-IMMIGRANT“ AUS SÜDAMERIKA

Erscheinungsbild

Gewicht: Männchen erreichen bis 9 kg. Angaben in der Literatur sind stark schwankend. Kein äußerer Geschlechtsdimorphismus, doch werden Männchen signifikant schwerer als Weibchen.
Beine: Nutrias haben vorne und hinten je 5 Zehen. Die vorderen sind besonders lang und kräftig und mit den Krallen ideale Grabwerkzeuge. Hinten sind die 1.–4. Zehe mit Schwimmhäuten verbunden.
Fell: Die Haardichte der Nutrias ist – entsprechend ihrer warmen südamerikanischen Heimat – deutlich geringer als die anderer Wasserbewohner.
Besonderheiten: Nutrias haben – wie die Biber – Lippenwülste, mit denen sie die Mundhöhle hinter den Backenzähnen hermetisch verschließen können. Daher ist es ihnen möglich, auch unter Wasser zu fressen.
Drüsen: Nutrias haben an beiden Mundwinkeln Drüsen, mit deren Sekret sie ihren Balg einfetten.
Herzfrequenz: Bei den bis zu 5 Minuten ausgedehnten Tauchgängen reduziert sich die Zahl ihrer Herzschläge von 170–220 Schläge je Minute auf 4–5 Schläge.

Sinne

Sehvermögen: Das Sehvermögen der Nutrias ist eher mäßig.
Hörsinn: Auch er ist bescheiden. Die Ohren können beim Tauchen wasserdicht verschlossen werden.
Geruchssinn: Ausgesprochen gut ist sein Geruchssinn.

Lautäußerungen

Gefahr oder Ärger: Nutrias versuchen Artgenossen und Feinde mit Zähneklappern und einem tiefen Brummen zu beeindrucken. Dazu lassen sie einen kurzen, ansteigenden Quietschlaut hören.

Fortpflanzung

Geschlechtsreife: Nutrias können bereits mit einem halben Jahr geschlechtsreif werden.
Paarbildung: Offenbar führt ein Gewicht von mindestens 2,5 kg zum ersten Östrus. Die Paarung ist rund ums Jahr möglich. Beides ist typisch für viele Tierarten aus subtropischen Lebensräumen. Vermutlich bleiben Paare lebenslänglich zusammen, auch wenn sie meist in kleinen Gruppen leben.
Paarungszeit: In Mitteleuropa finden die meisten Paarungen zwischen März und September statt. Winterpaarungen sind eher selten und auf milde Winter beschränkt.
Tragzeit/Geburt: Nach etwa 19 Wochen werden 4–7 behaarte und sehende Junge geboren. Pro Jahr erfolgen 2, selten 3 Würfe.
Aufzucht: Die Jungen werden 6–10 Wochen gesäugt.
Am Ende der ersten Lebenswoche verlassen sie erstmals mit der Mutter das Nest, suchen das Wasser auf und beginnen auch feste Nahrung aufzunehmen.
Selbstständigkeit: Mit 5–6 Monaten verlassen die männlichen Tiere den Familienverband.

ALLGEMEINES

Nutrialosung ist mehrheitlich walzenförmig, nicht länger als 5 cm und läuft an beiden Enden spitz zu. Da sie häufig im Wasser abgesetzt wird, ist sie eher selten zu finden. © Christian Deschka

Nutrias haben jeweils 5 Zehen. Die vorderen Pfoten dienen als Greif- und Grabhände. Daher sind die Zehen (Finger) auch nicht mit Schwimmhäuten verbunden. Die Abdrücke der hinteren Pfoten messen in der Länge bis zu 15 cm, in der Breite bis 8 cm. Die Vorder-Pfoten messen in Länge und Breite nicht mehr als 6 cm. Die Zehen sind gespreizt. Im Spurbild zeichnet sich auch der Schwanz ab. © Christian Deschka

Nahrung

Nutrias unterscheiden sich, was ihre Nahrung angeht, nicht gravierend vom Biber, fällen aber keine Bäume. Sie schälen jedoch die Rinde ab. Stubbe (1988) berichtet von 70- bis 80-jährigen Kiefern, die von Nutrias bis in eine Höhe von 50 Zentimetern rundgeschält worden und abgestorben sind.

Ansonsten fressen sie gerne Rhizome, Triebe und Blätter von Wasserpflanzen. Im Winter nehmen sie selbst die aus dem Eis ragenden Schilfhalme. In dieser nahrungsarmen Zeit fressen sie auch Heidekraut und Zwergsträucher wie Heidel- und Preiselbeere.

In Gewässernähe (sie entfernen sich generell weiter vom Wasser als die Biber) nehmen sie eine große Zahl landwirtschaftlicher Nutzpflanzen, darunter alle Hackfrüchte und Getreide sowie Klee.

Im Gegensatz zum Biber legen Nutrias für den Winter keine Nahrungsvorräte an. Das kann ihnen zum Verhängnis werden, wenn die Gewässer um ihre Wohnbaue mit Eis bedeckt sind. Sie sind in dieser Zeit stark auf die Rhizome von Wasserpflanzen angewiesen. Fehlen solche und sind nicht ausreichend Weichhölzer in Ufernähe vorhanden, verhungern viele von ihnen. Bei der Nahrungssuche an Land wächst aber auch gerade im Winter die Gefahr durch Nutzer wie Fuchs (schwache Junge), Wolf und streunende Hunde.

Lebensräume

Nutrias sind an Lebensräume mit Gewässern gebunden, die im Winter möglichst eisfrei bleiben. Zu finden sind sie daher bevorzugt in großen Flusstälern mit Weinbauklima, beispielsweise am Oberrhein. Auch südlich des Alpenhauptkammes sind sie heute weit verbreitet. Selbst im unteren Gailtal, einem alpinen Teil Kärntens, versuchen sie – neben dem Biber – sesshaft zu werden. Ruhende oder langsam fließende Gewässer werden bevorzugt. Diese müssen nicht unbedingt groß sein. Teilweise nehmen Nutrias sogar mit Feldgräben vorlieb.

Inzwischen haben Nutrias sogar urbane Bereiche erobert und zeigen kaum Schau vor Menschen. Sie treten in größeren Gruppen an Uferpromenaden auf, betteln nach Futter und nehmen dieses ihren Gönnern sogar aus der Hand. Wo sie nicht bejagt werden, zeigen sie sich absolut tagaktiv und völlig vertraut.

Nutrias werden häufig mit dem Biber verwechselt, doch während dieser einen auffällig breiten, flachen Schwanz (Kelle) hat, ist jener der Nutrias drehrund. Absolut auffällig sind ihre langen, weißen Vibrissen. Die des Bibers sind kürzer und dunkel. Der Bisam ähnelt Biber und Nutria, ist aber wesentlich kleiner. Sein Schwanz ist abgeflacht und wird hochkant getragen.

HINWEIS! Klimaerwärmung erschließt ihnen Mitteleuropa

Nutrias sind in subtropischen Klimazonen beheimatet, wo es keine winterlichen Nahrungsengpässe gibt. Daher legen sie sich – im Gegensatz zum Biber – keine Vorräte an. Die fortschreitende Klimaerwärmung begünstigt jedoch ihren Aufenthalt auch bei uns.

Nutrias gewöhnen sich sehr schnell an Menschen und werden „futterzahm“, so wie auf diesem Bild in Prag.

Immer wieder wird spekuliert, die Nutria könne den Biber vertreiben, wenn beide Arten teilweise dieselben Räume besetzen. In Bayern konnte diese These nicht bestätigt werden. Dort nutzen beide Arten gemeinsam dieselben Habitate. Die Bayerische Landesanstalt für Wald- und Forstwirtschaft weist auf den unteren Isarabschnitt hin. Dort waren Nutrias schon ständige Bewohner, ehe der Biber zurückkam. Heute existieren dort 18 Biberreviere, und beide Arten leben friedlich nebeneinander. Im Gegensatz hierzu gibt es Hinweise, dass die Nutria den Bisam verdrängt.

Lebensweise

Nutrias legen – wo es die Uferbeschaffenheit zulässt – Erdbaue an, deren Eingänge bis zu zwei Meter über dem Wasserspiegel liegen. Bevorzugt werden Böschungswinkel von 45 bis 90 Grad. Darin unterscheiden sie sich von Biber und Bisam, deren Eingänge zu den Burgen immer unter Wasser liegen. Mittelpunkt der teils verzweigten und mit mehreren Eingängen versehenen Baue ist ein mit Pflanzenmaterial ausgepolsterter Kessel. Wörner (2015) berichtet, dass Nutrias dort, wo sich die Ufer nicht zur Anlage eines Baues eignen, Nester aus Schilfblättern und dünneren Ästen an Land oder im Flachwasserbereich anlegen. Ich kann das nicht bestätigen, habe jedoch zahlreiche Nutrias in Lagunen der oberen Adria beobachtet, wo keine nennenswerten Uferböschungen vorhanden waren, welche die Anlage unterirdischer Baue erlaubt hätten.

Die Siedlungsdichte hängt stark von der verfügbaren Nahrung, vor allem von der Unterwasserflora ab. Unter günstigen Verhältnissen werden fünf Hektar je erwachsenem Tier gerechnet.

Stubbe (1988) gibt einen Aktionsradius um die Baue von nur 200 Metern an.

Stadtbewohner: Längst haben die Nutrias die Vorzüge urbanen Lebens entdeckt. Die ersten, die in einer Großstadt Aufmerksamkeit bekamen, waren jene in Tschechiens Hauptstadt Prag. Dort leben sie zahlreich an der Moldau, wo sie von den Menschen gefüttert werden wie die ebenfalls dort lebenden zahmen Stockenten. Für viele Großstadtmenschen wurden sie so etwas wie „frei laufende Haustiere, die nicht ins Haus wollen“ Sie fressen Erwachsenen und Kindern aus der Hand und kommen an Land, sobald sie einen Menschen am Ufer sehen. Rentner bringen ihnen Gemüseabfälle und trockenes Brot. Auch in zahlreichen anderen, an der Moldau gelegenen Städten und Dörfern erfreuen sich Nutrias der Gunst der Menschen.

In Deutschland haben die großen Nager Ende der 1990er-Jahre Leipzig als erste „Nutria-Hochburg“ erkoren. Ihre Zahl schwankt. Harte Winter machen den Tieren trotz der Fütterung durch die Bevölkerung zu schaffen. Die Bestände wachsen aber auch schnell wieder an, sodass die Kommune immer wieder Nutrias einfangen und töten lässt.

Inzwischen haben weitere Städte im Osten Deutschlands und auch Städte in Westdeutschland ein Nutria-Problem. Hamburg wurde Nutria-Kommune, ebenso Bremen, Köln, Mönchengladbach und Salzgitter. In Kleve beschloss die Verwaltung sogar, die Tiere auszurotten.

Ob die Probleme nur wegen der wenig einsichtigen Menschen existieren, die mit ihrer fehlgeleiteten Tierliebe die Nachwuchsraten der Nutrias ankurbeln und die Sterblichkeit im Winter senken, wäre eine Überlegung wert.

Soziale Gesellen: Nutrias leben teilweise auch in Großfamilien, die aus den monogamen Eltern und den Jungtieren bestehen.

Sie sind nicht territorial im Sinne einer strikten Revierverteidigung. Die Familiengruppen bilden Kolonien und bewohnen gemeinsam Baue. Deren Eingänge liegen – im Gegensatz zu den Burgen von Biber und Bisam – immer deutlich über der Hochwassermarke. Das erklärt auch, warum Nutrias, die sich am Ufer sonnen, wenn sich eine Gefahr nähert, nicht in ihre Baue flüchten, sondern spontan das Wasser annehmen und abtauchen.

Über die Zahl der Tiere, die in einer Kolonie leben und über den Zeitpunkt der Abwanderung der Jungtiere entscheidet vor allem das Nahrungsangebot.

Zum Komfortverhalten der Nutrias gehören ausgedehnte Sonnenbäder am Ufer. Gerne sonnen sie sich – wie die Sumpfschildkröten – auf umgebrochenen, im Wasser liegenden Baumstämmen. In stehenden Gewässern lassen sich die Tiere manchmal aber auch regungslos im Wasser treiben.

DIE EROBERUNG EUROPAS

Die ursprüngliche Heimat Südamerika

Die Heimat der Nutrias ist das subtropische bis gemäßigte Südamerika, von Brasilien bis hinunter nach Feuerland. In weiten Teilen ihrer alten Heimat waren sie gegen Ende des 19. Jahrhunderts nahezu ausgerottet. Intensiv gejagt wurden sie in erster Linie ihrer Felle wegen, doch war auch ihr Fleisch begehrt.

1890 kamen die ersten Tiere zur Pelztierzucht nach Frankreich. Deutschland erreichten sie erst 1926. Frei lebende Nutrias wurden ab 1930 nachgewiesen. Die meisten Vorkommen außerhalb von Farmen erloschen infolge strenger Winter rasch wieder. In den Farmen boomte die Nutriazucht, was immer wieder für Flüchtlinge sorgte. Nach Ende des Zweiten Weltkriegs setzte sich der Boom fort. Stubbe (1988) berichtet, dass zwischen 1949 und 1964 alleine in der DDR mindestens 1.266 Nutrias in Freiheit lebten.

„Die Entwicklung der Nutriabesätze sollte weiterhin kritisch betrachtet werden. Die Entwicklung der letzten Jahre hat gezeigt, dass Nutrias aufgrund ihrer Anpassungsfähigkeit und ihres Vermehrungspotentials in der Lage sind, in kürzester Zeit kopfstarke Populationen aufzubauen. Bisher konnte nicht nachgewiesen werden, dass sie autochthone Tierarten aus ihrem Lebensraum verdrängen." (Landesjägerschaft Niedersachsen)

Deutschland, Großbritannien, Südeuropa

In Deutschland gibt es bis heute – klimabedingt – eine inselartige, aber langsam zusammenwachsende Verbreitung.

Im Vergleich mit den Bisams erfolgte die Verbreitung der Nutrias langsam.

Relativ schnell schritt sie in England voran, wo bereits Anfang der 1930er-Jahre und nachfolgend immer wieder Farmtiere in Freiheit gelangten. Schon 1961 wurden in zwei englischen Grafschaften 32.000 Nutrias erlegt oder gefangen.

Inzwischen halfen die immer milder und kürzer werdenden Winter den Tieren in Mittel- und Südeuropa zu rascher Verbreitung.

Frankreich

Frankreich setzte in der zweiten Hälfte des 20. Jahrhunderts in der Camargue (Südfrankreich) Nutrias aus. Schon in den 1970er-Jahren sollen in der Camargue rund

Nutria wird nicht nur in Tschechien gerne gegessen, sondern auch in den Feinschmeckerländern Italien, Spanien und Frankreich. In Deutschland findet es im Wildbrethandel immer mehr Käufer.

30.000 Nutrias gelebt haben. Die großen Nager sollten das Pflanzenwachstum in Fischteichen zurückdrängen (Bayer. Landesanstalt für Wald und Forstwirtschaft, 2004).

Polen

Auch in Polen setzte man Nutrias zu diesem Zweck aus: Nach Angaben von Wörner (2015) stieg der Ertrag an Karpfen in naturbelassenen Teichen Polens auf das Sechsfache, nachdem Nutrias zur Reduktion des Pflanzenwuchses eingesetzt worden waren. Durch die Reduktion der abgestorbenen Pflanzenmasse wurde weniger Sauerstoff verbraucht, was sich positiv auf die Fortpflanzung der Karpfen auswirkte. Die Reduktion der Schilfpflanzen im Seichtwasser führte nicht nur zu günstigen Sauerstoffverhältnissen, sondern auch zu mehr Licht. Beides kam den Zuckmücken-Larven und dem Zooplankton zugute, wodurch das Nahrungsangebot für die Larven und Jungfische der Karpfen erhöht wurde.

Nutria als Lebensmittel

Vor der Wiedervereinigung wurden in Ostdeutschland viele Nutrias als Pelzlieferanten gezüchtet. Die Schlachtkörper ließen sich gut verkaufen. Nutriagerichte fanden sich auch auf den Speisekarten guter Gaststätten. Nicht so in Westdeutschland. Dort aß man keine „Ratten“. Ganz anders im Feinschmeckerland Frankreich. Heute findet man im Internet viele Rezepte. Selbst der Jagdverband empfiehlt das Wildbret.

In Deutschland erfreut sich Nutriafleisch inzwischen wachsender Beliebtheit bei den Verbrauchern. Billig ist es nicht. Ein Kilogramm wird im Internet derzeit für rund 50 Euro angeboten. Das ist ein absoluter Spitzenpreis, der weder mit Reh noch mit Hirsch erreicht wird.

BEGEGNUNGEN

Wir kamen aus Polen, hatten in der Nähe von „Karl-Marx-Stadt" (Chemnitz) Heidi und Frank besucht und waren am nächsten Tag übers Erzgebirge weitergefahren. In Tschechien wollten wir uns Zeit lassen, die Autobahn meiden und grob der Moldau Richtung Süden folgen.
Am späten Nachmittag hatten wir das Bedürfnis, uns etwas zu bewegen. Irgendwo zwischen Pilsen und Krumau hielten wir an einem der zahllosen Seen zum Luftschnappen an. Wir ließen das Auto vor einem Dorfgasthaus stehen und folgten dem Weg um den See. Der war – seine zahlreichen Buchten und Arme sorgten dafür – länger als gedacht. Egal! Es war ein wunderschöner Herbsttag mit letzten Farben in den Bäumen, weißen Wolken am Himmel und Laub, durch das raschelnd unsere Schuhe streiften.

Schon beim Einparken hatten wir uns vorgenommen, vor der Weiterfahrt noch einen Kaffee zu trinken. Als wir zurückkamen, lag über der böhmischen Landschaft bereits Abendstimmung. Um diese Zeit „jausneten" wir daheim meist. Doch an diesem Tag wollten wir kurz hinter der österreichischen Grenze beim „Franzosenbauer" übernachten und zu Abend essen. So wars Tradition.

Drinnen in der „Hostinec" produzierte ein Kachelofen Wärme im Überfluss. Vor der Theke ein runder Tisch, an dem vier oder fünf „alte Männer" saßen. Důchodce – Rentner – werden es gewesen sein. Die Bauern waren um diese Zeit in den Ställen. Hinter der Theke kam die Wirtin hervor: „Grüß Gott", sprach sie uns an. Österreicher mochten sich häufiger hierher verirren, aber was zum Teufel verriet, woher wir kamen? Klar – draußen stand ja unser Auto!
Die Wirtin fragte mit rollendem „R", ob wir etwas essen wollten und legte im selben Moment eine Karte auf den Tisch. Schon waren wir überredet. Also zuerst „dvě kávy". Die Wirtin ließ uns Zeit und ging. Leichter Vorwurf meiner Frau: „Willst du heute Abend noch einmal essen ...?"

Auf der „Jídelní lístek" standen nur zwei warme Gerichte: „Řízek se smaženými bramborami" (Steak mit Bratkartoffeln) und „Nutriční guláš s knedlíkem" (Nutriagulasch mit Knödel)!

Um ehrlich zu sein, der Gedanke, ohne Not Nutriagulasch zu essen, widerstrebte mir. Aber in meiner Kindheit und bis in meine ausgesprochen späte Jugend hinein mochte ich vieles von dem, was ich heute ausgesprochen gerne esse, nicht. Und irgendwie ist es ja auch unfair, dem Leser etwas wärmstens zu empfehlen, das man selbst nicht mag. Also ein dunkles Budweiser dazu und am Schluss einen Slivovice – und der Mensch wird freiwillig zum Wiederholungstäter. Mahlzeit!

DER BISAM
(Ondatra zibethicus)

EINE RATTE, DIE KEINE IST

Bezeichnung

Der Bisam ist – obwohl meist *Bisamratte* genannt – mit den Ratten nicht näher verwandt. „Bisam“ bedeutet Moschus und geht auf ein stark nach Moschus riechendes Sekret des männlichen Bisams zurück. Zoologisch gehört er zu den Wühlmäusen, deren größter Vertreter er ist.

Erscheinungsbild

Gewicht: Maximal wird der Bisam bis 2 kg schwer. Die Geschlechter sind äußerlich nicht zu unterscheiden.

Schwimmwerkzeuge: Der Bisam hat an seinen relativ langen Beinen vorne und hinten je 5 Zehen, die jedoch nicht durch Schwimmhäute verbunden sind. Ersatzweise wachsen an den Rändern der Zehen Borstenhaare. Der Schwanz ist vertikal abgeflacht und sorgt durch horizontale Bewegungen zusätzlich für Antrieb und Steuerung.

Fell: Sein Fell weist bis zu 16.000 Haare je cm^2 auf, eine Anpassung an die kalten Winter seiner nordamerikanischen Heimat. Aufgrund der Lebensweise im Wasser variiert die Haardichte im Jahreslauf nur gering, da auch die Wassertemperatur keinen so großen Schwankungen unterliegt wie die Lufttemperatur.

Besonderheiten

Verdauung: Der Blinddarm macht mehr als ein Drittel des gesamten Verdauungstraktes aus. Das ist typisch für Pflanzenfresser.

Wie die Hasenartigen und andere Vertreter der Nager betreibt der Bisam *Coecotrophie*. Das heißt, er nimmt seine ausgeschiedene Blinddarmlosung neuerlich auf, um ihr, dieses Mal unter Umgehung des Blinddarmes, neuerlich Nährstoffe zu entziehen.

Sinne

Sehvermögen: Wie bei den meisten Arten, die sich viel im Wasser aufhalten, ist das Sehvermögen eher mäßig.

Hörsinn: Weder im Bau unter der Erde noch beim Tauchen ist ein besonders guter Hörsinn erforderlich. Daher können wir ihn nur als mäßig bezeichnen. Die Gehörgänge sind wasserdicht verschließbar.

Geruchssinn: Wie bei den meisten heimischen Säugern ist der Geruchssinn am besten entwickelt. Mit ihm finden die Tiere nicht nur Nahrung und Partner, er warnt auch vor Feinden.

Kommunikation

Lautäußerungen: Kontaktrufe sind ein hohes Piepsen, das häufig bei der Paarung zu hören ist. Bei Gefahr droht der Bisam, indem er mit den Schneidezähnen klappert.

Duftmarken: Ihre Reviere markieren männliche Bisams mit einem Sekret aus den beiden Präputial-Drüsen.

Fortpflanzung

Paarbildung: Wahrscheinlich leben Bisams in Saisonehe (noch Forschungsbedarf). Die Paarung erfolgt von März bis September (vereinzelt auch im Winter).

Junge: 2 Würfe sind üblich, selten auch 3. Nach 30 Tagen Tragzeit werden 5–8 blinde, nackte Junge geboren, die nach 8–10 Tagen die Augen öffnen.

Entwicklung: Die Mutter säugt etwa 3 Wochen. Die Jungen gehen ab dem 10. Tag ins Wasser. Damit beginnt auch die Umstellung auf feste Nahrung. Mit rund 4 Wochen sind sie selbstständig. Ihren ersten Winter verbringen sie noch im elterlichen Bau. Danach wandern sie ab. Die frühe Sterblichkeit ist hoch.

ALLGEMEINES

Nahrung

Der häufig benutzte Name „Bisamratte" ist irreführend. Der Bisam gehört zur Familie der Wühlmäuse, deren größter Vertreter er ist. Der Bisam ist ein stark selektiver Pflanzenfresser. Er spezialisiert sich, je nach Gewässer, auf einige wenige Pflanzenarten, von denen er aber oft nur bestimmte Teile verzehrt. Dazu gehören emerse und submerse Pflanzen wie Schilf, Rohrkolben, Binsen, Laichkraut, See- und Teichrosen, gelegentlich Gemüse und Getreide. Gelegentlich frisst der Bisam Mollusken, Krusten- und Schalentiere, vereinzelt auch Jungfische. Da er weder Winterschlaf noch Winterruhe hält, sucht er im Winter am Grund der Gewässer nach Wurzeln und Rhizomen der Wasserpflanzen.

Lebensweise

Zumindest während der Aufzuchtzeit leben Bisams paarweise und territorial. Sie sind überwiegend dämmerungs- und nachtaktiv. Sie graben Wohnbaue in Uferböschungen. Wo diese zu flach sind, bauen sie auch auf dem Gewässergrund sitzende Burgen aus Pflanzenmaterial, die an jene der Biber erinnern. Die Eingänge liegen bei beiden Formen unterhalb der Niedrigwasserlinie, die Wohnkessel hingegen über der Hochwasserlinie.

Teilweise werden Erd- und Wasserbau parallel zueinander angelegt, aber unterschiedlich genutzt. Während Erdbaue im Sommer kühl und im Winter relativ kalt sind, sorgt das langsam verrottende Pflanzenmaterial der Wasserburgen bei der Verrottung für eine gewisse Wärme, wie sie auch Dachse durch Eintrag und winterlichen Wechsel von Pflanzenmasse in ihre Erdbaue nutzen.

Der Bisam bewohnt Still- und Fließgewässer, wenn diese keine zu starke Strömung aufweisen. Entscheidend ist das Nahrungsangebot am und im Wasser.

Das Material zur Errichtung und zur Instandhaltung der Wasserburgen holen die Tiere in der unmittelbaren Umgebung. Dadurch wird der Pflanzenwuchs zurückgedrängt. Von den Burgen aus führen „Kanäle" in verschiedene Richtungen des Reviers.

Lebensräume

Die Besiedlung neuer Lebensräume durch den Bisam erfolgt immer entlang der großen Flusstäler. Aus diesen heraus wandert er in die Breite. Dass die Bisams es geschafft haben, sich innerhalb weniger Jahre über fast ganz Europa zu verbreiten und sesshaft zu werden, verdanken sie ihrer Anpassungsfähigkeit. Zwar leben sie bevorzugt vom Flachland bis in die submontane Stufe, werden aber durchaus noch in höheren Mittelgebirgslagen – bis in 1.200 Meter Seehöhe – angetroffen. Zweifellos bevorzugen sie jedoch eher wintermilde Lagen. Problematisch sind in höheren Lagen die Winter. Fehlt es an ausreichender Unterwasserflora oder versiegelt eine dicke Eisschicht die Gewässer, verenden viele Bisams.

In Teichen finden sich manchmal ganze Bisamkolonien. Die Nager bauen im flachen Wasser Burgen aus Schilfstängeln und anderen, leicht verrottbaren Pflanzenteilen. Die Eingänge befinden sich unter Wasser, während die Wohnkessel über Wasser errichtet werden. Oft werden die Bisamburgen mit jenen des Bibers verwechselt. Letztere sind meist deutlich größer und bestehen vor allem aus Ästen (siehe Seite 18). © iStock.com/J. Kendall

Stehende und fließende Gewässer werden gleichermaßen besiedelt. Wir finden sie an Bächen und Gräben selbst draußen in der weitgehend baumlosen Agrarsteppe wie in städtischen Hafenanlagen, an rasch fließenden Kanälen wie an ruhenden Teichen. Nicht die Größe der Wasserfläche entscheidet darüber, ob sie sich niederlassen und wie groß die Reviere sind, die sie beanspruchen und verteidigen, sondern der Bewuchs im Wasser wie am Ufer. Bei gutem Nahrungsangebot begnügen sie sich mit Revieren, die kaum größer als 5.000 Quadratmeter sind. Das entspricht an einem träg fließenden Bach mit reicher emerser und submerser Flora einer Länge von etwa 250 bis 350 Meter. Markiert und verteidigt werden die Reviere nur vom Beginn der Paarungszeit bis zum Herbst.

Auch die Eingänge der Erdbaue liegen immer unter der Wasseroberfläche. Nur wenn der Wasserstand außergewöhnlich sinkt, etwa weil der Zulauf gestoppt wird, liegen sie frei.

Zeichen der Anwesenheit: In Schwimmblattgesellschaften (See- und Teichrosen, Laichkräuter) nutzen Bisams feste „Wasser-Wechsel", die ihnen das Schwimmen durch den Bewuchs erleichtern. Diese Wechsel verlaufen in zugewachsenen Gräben und Bächen sowohl in Fließrichtung des Gewässers als auch quer zu diesem. Diese „Querwechsel" landen meist bei der Röhre eines Bisambaus an. Nicht immer sind die Eingänge der Röhren zu erkennen. Sie können unterhalb des Wasserspiegels liegen oder von überhängendem Uferbewuchs verdeckt werden.

Fast immer entdeckt der aufmerksame Beobachter abgebissene Stängel von Kalmus oder Rohrkolben, ebenso abgebissene und nicht gefressene Blätter von See- oder Teichrosen.

Zu beobachten ist der Bisam grundsätzlich den ganzen Tag hindurch. An stärker vom Publikum frequentierten Gewässern, insbesondere dort, wo sich gelegentlich auch Hunde frei bewegen oder dort, wo Röhricht oder anderer submerser Bewuchs fehlen, sind die Abendstunden oder der frühe Morgen die beste Zeit.

AUS NORDAMERIKA NACH EUROPA GEHOLT

Pelz- und Fleischlieferant

Die Heimat des Bisams ist Nordamerika. Von dort brachte Fürst Joseph Colloredo-Mansfeld 1905 fünf Exemplare – drei Weibchen und zwei Männchen – mit nach Europa, wo er sie auf seinem südwestlich von Prag gelegenen Gut Dobřiš aussetzte. Von dort aus verbreiteten sie sich mit großer Geschwindigkeit über fast ganz Europa.

Was Fürst Colloredo-Mansfeld bewog, die Nager auf seinem Besitz auszusetzen, lässt sich nicht mehr sicher feststellen. Mag sein, er lernte das Wildbret in Kanada schätzen oder er spekulierte auf gewinnbringende Bälge. Es gab damals bereits Bisams in Pelztierfarmen. Letztere waren sicher für alle nachfolgenden Aussetzaktionen in ganz Europa und Russland entscheidend.

In Nordamerika und in Skandinavien wird das Fleisch der Tiere sehr gerne gegessen. Da nicht sicher ist, dass die Tiere sich ausschließlich vegetarisch ernährt haben, unterliegt das als Lebensmittel vorgesehene Bisamfleisch teilweise der Pflicht zur Trichinenbeschau. Außerhalb der EU ist diese nicht üblich. Dort gilt: gut durchgaren!

Erste Nachweise in Europa

1905	Beginn der Farmhaltung in Europa.
1912	Fast ganz Böhmen ist besiedelt.
1912	In Österreich (Herzogsdorf) erfolgt erster Nachweis.
1915	In Niederbayern werden erstmals Bisams nachgewiesen.
1919	In Finnland beginnt die gezielte Auswilderung.
1929	Russland setzt aus jagdwirtschaftlichen Gründen in der Taiga-Zone Bisams aus.
1930	In Frankreich (Leval) gelangen ca. 500 Farmflüchtlinge in Freiheit.
1935	In Sachsen-Anhalt (Stendal) erfolgt der erste Nachweis.
1936	Magdeburg, ebenfalls in Sachsen-Anhalt, wird erreicht.
1945	Japan setzt Bisams aus.
In der Folge werden auch in Argentinien und Chile Bisams ausgesetzt.	

ÖKONOMISCH & ÖKOLOGISCH VERTRETBAR?

„Schädling“?

In der Wasserwirtschaft, aber auch bei Teichwirten und teilweise bei Landwirten gelten Bisams als große Schädlinge, die es mit allen Mitteln zu bekämpfen gilt. Der Umstand, dass die Art sich außerhalb Nordamerikas so unglaublich schnell verbreiten konnte, zeigt zumindest, dass sie ökologische Nischen gefunden hat und in keiner allzu großen Nahrungskonkurrenz mit verwandten Arten steht.

Was ihnen angelastet wird ist, dass sie in Uferböschungen Baue graben, wodurch Ufer instabil werden können. Das trifft allerdings nur auf Ufer zu, die vom Menschen künstlich geschaffen oder bereits „entnaturiert“ worden sind. Gewässer, die noch frei fließen dürfen, haben keine befestigten und begradigten Ufer. Dort lebende Bisams können folglich auch kaum Schäden anrichten. Ihre Tätigkeit ist also ganz ähnlich zu bewerten wie die des Bibers: Sie renaturieren durch ihre Grabtätigkeit Gewässer und schaffen schlicht „Biodiversität“, auch wenn das nicht im Sinne der Wirtschaft oder Politik ist. Dem Gewässer selbst schadet eher der Flussbauer!

Immer wieder wird darauf verwiesen, dass der Bisam Arten nutzt, die dem Naturschutzrecht unterliegen, etwa die Teichrose, die Flussmuschel oder sogar den selten gewordenen Edelkrebs. Erstere wird, wo ihr der Standort zusagt, vom Bisam nicht „bezwungen“, eher vom Wassersportler. Die Flussmuschel ist äußerst selten geworden und wird vom Bisam nur in der kalten Jahreszeit genutzt. Ihre Überlebensprobleme haben andere Gründe. Was den Edelkrebs betrifft, so ist dieser weit mehr vom amerikanischen Signalkrebs bedroht, den der Bisam ebenfalls verspeist. Wo immer das Wasser stimmt, ist der Einfluss des Bisams auf andere Arten bescheiden.

Der Bisam schneidet Gassen in Röhrichtbestände. Doch so wichtig und wertvoll Röhrichtbestände auch sind, Auflichtungen kommen zahlreichen sie nutzenden Arten zugute.

Endlose Vermehrung?

Wir haben gelesen, in wie kurzer Zeit der Bisam fast alle tauglichen Lebensräume in Europa und selbst in Südamerika und Asien erobert hat. Was aber jetzt? Wird er heimische Arten verdrängen, um selbst in höherer Dichte leben zu können? Nein! Seine Zahl wird von der vorhandenen Nahrung ebenso begrenzt wie von der Zeit, die er für ihren Erwerb aufwenden muss. Weder können Bisams prinzipiell ihre Reviere vergrößern, um satt zu werden, noch können sie in höherer Dichte leben. Grundsätzlich gilt (und zwar nicht nur für die Bisams!): Je mehr Zeit zur Nahrungssuche aufgewendet werden muss, je länger die Wege sind, die dafür zurückzulegen sind, umso höher ist die Wahrscheinlichkeit, einem Nutzer zum Opfer zu fallen! Selbstverständlich hat der Bisam Nutzer (mehrheitlich immer noch „Feinde“ genannt). Im Wasser sind das der große Hecht und der Wels. An Land nutzen ihn Fuchs, gelegentlich der Steinmarder, Mink und Otter, der Goldschakal und, nicht zuletzt, der Mensch als Jäger. Aus der Luft droht ihm eher wenig Gefahr.

Wenn nun die Bisam-Besatzdichte zu hoch ist, ist das ebenfalls schlecht. Denn die Nutzer müssen nicht lange suchen, um eine Beute auszumachen, sie jagen erfolgreicher. Umso kleiner können die Jagdgebiete der Nutzer sein und umso höher ihre Siedlungsdichte.

Steigt die Siedlungsdichte der Bisams selbst, bedeutet dies auch innerartlichen Stress, Unaufmerksamkeit, erhöhte Auffälligkeit und damit höheren Druck durch Nutzer. Die Zahl der Nachkommen sinkt, ebenso deren Überlebenschancen. Bisams haben ohnehin eine relativ bescheidene Lebenserwartung, die selten drei Jahre überschreitet. Gerade bei kurzlebigen Arten kommt es immer wieder zu hohen Besatzschwankungen.

WICHTIG! Wir müssen Wertungen überdenken

Alles, was wir mit Blick auf eine oder mehrere Arten positiv sehen, kann für andere Arten absolut negativ sein. Daher sind die rein menschlichen Begriffe „nützlich" und „schädlich" immer ein Zeichen, dass wir die Natur nicht in ihrer Gesamtheit begreifen oder zum Schutze unserer wirtschaftlichen Interessen gar nicht begreifen wollen!

PROBLEMLÖSUNGSANSÄTZE

Bisam-Bekämpfung

In Deutschland hatten verschiedene Behörden Jahrzehnte hindurch hauptamtliche Bisamfänger beschäftigt. Daneben gab und gibt es ein Heer ehrenamtlicher Bisamfänger. Sofern es sich um Küstengebiete mit Deichen handelt, die das dahinterliegende Land vor Überflutung schützen müssen, mag man das verstehen. Aber selbst dort vermochte wohl niemand, die wühlenden Nager auszurotten oder zu verdrängen. Denn an den Küsten wird eifrig dem Fuchs nachgestellt, der zu den erfolgreichsten Nutzern des Bisams gehört. Man bekämpft also jene, die den Bisam fressen und erst dann den Bisam selbst.

Auch in den benachbarten Niederlanden gibt es amtliche Bisamfänger. Dass es auch dort nicht gelang, die Art loszuwerden, wird mit Zuwanderern aus Deutschland begründet. Umgekehrt war auf deutscher Seite zu hören, dass niederländische Bisams nach Deutschland kommen.

Nun spricht wirklich überhaupt nichts dagegen, Bisams, dort, wo es aus Gründen des Hochwasserschutzes geboten erscheint, intensiv zu bejagen. Ob man dazu öffentliche Gelder verwenden muss, ist zumindest fraglich. Die Frage muss erlaubt sein, ob jene, die in der Bisam-Bekämpfung eine Möglichkeit sehen, kostenlos und – über die Zahlung von Prämien – sogar gewinnbringend Bisams zu dezimieren, wirklich ein Interesse an der Ausrottung der Art haben? Argumentiert wird mit der Zahl der durch die Fänger erlegten Tiere. Ignoriert wird, dass die intensive Bekämpfung – wie bei vielen anderen Tierarten auch – zu einer intensiven Vermehrung führt und die Bekämpfung vielfach nur im Rahmen der kompensatorischen Sterblichkeit erfolgt. Vergessen wird ebenso, dass wir in Europa Länder haben, in denen es zwar jede Menge Bisams gibt, aber keine amtlichen Fänger. Dennoch ist deren Situation auch nicht schlechter als die bei uns.

Der Bisam entfernt sich ungern vom Wasser. Wo Gemüsegärten oder -felder an die Ufer stoßen, bedient er sich jedoch gerne. Besonders beliebt sind Wurzelgemüse wie Karotten.
Bisams können in erheblichem Maße Rhizome und Triebe des Schilfes und anderer submerser Pflanzen fressen. Das kann zu einer partiellen Auflichtung geschlossener Schilf- und sonstiger Pflanzenbestände führen. Dies ist jedoch mit Blick auf die Biodiversität durchaus wünschenswert.

BEGEGNUNGEN

Antal Festetics, emeritierter Professor der Zoologie und einst in Österreich ein prominenter Fernsehstar, meinte einmal sinngemäß: Mit dem Schuss auf ein Tier beendet der Jäger sein Naturerlebnis vorzeitig. Nun bin ich selbst Jäger und habe mit der Jagd ein Leben lang mich und meine Familie ernährt. Dazu gehörte selbstverständlich, dass ich oft viel Wild erlegen musste. Dazu stehe ich, und die Jagd – das Erlegen eingeschlossen – war wesentlicher Teil meiner beruflichen Freude. Aber mehr – ungleich mehr – habe ich erlebt, wenn ich nicht schoss! Da machten die Bisams keine Ausnahme.

In jungen Jahren erlegte ich – wir hatten viele Teiche und somit Dämme – immer wieder diese großen Wühlmäuse. Jede Erlegung löste sogar eine gewisse Freude oder Zufriedenheit aus. Heute, in der Rückschau, kostet mich das ein Lächeln. Nein, ich habe keinen Schaden damit angerichtet, aber auch kein Problem gelöst. Dem Bisam, seinem Wesen und Verhalten kam ich erst im letzten Abschnitt meines Lebens wirklich näher.

Es gab in der Kärntner Gemeinde, in der ich viele Jahre leben und einige Zeit auch mit auf die Jagd gehen durfte, einen mit allerlei „Kraut“ bewachsenen Kanal. In ihm waren die Bisams daheim. Die Ufer waren relativ steil und meist so um die zwei Meter über dem mittleren Wasserstand. Man musste sich im März oder sobald halt das Eis vom Wasser war, in der Abenddämmerung nur auf eine der kleinen Brücken stellen und warten. Meist dauerte es nicht lange, und eine lange „Bugwelle" kündigte einen Bisam an. Die Tiere liegen tief im Wasser, und man muss in der Abenddämmerung schon genau schauen, um sie auf größere Entfernung zu erkennen. Aber in der breiten und sich v-förmig weit nach hinten fortsetzenden Bugwelle spiegelte sich tanzend das Abendlicht. Dabei schoss auch ich den einen oder anderen Bisam.

Irgendwann, so um 2019 herum, benötigte ich einige reprofähige Bisamfotos. Also suchte ich mir einen Platz nahe einer kleinen, über den Graben führenden Brücke, wo das vorjährige, vom Schnee umgedrückte Schilf den Blick aufs Wasser gestattete. Noch etliche die Sicht beeinträchtigende Halmbuschel niedergedrückt, und schon war mein Ansitzplatz perfekt. Ich hatte erst am Vortag am gegenüberliegenden Ufer im Gras zwei oder drei Karotten deponiert. Sie waren in der ersten Nacht bereits weg. So setzte ich mich recht zuversichtlich auf mein „Stockerl". Vor mir stand das Dreibeinstativ samt Nikon und langem, lichtstarkem Objektiv.

März war es, und es herrschte eine Abendstimmung vom Feinsten: Gegenüber die Feistritzer Alm, im Silberschein letzten Schnees. Hinter mir, „kitschig" rot überstrahlt, die Felswände unterm Dobratschgipfel. Ein letzter Bauer, der mit seinem Traktor heimwärts fuhr und neugierig herüberschaute. Noch ein älteres Ehepaar mit Hund, das auf der Brücke stehen blieb und fragte, ob ich Biber fotografieren wolle. Als sie gegangen waren, wurde es wirklich still. Nur hin und wieder Stockenten, die mit singenden Schwingen von der Gail herüberkamen. Die sparsamen Verständigungslaute zweier Teichhühner – sonst nichts.

Allzu lange musste ich nicht sitzen, da sah ich im Glas, gute 50 Meter oberhalb meines Platzes, die erste Bugwelle. An ihrer Spitze ein kleines, dunkles Etwas – der Kopf eines Bisams. Er kam zielstrebig mit der Strömung geschwommen, und ich versuchte, ihn in den Sucher zu bekommen und gleichzeitig die Zoomeinstellung anzupassen. Dann war er mir genau gegenüber am anderen Ufer, stieg auf und huschte unheimlich schnell und wendig durchs Gras, eineinhalb Meter die Böschung hinauf. Dort hatte ich am Vortag die Karotten verteilt. Nun lagen frische dort. Ich nahm an, er würde sie an Ort und Stelle fressen.

Doch genau das tat er nicht. Das war ihm zu gefährlich. Er schnappte die erste der orangefarbenen Wurzeln und war in Sekundenschnelle, sie quer im Maul tragend, im Wasser. Ich war so verblüfft, dass mir an Land keine Aufnahme gelang. Erst als er kraftvoll rudernd schon ein oder zwei Meter stromaufwärts geschwommen war, hatte ich ihn im Sucher und drückte ab. Er musste sich mit der quer transportierten Karotte mächtig anstrengen. Dort, wo ich seine Bugwelle zuerst gesehen hatte, verschwand er unter dem dürren, überhängenden Schilf.

Zum ersten Mal wurde mir so richtig bewusst, wie leicht wir Jäger es haben, wenn wir ein Tier erlegen. Fünfmal wäre der Bisam mit der Flinte gestorben, egal ob im Wasser oder an Land, egal ob ruhig sitzend oder sich rasch bewegend. Selbst dann, wenn das schwindende Licht keine Aufnahme mehr zugelassen hätte, wäre ein Schuss noch problemlos möglich gewesen! Mit der Kamera gelang mir trotz neuester Technik kein einziges Bild.

Ich blieb sitzen, hoffte, der Bisam würde zurückkommen und sich eine neue Karotte holen. Es dauerte geraume Zeit. Ich wurde des schwindenden Lichtes wegen unruhig. Doch irgendwann entdeckte ich dort, wo zuvor der „Karotten-Transporteur" verschwunden war, eine neue Bugwelle. Dieses Mal ließ er sich Zeit, steuerte bald das rechte, bald das linke Ufer an. Er verschwand unter dem dürren, übers Wasser hängenden Schilf. Möglich, dass sich auch dort Baue befanden. Mal kam er an derselben Stelle wieder zum Vorschein, dann wieder fünf oder zehn Meter weiter. Einmal tauchte er unbemerkt unter und kam erst kurz vor dem jenseitigen Ufer wieder zum Vorschein. Es war eine spannende „Jagd"!

An eine Aufnahme war nicht zu denken. Es war, trotz langem „Rohr", viel zu weit. Bisams liegen aber auch tief im Wasser. Nur der halbe Kopf ragt heraus. Aber ich war gewappnet, richtete mich, blieb mit dem Sucher drauf und fuhr mit. Im Moment, als er das Wasser verließ und an Land stieg, drückte ich ab. In Sekundenschnelle machte es fünf- oder zehnmal „klick". Auch auf dem Meter, der zwischen Ufer und Karotte lag, erwischte ich ihn. Dann verschwand er im bereits gut knöchelhohen Gras, in dem die restlichen Karotten verteilt sein mussten. Ich konzentrierte mich auf die Stelle, an der ich ihn aus dem Blick verloren hatte. Es dauerte „ewig", bis er wieder zum Vorschein kam. Dabei waren es wahrscheinlich nicht mehr als zwei Minuten. Schließlich schob sich – quer – eine Karotte aus dem Gras, gefolgt vom Bisam. Sofort drückte ich auf den Auslöser, folgte dem kleinen Nager mit der Kamera, bis er samt Beute wieder im Wasser war. Mit der Karotte war er im Wasser deutlich langsamer. So kam auch mehr aufs Bild als nur sein Kopf.

Wieder blieb ich sitzen, wartete auf seine neuerliche Rückkehr. Nach zehn Minuten tat er mir den Gefallen, aber das Licht war inzwischen so schwach, dass ich nicht mehr abdrückte. Überzeugt, eine Menge brauchbarer Bilder im Kasten zu haben, packte ich zusammen und fuhr heim. Im Büro konnte ich sie auf dem großen Monitor betrachten. Um es kurz zu machen: Vor vierzig Jahren hätte ich die meisten Aufnahmen stolz herumgezeigt. Nun löschte ich sie von der Speicherkarte.

Zwei Tage später saß ich neuerlich am Kanal. Dieses Mal mit meiner Frau Heidi. Sie hat mich fast mein ganzes Jägerleben begleitet, mir geholfen und hat mir – als Nichtjägerin – viele hilfreiche Ratschläge gegeben. Sie weiß, was Sache ist, hat sicher weit mehr Wild aufgebrochen, zerwirkt und verkaufsfertig gemacht oder Hochsitze gebaut als viele Jäger. Das wurde mir immer wieder bewusst, wenn Jagdgäste bei uns waren. Ob es ihre Anwesenheit war oder ob der Bisam etwas Vertrauen zu dem Platz gewonnen hatte, vermag ich nicht zu sagen. Es lief zwar alles wie gehabt ab, doch unser kleiner Shooting Star ließ sich an Land etwas mehr Zeit. Er schien der beginnenden Dämmerung zu vertrauen. Daheim konnten wir einige gute Aufnahmen anschauen.

Zweimal nahm ich mir noch die Zeit, abends am Kanal zu sitzen, einfach weil es so schön und spannend war. Wirklich vertraut zeigte sich kein Bisam. Vielleicht sind sie sich der Gefahren bewusst, die ihnen an Land (durch Fuchs und Marder) und aus der Luft drohen.

Fotos habe ich jetzt, doch nächsten Frühling will ich abends wieder am Kanal sitzen und Bisams beobachten!

DER MARDERHUND
(Nyctereutes procyonoides)

OPTISCH EIN MIX AUS FUCHS UND DACHS

Erscheinungsbild

Gewicht: Rüden wiegen maximal 10 kg, Fähen sind etwas leichter.

Beine: Vorne und hinten je vier Zehen.

Balg: Vor allem im Winterfell (Winterbalg) trägt er einen auffälligen Backenbart und Kragen. Seine lange Behaarung lässt ihn plumper und kurzläufiger erscheinen als der Fuchs. Der Schwanz (Lunte) ist etwas kürzer als beim Fuchs, aber buschiger.

Sinne

Sehvermögen: Der Marderhund ist kein Tier, das auf Sicht oder bevorzugt im offenen Gelände jagt. Er muss erkennen, was sich vor ihm abspielt. Daher kommt er mit einem eher mäßigen Sehvermögen ganz gut zurecht.

Hörsinn: Auch seine Ohren liefern keine besondere Leistung.

Geruchssinn: Sehr gut entwickelt ist hingegen seine Nase.

Kommunikation

Lautäußerungen: Lang gezogene Heultöne. Bei Gefahr und bei Auseinandersetzungen lassen Marderhunde ein Knurren hören.

Welpen verständigen sich mit Fieptönen.

Duftmarken: Mit Kot und Urin werden die Reviere markiert und Nachrichten ausgetauscht.

Fortpflanzung

Paarbildung: Marderhunde leben in monogamer Dauerehe.

Ranz und Trächtigkeit: Die Ranz findet von Februar bis März statt.

Nach 60–63 Tage wirft die Fähe 5–8 blinde und behaarte Welpen.

Entwicklung: Die Jungen (Welpen) öffnen etwa mit 10 Tagen die Augen. Sie werden 45–60 Tage gesäugt, doch versorgt sie der Rüde bereits nach der dritten, spätestens der vierten Lebenswoche mit fester Nahrung. Rüde und Fähe führen die Welpen 3–4 Monate gemeinsam.

Selbstständigkeit: Im Alter von 6 Monaten sind die Jungen ausgewachsen und streifen bereits alleine umher.

ALLGEMEINES

Marderhund, Dachs und Waschbär werden wegen ihres ähnlichen Aussehens häufig verwechselt. Alle drei haben hell-dunkel gezeichnete Gesichter. Der Dachs hat schwarze Längsstreifen. Der Marderhund hat einen auffälligen Backenbart und ist zwischen und über den Augen hell. Der Waschbär hat eine scharf abgesetzte, durchgehende schwarze Maske und einen hellen Streifen über den Augen.

Beim Marderhund sind die hinteren und vorderen Branten etwa gleich groß. Die Trittsiegel sind breiter als lang und messen beim ausgewachsenen Tier in der Länge maximal 5 cm und in der Breite bis 6 cm. Die Zehen stehen in einer nur schwach gebogenen Linie.

Nahrung

Grundsätzlich ist er Generalist und Opportunist. Ohne diese Eigenschaft hätte er sich schwergetan, mehr als 10.000 Kilometer von seiner Heimat entfernt Fuß zu fassen und immer neue Räume zu erobern. Hier steht er mit Goldschakal und Waschbär in einer Reihe. Allerdings sind sowohl der Goldschakal als auch der Waschbär, was ihre Habitatansprüche betrifft, weniger heikel. Daher finden wir eine hohe Dichte an Marderhunden fast nur in Norddeutschland und dort vor allem östlich der Elbe. Dort fand er Tiefland mit zahlreichen Feuchtgebieten, die ausreichend Insekten, Lurche, Nager, Eier, Jungvögel, Beeren und Früchte (bis 80 % pflanzliche Nahrung) bieten. Doch auch Hausgeflügel verschmäht der Marderhund nicht.

Einfluss auf Beutetiere: Häufig und oft emotional wird der Einfluss des Marderhundes auf die Bestände seiner Beutetiere diskutiert. Dabei wird meist vergessen, dass er kein Jäger im eigentlichen Sinne ist, und dass er in erheblichem Maße auch pflanzliche Nahrung aufnimmt. Stubbe (1977) vertritt die These, dass es mit der Zunahme des Marderhundes zu keiner Erhöhung des Räuberdruckes kommt.

Immer wieder wird ein erheblicher Einfluss auf Bodenbrüter diskutiert. Allerdings brüten in den klassischen Marderhund-Lebensräumen kaum gefährdete Bodenbrüterarten. Die Stockente, die häufig an den Ufern und Böschungen neben kleinen Wasserläufen oder an Teichen brütet, ist ein Massenwild mit sehr hoher Produktionskraft. Ihre Gelege werden unter anderem von Ratten genutzt, die selbst zur Beute des Marderhundes gehören. Selbstverständlich kann ihm auch einmal das Gelege einer Waldschnepfe zum Opfer fallen. Einfluss auf die lokale Bestandsdichte der Schnepfe wird das nicht haben.

„Jagdwirtschaftlich haben Marderhund und Waschbär keine große Bedeutung. Ihr Einfluss auf das Niederwild wird häufig überschätzt.“ (Tanja Duscher, 2012)

Nahrungskonkurrenten? Vielfach wird der Einwanderer Marderhund als Konkurrent der beiden heimischen Arten Fuchs und Dachs dargestellt. Sein Verhältnis zum Fuchs, der seine Nahrungssuche deutlich anders gestaltet, wird auf Seite 180 beschrieben. Recht ähnlich sind sich in dieser Angelegenheit Marderhund und Dachs, die ja sogar oft ein und dieselbe Unterkunft teilen. Beide sind Sammler und haben ein ähnliches Nahrungsspektrum, auch wenn der Marderhund noch mehr vegetarische Nahrung aufnimmt als der Dachs.

Doch auch wenn beide gelegentlich denselben Bau nutzen, so bevorzugen sie dennoch unterschiedliche Sammelgebiete. Der Dachs hat kaum Probleme mit dem Feld und hält sich in der Nacht oft weit entfernt vom nächsten Wald auf. Vor allem legt er mitunter weite Strecken zwischen zwei

Waldungen zurück. Der Marderhund tut das ungern. Er bevorzugt Feuchtgebiete mit vielen Amphibien, Weichtieren und toten Fischen. Duscher (2012) verweist darauf, dass Dachs und Marderhund seit mehr als einem halben Jahrhundert – ohne Nachteil für eine der beiden Arten – nebeneinander vorkommen. Das Gegenteil ist der Fall, die Besätze sind inzwischen deutlich angestiegen. Keine Art hat die andere verdrängt.

Lebensräume

Marderhunde scheinen sich in Landschaften, in denen Wasser und Schilfpartien mit Wald und landwirtschaftlichen Flächen wechseln und die nicht über 300 Meter Seehöhe ansteigen, besonders wohl zu fühlen. Lagen über 500 Meter Seehöhe werden gemieden. Die Bevorzugung wasser- und schilfreicher Habitate spiegelt sich auch in Form von Fröschen und anderen Lurchtieren in seiner Nahrung. Hier unterscheidet sich der Marderhund von seinem nahen Verwandten, dem Rotfuchs. Der zieht eher trockenere – an Mäusen reiche – Habitate vor. Das erklärt auch, warum in Finnland, mit seinen unzählbaren Seen und Feuchtgebieten, deutlich mehr Marderhunde als Rotfüchse erlegt werden.

Heute werden in allen deutschen Bundesländern und ebenso in Österreich Marderhunde nachgewiesen. Stabile Populationen

Marderhunde bevorzugen feuchte Lebensräume mit viel Wald. Sie meiden reine Agrarlandschaften sowie höhere, schneereiche Lagen. In klimatisch rauen Gebieten halten sie eine temporäre Winterruhe.

haben sich hingegen eher wenige etabliert. Mittelgebirge und Hügelland werden weitgehend gemieden, wasserreiches Flachland wird angenommen.

Nebenbei bemerkt zeigt sich an den beiden vermeintlichen Konkurrenten Marderhund und Fuchs, dass nahezu jede Veränderung in der Landschaft ökologische Nischen öffnet oder schließt. Beispiel: Werden nasse Wiesen drainiert, kommt das den Feldmäusen zugute. Wird anschließend auch noch häufig gemäht, findet der Fuchs seine Hauptbeute nicht nur in ausreichender Zahl, er kann sie auch leicht fangen. Vernässen Flächen jedoch, gehen die Mäuse zurück und mit ihnen auch die Füchse. Dafür gibt es aber mehr Amphibien und somit günstige Lebensbedingungen für den Marderhund (und andere Arten).

Lebensweise

Marderhunde sind überwiegend dämmerungs- und nachtaktiv. Sie beziehen zur Ruhe und Aufzucht meist Erdhöhlen und halten eine von der Witterung abhängige Winterruhe. Sie leben zwar in monogamer Dauerehe, sind aber in keiner Weise Einzelgänger. Vielmehr bilden sie Familiengruppen, deren Mitglieder im gemeinsamen Streifgebiet nach Nahrung suchen. Die Familien nutzen unterschiedlich große Streifgebiete, die sie jedoch nicht besonders energisch verteidigen. Eher geht man sich aus dem Weg.

Junge Marderhunde legen teilweise weite Strecken zurück. Wörner berichtet von einem in der Ukraine markierten Tier, das 400 Kilometer wanderte, ehe es in Polen erlegt wurde.

Gerade beim Marderhund wird deutlich, wie gedankenlos wir Begriffe verwenden. Er wird – dafür sorgt schon seine Zahnformel – dem Raubwild zugerechnet. Darunter versteht man gemeinhin Tierarten, die eine Beute erjagen. Der Fuchs tut das, auch wenn er seine Nahrung häufig nur einsammelt, beispielsweise im Sommer und Herbst, wenn er viel Nahrung in Form von Beeren und Obst zu sich nimmt. Der Marderhund jagt hingegen kaum. Er ist – wie der Dachs – überwiegend Sammler. Dass er hierbei auch ein paar Sprünge macht, um Großinsekten zu erhaschen oder eine neben seinem Weg sitzende Kröte mitnimmt, wollen wir nicht ernsthaft als „Jagd" bezeichnen. Wenn wir sagen, der Marderhund bricht zur Jagd auf, dann geht er in Wirklichkeit zum Sammeln.

EIN ASIATE ZOG WESTWÄRTS

Erste Nachweise des Marderhundes in Europa	
1928–1950	In der Ukraine werden rund 10.000 Tiere ausgesetzt.
1931	In Finnland wird seine Anwesenheit dokumentiert.
1940	In Finnland erfolgt die erste Beobachtung.
1943	In der Slowakei gibt es einen ersten Nachweis.
1951	In Rumänien gibt es einen Nachweis.
1954	In Österreich (Karlstift) wird der Marderhund nachgewiesen.

Erste Nachweise des Marderhundes in Europa	
1955	In Polen erfolgt ein erster Nachweis.
1961	In der DDR erfolgt ein erster Nachweis.
1997	In der Schweiz wird die Anwesenheit festgestellt.
2015	In der Schweiz wird der Marderhund fotografiert.

Marderhund im voluminösen Winterbalg. Seine Haardichte ist jedoch – angepasst an seinen tatsächlichen Lebensraum – geringer als bei Rotfuchs, Baum- und Steinmarder. Daher sind die Bälge mitteleuropäischer Marderhunde bei Pelztierzüchtern und Kürschnern auch nicht besonders begehrt. © iStock.com/sduben

BEGEGNUNGEN

Dem Marderhund bin ich nur zweimal begegnet, beide Male in Brandenburg. Der erste lag am Straßenrand, weil er offensichtlich den Kampf gegen ein Auto verloren hatte. Es war Sommer, und Fliegen hatten an allen Öffnungen seines hübschen Gesichtes bereits zahlreiche Ei-Pakete deponiert.

Die zweite Begegnung fand im zeitigen Frühjahr statt. Ich hatte zwei Wochen in der Schorfheide zu tun, einer wunderbar stillen Landschaft, reich an Seen, oft mit breiten Schilfgürteln. Bei meiner Arbeit war ich immer auf einen ortskundigen Begleiter angewiesen. Der aber hatte spätestens um 17 Uhr Feierabend. Meine Abende waren entsprechend lang, zumal ich mit der Bahn angereist war und kein Auto zur Verfügung hatte.

Nach Feierabend die Waldklamotten gegen ziviles Textil getauscht, Abendessen im Gasthaus, danach noch ein Bier, vielleicht eine Dorfrunde und abschließend noch ein letztes Bier samt Schnaps. Nichts ist öder, als am Abend in fremder Umgebung einsam vor einem Glas zu sitzen. Meist schlichen die freien Stunden zäh dahin. Da war ich froh, wenn sich am Abend ein Kollege meiner annahm.

Einmal bot sich der Betriebsleiter an, mich zu einem Hochsitz zu bringen und nach Einbruch der Dunkelheit wieder abzuholen. Gerne nahm ich die Einladung an. Der Sitz stand zu dieser Jahreszeit im Wasser, war aber mit Gummistiefeln gut und trocken zu erreichen. Ein breiter Schilfstreifen, dazwischen immer wieder freie, wohl etwas tiefere Wasserstellen und dahinter einer der vielen stillen Seen.

Es war ein beschauliches, entspanntes Sitzen. Ich „musste“ nichts erlegen! In den

Wäldern war viel Rot- und Schwarzwild daheim, das sich auch im Schilf aufhielt. Doch der eigentliche Grund für die Wahl dieses Sitzes war ein Vogel. Ich würde höchstwahrscheinlich den „Ochsenfrosch" hören, versprach der Betriebsleiter. Ochsenfrosch? Damit war die Große Rohrdommel gemeint. Deren dumpfe, gleichmäßigen Rufe sind legendär und haben es bis in die Literatur geschafft. Goethe verewigte sie in seinem *Faust*. Eichendorff gab ihr in seinem Roman *Aus dem Leben eines Taugenichts* einen festen Platz. In dem Roman *Der Hund von Baskerville* muss der Naturforscher Mister Stapleton den Kriminalisten Dr. Watson aufklären, dass es nicht der Geisterhund war, dessen Laute undeutlich aus dem unheimlichen Moor kamen, sondern die Rufe der „Large tube dome". Doch sie waren nicht die Einzigen, denen die Rohrdommel half, Spannung in ihre Erzählungen zu bringen.

Der Abend kam still, aber kühl, manchmal ein kurzer, unangenehmer Luftzug, der die dürren Schilfhalme knistern ließ. Als das Licht schon weich und die Kontraste weniger wurden, drang von der gegenüberliegenden Seite des Sees dumpf und zweisilbig der Ruf der Rohrdommel herüber. Es waren Laute wie aus einer anderen Welt. Irgendwie schwer vorstellbar, dass es sich bei ihnen um ein Liebeswerben handelt. Den tiefen, über mehr als einen Kilometer hinweg hörbaren Lauten war etwas Einschläferndes zu eigen. Doch ich blieb hellwach und freute mich, eine Welt erleben zu dürfen, die so völlig anders war als die der mir vertrauten Berge. Bis dahin hatte ich mein ganzes Leben im Gebirge verbracht. Als junger Mensch konnte ich mir auch gar nicht vorstellen, je in einem von Horizont zu Horizont flachen Land zu leben. An jenem Abend fiel mir der legendär gewordene Sager des schon viele Jahre in der Erde ruhenden Jägers und Präsidenten des Deutschen Naturschutz-Ringes, Professor Hans Krieg, ein: „Hinterm Berg wohnen auch Leute ..." Wie wahr!

In meine Gedanken hinein planschte es hinter mir im Wasser. Dann wieder streifte jemand an den dürren Schilfhalmen an. Ich drehte mich vorsichtig nach hinten, sah aber nichts. Was konnte es schon sein? Rotwild oder Schwarzwild? Kein Fuchs und kein Hase würden das Schilf annehmen, auch wenn es überall Bülten gab, die aus dem Wasser herausragten. Wer immer es war, er oder es hatte wahrscheinlich meine Bewegung wahrgenommen oder ein Windhauch hatte mich verraten. Alles war wieder still, bis auf das gelegentliche gleichmütige „Hupen" der Rohrdommel von der anderen Seite herüber.

Doch nach einiger Zeit vernahm ich links von meinem Hochsitz hektisch wirkendes, sich auf wenigen Quadratmetern im Kreis bewegendes Plätschern. Wieder Stille. Das Licht hatte schon stark nachgelassen. Mit dem Glas suchte ich die offenen Flächen im Schilf ab. Dann ein Geräusch, das auch entsteht, wenn sich ein nass gewordener Hund das Wasser aus dem Fell schüttelt – keine zehn Meter entfernt. So etwas wie ein Schmatzen war zu hören. Dann sah ich ihn – meinen ersten lebenden Marderhund in freier Wildbahn. Er saß auf einer aus dem Wasser ragenden Bülte und fraß etwas. Das Licht war bereits zu schwach, die Schilfhalme zu irritierend, um zu erkennen, was es war. Ob Frosch, ob junger Bisam oder Fisch, den er im flachen, verschilften Wasser erbeutet hatte – es war ohne Bedeutung. Ich hatte meinen ersten lebenden Marderhund in freier Wildbahn vor mir!

DER GOLDSCHAKAL
(Canis aureus)

© Jan Sevcik

BESTE LEBENSBEDINGUNGEN

Erscheinungsbild

Aussehen: In seiner Gestalt sowie der Zeichnung und Farbe seines Felles (Balg) ähnelt der Schakal dem Wolf.

Größe: Er ist kleiner als der Wolf und etwas größer als der Fuchs. Mit diesem wird er am häufigsten verwechselt.

Gewicht: Rüden werden bis 15 kg schwer, Fähen bis 10 kg.

Läufe und Pfoten: Der Schakal hat vorne 5 Zehen (davon 1 verkümmert, die in der Fährte nicht abgebildet wird) und hinten 4. Vorne sind die beiden mittleren Zehen miteinander verschmolzen. Der Pfotenabdruck (Trittsiegel) ist weniger rund als der von Wolf oder Hund, eher länglich.

Schwanz (Lunte): Im Verhältnis zur Körperlänge deutlich kürzer als bei Wolf oder Fuchs und mit schwarzer Spitze.

Sinne

Sehvermögen: Die Sinne des Goldschakals können mit jenen von Wolf und Fuchs verglichen werden. Das Sehvermögen darf als gut bezeichnet werden, ist aber für den Schakal nicht so wichtig wie die beiden anderen Sinne.

Hörsinn: Für Beutegreifer, die zu einem erheblichen Teil Kleinnager erbeuten, ist auch der Hörsinn wichtig und entsprechend sehr gut ausgebildet.

Geruchssinn: Auch die Nasenleistung ist hervorragend und für die Nahrungssuche wie für die Feindvermeidung gleichermaßen wichtig.

Kommunikation

Lautäußerungen: Lock- und Verständigungsruf ist ein ansteigendes Heulen mit nachfolgend kurzem Kläffen.

Innerartliche „Diskussionen“, die beispielsweise die Rangordnung betreffen, werden mit Knurren und entsprechender Mimik und Körperhaltung geführt.

Das Winseln der Welpen ist gleichermaßen Begrüßungs- wie Bettellaut.

Fortpflanzung

Geschlechtsreife: Gegen Ende des ersten Lebensjahres.

Paarbildung: Goldschakale leben – wie die Wölfe in einer lebenslangen Paarbindung. Bilden sich Rudel, so kommen nur die beiden ranghöchsten Tiere zur Fortpflanzung.

Ranzzeit: Die Ranz findet mehrheitlich im Januar und Februar statt, zieht sich aber auch bis in den März hinein. Es schließen sich meist 63 Tage Tragzeit an.

Geburt/Welpen: 2–8 blinde, behaarte Welpen werden meist in einer selbst gegrabenen Erdhöhle geboren. Sie öffnen nach 10–14 Tagen die Augen und werden etwa 50–70 Tage gesäugt.

Aufzucht: Beide Eltern sorgen gemeinsam für die Welpen. Ob sich die noch bei den Eltern lebenden Jungen aus dem Vorjahr an der Aufzucht beteiligen, ist noch nicht abschließend geklärt.

Führung: Nach rund 6 Monaten sind die Jungen selbstständig, verbleiben aber bis zur Geschlechtsreife im elterlichen Rudel.

Abwanderung: Nach maximal 20 Monaten verlassen die Jungschakale den Familienverband.

Hybridisierung: Nachgewiesen wurden Hybriden sowohl mit Wolf als auch mit Hund.

ALLGEMEINES

Nahrung

Schakale sind Generalisten und Opportunisten, das haben umfangreiche Untersuchungen kroatischer und slowenischer Forscher gezeigt, also absolute Anpasser mit einem sehr breiten Nahrungsspektrum. Ihr Beutespektrum reicht von Insekten über Nager und Säuger bis zu Säugetieren von der Größe eines Rehs. Auch Aas wird nicht verschmäht, und von Weidetieren nehmen sie gelegentlich neugeborene Lämmer und Kälber. Allerdings ist nicht immer sicher, dass sie die Jungtiere selbst getötet haben. Oft werden solche bereits tot gefunden.

Sie ernähren sich keineswegs ausschließlich karnivorisch. Wie beim Fuchs kann, je nach Lebensraum und Jahreszeit, pflanzliche Nahrung wie Früchte, Mais, Weintrauben usw. eine erstaunlich große Rolle spielen.

Schakale sind in mehrfacher Hinsicht Abfallverwerter. In ihren Mägen werden regelmäßig auch Kunststofffragmente und anderer Zivilisationsmüll gefunden. Das ist ein Hinweis darauf, dass sie Müllkippen besuchen und in der Landschaft wie in ortsnahen Bereichen – z. B. bei Rastplätzen im Wald oder an Straßen oder bei Gaststätten – Abfälle sammeln, die Nahrungsreste enthalten oder zumindest danach riechen. Zwar werden in Mitteleuropa offene Müllplätze immer seltener, doch mit dem zunehmenden Erholungsdruck auf die Landschaft mehren sich verwertbare Abfälle. Wie gut man von diesen leben kann, zeigen Füchse, Waschbären und Wildschweine in Europas Großstädten.

Was fressen sie? – Das slowenische Forstinstitut untersuchte den Inhalt zahlreicher Mageninhalte des Goldschakals und fand die beachtliche Menge von 38 % pflanzlichen Stoffen. Davon waren 9 % Gras! Relativ hoch waren die Anteile, die von Haustieren stammten, darunter 2 % von Rindern und 5 % von Hausschweinen. Goldschakale werden jedoch absolut sicher kein Rind reißen, auch kein Kalb oder Hausschwein. Hier werden sie verendete und noch nicht fachgerecht entsorgte Haustiere oder Nachgeburten gefressen haben. Auffällig ist mit 13 % auch der hohe Anteil von Wildschweinen, ebenso wie 14 % Wirbellose.

Beim Goldschakal sind die beiden mittleren Zehen am Ansatz verwachsen, ein Merkmal, das nur er hat. © Miha Krofel

In Kroatien untersuchte Boškovic (2012, zitiert bei Potočnik et al. 2019) in drei Verwaltungsbezirken den Inhalt von 238 Schakalmägen. 33 Mägen waren so zerschossen, dass eine Auswertung des Inhalts nicht möglich war. In 205 Mägen wurden Reste tierischen Ursprungs gefunden. 87 Mägen enthielten tierische wie pflanzliche Reste, und in fünf Mägen fanden sich ausschließlich Pflanzenreste. Immerhin enthielten vier Mägen auch anorganische Inhalte wie Alufolien und PVC, was darauf schließen ließ, dass die Schakale auch Müllhalden,

Container oder wilde Ablagerungen zur Nahrungssuche nutzten.

Unterschiedliche Beutenutzung: In Mitteleuropa leben gegenwärtig vier Vertreter der Hundefamilie: Wolf, Goldschakal, Rotfuchs und Marderhund. Ihre Nahrungsansprüche überlagern sich, dennoch sind sie keine echten Konkurrenten. Dafür sorgen unterschiedliche Lebensraumansprüche, unterschiedliche Sozial- und Jagdverhalten und Formen der Nahrungsbeschaffung.

Wenn wir die Beutetiere dieser vier Arten entsprechend ihrer Größe in drei Gruppen einteilen, dann wird die unterste – unterschiedlich intensiv – von allen vier Arten genutzt. Der alleine jagende Wolf erbeutet gelegentlich auch Großinsekten, Eidechse und Maus ebenso wie die drei anderen Arten. Diese kleinen Beutetiere haben aber nur einen geringen Anteil an seiner Gesamtbeute und sind im Jahreskreis ganz unterschiedlich vertreten. Für den Fuchs hingegen ist die Maus ganzjährig von existenzieller Bedeutung. Ihr Vorkommen entscheidet ganz wesentlich über den Reproduktionserfolg des Fuchses, nicht jedoch beim Wolf. Lurche sind für den Marderhund von größerer Bedeutung als für den Fuchs.

Ein ausreichendes Vorkommen von Rehen ist – zumindest in Mitteleuropa – für das Überleben des Wolfes wichtig. Der Goldschakal frisst zwar auch Rehe, er erbeutet sie aber ungleich seltener, schon weil er eher selten im Rudel jagt und weil er schwächer ist. Weder Fuchs noch Goldschakal jagen Rehe in ähnlicher Qualität wie Wolf oder Luchs. Der Fuchs reißt neben zufällig gefundenen Kitzen fast nur kranke oder behinderte Rehe (z. B. Verletzungen durch den Verkehr, Zäune, Jagd oder hohe Schneelage).

Was die vierte Art, den Marderhund, betrifft, so ist seine Konkurrenz mit dem Goldschakal schon deshalb gering, weil er viel speziellere Ansprüche an den Lebensraum als seine „Mitbewerber" stellt. Wolf, Schakal und Fuchs kommen auch mit sehr trockenen Lebensräumen zurecht. Wolf und Fuchs jagen überdies oberhalb der Baumgrenze, der Marderhund nicht.

Ähnlichkeiten zwischen Goldschakal, Wolf und Fuchs

Wer mit dem Goldschakal nicht vertraut ist, kann diesen leicht verwechseln. Immer wieder werden Schakale fälschlich als große Füchse erlegt. Bei flüchtigem Anblick könnte man auch an einen schwachen Wolf denken. Dennoch gibt es Unterscheidungsmerkmale. So sind z. B. beim Goldschakal die Gehöre außen braun, beim Fuchs außen schwarz und der Wolf hat vergleichsweise kleine Gehöre. Daran sind die drei Arten – zumindest aus der Nähe – sicher voneinander zu unterscheiden.

Lebensräume

Zwar kommt der Goldschakal nahezu mit allen jenen Landschaften zurecht, die auch dem Marderhund zusagen, nicht aber umgekehrt. Marderhunde meiden Lagen über 700 Meter. Schakale nutzen auch wesentlich höher gelegene Habitate und sind gelegentlich im Bereich der Waldgrenze und sogar darüber unterwegs. Marderhunde beanspruchen Feuchtgebiete, während Goldschakale zwar keine Probleme mit Feuchtgebieten haben, aber auch mit Trockengebieten gut zurechtkommen.

Gelegentlich teilen sich Wolf und Goldschakal den Lebensraum, dennoch haben sie regional unterschiedliche Präferenzen. Wölfe leben beispielsweise auch in den völlig waldlosen asiatischen Steppengebieten. Die Dichte an menschlichen Jägern ist dort denkbar gering. Rehe fehlen völlig, und

Der Wolf hat eine durchschnittliche Schulterhöhe von ca. 70 cm. Die Grundfarbe seines Fells (Balg) ist grau. Der Gesichtsbereich unterhalb der der Augen und die Kehle sind auffällig hell. Dem Goldschakal fehlen die hellen Wangen. Seine Ohren sind im Vergleich mit denen von Goldschakal und Fuchs proportional klein.

Der Schakal hat etwas größere Ohren, die auf ihrer Rückseite braun sind. Die Grundfarbe seines Balges sind braune und graue Töne. Sein Schwanz ist auffällig kurz und reicht nur bis zum Sprunggelenk. Sein Gesicht ist dunkel und seine Kehle hell. Die Schulterhöhe beträgt im Mittel ca. 40 cm.

Beim Fuchs sind Nasenrücken, Stirn und Nacken „rot". Die Rückseite der Ohren ist schwarz. Unterhalb von Nase und Augen ist das Fell bis zum Brustansatz hell. Der Schwanz ist auffällig buschig und lang. Die Schulterhöhe beträgt im Mittel ca. 35 cm.

andere für den Wolf erbeutbare Huftiere sind, angepasst an die eher dürftige Vegetation, ebenfalls dünn gesät. Weidetiere fallen zwar bei Gelegenheit Wölfen zum Opfer, werden aber von Hirten mit Hunden bewacht. Wovon leben die Wölfe in diesen waldlosen, winterkalten Steppen? Neben Saiga-Antilopen, wenigen Gazellen und verschiedenen Bergschafen vor allem von Mäusen, Hasen und Füchsen.

Mit solchen offenen Landschaften kommen Wölfe bei uns gar nicht oder nur schwer zurecht. Wenn sie außerhalb des Waldes jagen, dann hauptsächlich bei Nacht auf Weidetiere. In den Wäldern aber sind Hasen ausgesprochene Mangelware und Füchse nicht besonders häufig. Hier muss es Schalenwild geben, vor allem Reh- und Rotwild.

Der Goldschakal braucht – bei uns und im Gegensatz zum Wolf – den großen, geschlossenen Wald nicht. Er kommt mit gut strukturierten, mit den unterschiedlichsten Elementen ausgestatteten Landschaften besser zurecht als mit dem großen, geschlossenen Wald.

Schakal-Lebensraum im trockenen Karst Sloweniens. Niedriger Bewuchs und geringe Bestockung lassen viel Licht auf den Boden. Kleinnager und Reptilien mögen das. Schafbeweidung hält mit Tot- und Nachgeburten dem Schakal den Tisch gedeckt.

Auch Auwälder und Flusslandschaften, wie hier in Kroatien, werden von Goldschakalen gerne bewohnt. Grundsätzlich ist der Goldschakal sehr anpassungsfähig und kommt auch mit Kulturlandschaften gut zurecht.

Goldschakale leben monogam; beide Elterntiere beteiligen sich bei der Aufzucht der bis zu 8 Welpen. Wie bei anderen Prädatoren ist die Jugendsterblichkeit hoch. © iStock.com/Anolis01

Lebensweise

Sozial- und Jagdverhalten: Paare verteidigen Streifgebiete, es kommt aber auch zur Bildung kleiner Familienrudel. Tiere sind, je nach Lebensraum, auch tagaktiv, ansonsten dämmerungs- und nachtaktiv. Ihre Siedlungsdichte hängt neben der Nahrungsbasis und der Bejagung auch vom Vorkommen des Wolfes ab.

Beim Wolf ist das Rudel, an dessen Spitze ein Alpharüde und eine Alpahfähe stehen, die alleine reproduzieren, die absolute Regel. Paarweise leben Wölfe nur ganz am Anfang ihrer „Karriere", wenn sie sich zwar bereits gefunden, aber noch keine Welpen gezeugt haben oder wenn sie – warum und wie auch immer – das angestammte Rudel verlassen haben.

Goldschakale leben hingegen bevorzugt paarweise. Ein Teil der Jungschakale scheint die Eltern bereits im ersten Lebensjahr zu verlassen. Während bei Wölfen die Welpen des Vorjahres im Rudel bleiben und sogar bei der Aufzucht der nächsten Generation helfen, ist das beim Goldschakal nicht unbedingt der Fall.

Mehrheitlich jagen Schakale alleine oder paarweise. In Mitteleuropa scheint dies die Regel zu sein, die Jagd gemeinsam mit den noch im Rudel befindlichen Jungen eher die Ausnahme. Der Jagderfolg bei der paarweisen Jagd ist drei- bis fünfmal höher als bei der Einzeljagd. Gelegentlich nutzen auch größere Gruppen besonders ergiebige Fressplätze wie Müllkippen. In Mitteleuropa werden derartige Müllkippen allerdings immer seltener. Dass Goldschakale nicht in größeren Rudeln jagen, ist ihrer Beute geschuldet. Es macht eben wenig Sinn, wenn fünf oder sechs Tiere einen Hasen jagen.

Ernährungsgrundlage für ein Paar und seine Jungen ist ein eigenes Territorium. Dessen Größe kann – je nach Nahrungsangebot und Nahrungskonkurrenten – sehr unterschiedlich sein. Forscher stellten im Niederen Karst (Slowenien) bei einem telemetrierten Rüden – je nach Aufnahmeverfahren – eine Streifgebietsgröße von 960 beziehungsweise 510 Hektar fest (Potočnik et. al., 2018).

Einer frisst den anderen: Wo der Wolf resident ist, führt der Schakal ein Schattendasein oder fehlt ganz, denn er wird vom Wolf selbst erbeutet. Umgekehrt gewinnt der Schakal überall dort, wo der Wolf im Rückgang begriffen ist. Dabei kommt er mit einem wesentlich kleineren Streifgebiet aus als sein großer Vetter. Das bedeutet, seine Siedlungsdichte kann signifikant höher sein.

So wie der Wolf den Schakal ausbremst, bremst dieser den Fuchs aus: Je höher die Schakaldichte, umso weniger Füchse! Diese sind für den Schakal Nahrungskonkurrenten und Beute gleichermaßen.

WICHTIG! Auch „Nutzer“ treten kompensatorisch auf

Wo es viele Wölfe gibt, leben weniger Schakale. Wo es viele Schakale gibt, geht die Zahl der Rotfüchse zurück!

WO KOMMT ER HER?

Herkunft

Die Urheimat des Goldschakals sind tropische bis subtropische Savannen und Halbwüsten von der Arabischen Halbinsel im Westen bis Ostasien. In älteren Beschreibungen wird auch Nordafrika als Heimat angegeben. Die dort lebenden Schakale wurden mit der wissenschaftlichen Bezeichnung *Canis aureus lupaster* noch bis 2015 von der Wissenschaft als Unterart des Goldschakals eingeordnet. Inzwischen werden sie als eigene Art unter dem Namen Afrikanischer Goldwolf *(Canis anthus)* geführt.

In prähistorischer Zeit kam der Goldschakal bereits entlang der östlichen Adriaküste und in Griechenland vor. Erst nach 1850 gab es zunehmend Nachweise in Ungarn. 100 Jahre später wurde die Art nahezu im gesamten Balkan nachgewiesen. Über die weitere Ausbreitung in Mittel- und Nordosteuropa gibt die Zeittafel (siehe Seite 190) Auskunft.

Vom Balkan kommend

In Europa war der Goldschakal ursprünglich nur auf dem Balkan vertreten. Immer wieder wurde von „Rohrwölfen“ berichtet, die in den Schilfwäldern des Neusiedler Sees und in den Puszta-Gebieten seiner Umgebung gelebt haben sollten. Es wurde angenommen, dass es sich hierbei um Goldschakale handelte. Inzwischen wird das angezweifelt und eher von Verwechslungen ausgegangen. Die Frage – Wolf, Goldschakal, Fuchs? – ist im fraglichen Raum heute ohnehin nur noch eine akademische, da dort mit allen drei Arten zu rechnen ist. Das war nicht immer so, denn in Ungarn war der Goldschakal schon in den beiden vergangenen Jahrhunderten heimisch und weit verbreitet. Er wurde jedoch in der ersten Hälfte des 20. Jahrhunderts ausgerottet. Erst Ende des 20. Jahrhunderts wanderte die Art – wohl überwiegend aus Serbien – wieder ein. Seit dem Jahr 2000 wird ihr in Ungarn auch eine Schonzeit zugestanden.

Die fortschreitende Klimaerwärmung mit langen, trockenen Sommern und kürzer und milder werdenden Wintern erschließt der Art neue Lebensräume. Über das heutige Slowenien fand der Schakal den Weg nach Italien, wo er ähnliche Bedingungen fand wie auf dem Balkan. Die IUCN (Weltnaturschutzunion) schätzt, dass sich in Mitteleuropa gegenwärtig 117.000 Schakale aufhalten.

Häufig wird die Anwesenheit des Goldschakals erst durch Verkehrsopfer bekannt. Doch auch dann werden sicher nicht alle richtig erkannt. Schnell wird in den Augen der Betrachter ein „kapitaler" Rotfuchs oder ein „schwacher" Wolf daraus. Dabei ist die Unterscheidung am toten Tier relativ einfach: Die Gehöre (Ohren) des Fuchses sind außenseitig immer schwarz, jene des Goldschakals hingegen braun. © Miha Krofel

Daten der Einwanderung nach Mitteleuropa (Literaturauswertung)

1903	In Nordkroatien gibt es erste Nachweise.
1947	In der Slowakei gibt es ebenfalls einen Nachweis.
1952	In Slowenien wird der Schakal beobachtet.
1978	In Bosnien-Herzegowina wird er ebenfalls nachgewiesen.
1981	In Ungarn wird er neuerlich beobachtet.
1984	In Norditalien wird ein Goldschakal geschossen.
1987	In Österreich (Steiermark) wird ebenfalls einer geschossen.
1989	In der Slowakei kommt es zu mehreren Abschüssen.
1998	Die Ukraine und Moldawien weisen stabile Population auf.
1998	In Tschechien kommt es zu ungesicherten Nachweisen.
1998	In Brandenburg (BRD) wird ein Goldschakal erlegt.
2006	In Tschechien erfolgt der erste gesicherte Nachweis (Totfund).
2007	In Österreich werden im NP Neusiedler See Welpen nachgewiesen.
2012	In Weißrussland wird erstmals ein Goldschakal nachgewiesen (Abschuss).
2012	In der Schweiz liefern Fotofallen mehrere Nachweise.
2012	Im NP Bayerischer Wald liefert eine Fotofalle den ersten Nachweis.
2013	In Estland erfolgt der erste Nachweis durch Abschuss.
2013	In Lettland wird ebenfalls ein Goldschakal geschossen.

2015	In Litauen erfolgt der erste Nachweis ebenfalls durch Abschuss.
2015	In Dänemark wird ein Goldschakal überfahren.
2016	In den Niederlanden dokumentiert eine Fotofalle den ersten Schakal.
2017	In Frankreich gibt es einen ersten Nachweis.
2018	In Liechtenstein wird er ebenfalls nachgewiesen.

ER WIRD BLEIBEN

Einfluss auf unsere Fauna?

Zu Beginn dieses Jahrtausends nahm die Zahl der Goldschakale in Ungarn signifikant zu. Gleichzeitig berichtete zuerst die ungarische Jagdzeitung „Nimrod" von dramatisch abnehmenden Rehwildbeständen infolge der Zunahme des Goldschakals. Danach nahmen sich auch die einschlägigen Zeitschriften der Nachbarländer, insbesondere jene Deutschlands, aber auch Jagdzeitschriften anderer Staaten des Themas an. Es sollten in Ungarn bereits ganze Komitate fast rehwildfrei sein. Jäger, die dort als Jagdgäste weilten, gaben Erzählungen und Befürchtungen ihrer Gastgeber weiter. Schließlich wurden auch die Jäger Kroatiens und Sloweniens unruhig, und alle „stießen ins selbe Horn". Demnach jagten die Schakale, wie die Wölfe, im Rudel, wobei ihnen – so wurde kolportiert – kaum ein Reh entkam.

Die Realität sah jedoch völlig anders aus. Ein Blick in die ungarische Jagdstatistik zeigt, dass die Rehwildstrecken sogar fast „dramatisch" anstiegen. Waren 1999 in ganz Ungarn lediglich 44.437 Rehe erlegt worden, waren es 2015 tatsächlich 114.693 Rehe, also rund 2,6-mal mehr!

Goldschakale sind in Ungarn jagdbares Wild, und sie haben auf die dortige hervorragende Nahrungsbasis reagiert. Die Zahl erlegter Goldschakale stieg enorm. 1995 waren es lediglich sechs Exemplare. 2005, also nur gut zehn Jahre später, bereits 140 Stück. 2018 waren es sogar 7.873 Stück (Farks et al., 2018). Das entspricht gegenüber 1995 einer Steigerung um mehr als das Tausendfache!

Die Jäger in Mitteleuropa können dem Goldschakal also gelassen entgegensehen. Dass die Art ähnlich „explodiert" wie in Ungarn, ist in Deutschland, der Schweiz, Slowenien und Italien ohnehin nicht zu erwarten. Dafür sorgen die inzwischen in diesen Ländern lebenden und reproduzierenden Wölfe. Der Wolf ist der Hauptfeind des Goldschakals. Mitteleuropa ist aber auch viel dichter besiedelt als Ungarn, und was nicht mit Beton und Asphalt versiegelt ist, wird meist intensiv genutzt. Damit kann der Goldschakal zwar einigermaßen gut umgehen, aber Bevölkerungs- und Wirtschaftswachstum führen auch zu einem immer dichteren Netz an Verkehrswegen. So werden bei einer weiteren Ausbreitung des Goldschakals Auto und Bahn wesentliche Prädatoren sein.

WICHTIG! Lebensraum bestimmt das Artenspektrum

Es gibt sicher keinen Grund, den Goldschakal in Mitteleuropa durch gezielte Schonung zu fördern. Es besteht aber auch kein Anlass, ihn zu bekämpfen. Der Lebensraum wird entscheiden!

Selbstregulation

Der Goldschakal wurde auf seinem weiten Weg von Arabien und Vorderasien bis Europa nie vom Menschen gewollt unterstützt. Er schaffte es dennoch bis zu uns, weil er auf seinem langen „Marsch" überall geeignete Lebensräume fand, die ihn ernährten und sich vermehren ließen. Ungeeignete Räume – etwa solche, in denen viele Wölfe lebten – konnte er umgehen. Wenn er (wie in Ungarn) wieder irgendwo verschwand, dann entsprach das immer dem Willen des Menschen und dem Umstand, dass dieser absolut skrupellos in der Wahl seiner Vernichtungsmethoden war. Fallen waren dabei zwar brutal und quälerisch, aber letztlich auch nicht alleine zielführend. Es war immer und überall das Gift – bis heute!

Dennoch wird sich der Goldschakal in Deutschland und Österreich behaupten. Er wird von der Klimaerwärmung ebenso profitieren wie von einem reichen Nahrungsangebot.

In den Auwäldern der Sava, der Mura, in den Deltagebieten der nach Süden entwässernden Flüsse und in den Schilfgebieten der Steppenseen leben Goldschakale in teils hoher Dichte. Dennoch: Etwas Glück gehört dazu, einem zu begegnen, und oft verhalten sie sich wie Waldgespenster. Kaum hat man sie erkannt, lösen sie sich scheinbar in Luft auf. © iStock.com/Sini Mavedi

BEGEGNUNGEN

Vor wenigen Jahren wurde der Goldschakal auch im Kärntner Gailtal nachgewiesen. Letztlich waren es sogar zwei, eine Fähe und ein Rüde. Im Folgejahr reproduzierten sie. Die Wogen schlugen hoch: Der Luchs, der Wolf, der Bär und jetzt auch noch der Goldschakal! Das waren so die Befürchtungen, die bald laut, bald hinter vorgehaltener Hand zu hören waren. Man kann den Jägern kaum einen Vorwurf machen. Wer sollte in Österreich oder Deutschland schon Erfahrung mit dem Goldschakal haben? Gerade die interessierten Jäger, die sich darum bemühten, über diese Art etwas zu erfahren, lasen teilweise wahre Schauergeschichten. Dabei wird, was die Tagesmedien drucken oder senden, viel weniger ernst genommen als das, was in der Jagdpresse steht. Natürlich fahren auch viele deutsche, österreichische und Schweizer Jäger nach Ungarn auf die Jagd. Sie reden mit den dortigen Jägern, erkundigen sich über den Schakal und seinen Einfluss auf andere Wildarten. Am meisten interessiert wohl die Frage, wie das Rehwild mit dem Goldschakal zurechtkommt.

Die Erfahrungen mit dem Goldschakal waren bei den meisten ungarischen Jägern eher gering. Ihre Haltung zu diesem zusätzlichen Feind des Wildes und Konkurrenten des Jägers wird genauso vielschichtig gewesen sein wie in Deutschland oder Österreich, wenn es um Luchs oder Wolf ging. Aber immerhin deckten sich viele Aussagen mit jenen, die man zuerst in Ungarn, dann in den jagdlichen Blättern der Nachbarn und schließlich auch in westdeutschen Jagdzeitschriften lesen konnte. Fazit: Der Goldschakal rottet die Rehe aus – so wie es angeblich Luchs und Wolf schon taten. Irgendwann war das Gailtal wieder „schakalfrei".

Auch ich hatte keinerlei Erfahrung mit dem Goldschakal. Ein einziges Mal hatte ich einen gesehen – im Tierpark in Rosegg. Meine erste Begegnung mit dieser Art in Freiheit hatte ich, als das Gailtal schon wieder „sauber" war. Ich war einige Tage in Kroatien. Es ging um die Vorbereitung einer Exkursion in der Posavina. Das ist eine der letzten großen Urlandschaften Europas. Die Hälfte dieser riesigen, alljährlich für Wochen und Monate überschwemmten Auenlandschaft – alles was westlich der Sava lag – wurde schon vor dem jugoslawischen Bruderkrieg mit finanzieller Hilfe der EU zerstört. Die Ostseite war erhalten geblieben.

Es war ausgerechnet der grausame Krieg zu Beginn dieses dritten Jahrtausends, der alle Kommerzialisierungspläne stoppte. Die Posavina war Kriegsgebiet, und überall standen und hingen, als der Krieg zu Ende war, rote Blechtafeln mit Totenkopf und der Aufschrift: „NE PRILAZITE!". Sie warnten vor den Mienen. Vor allem die alljährlichen Hochwasser sorgten dafür, dass Mienen immer neu in den riesigen Auwäldern verteilt wurden, auch auf bereits geräumten Flächen.

Dort unten, im kurzen Gras des Hochwasserdammes, der die entlang der Save gelegenen Dörfer vor Hochwasser schützen sollte, saß ich. Die Sonne begann sich zu neigen, und die Temperatur war erträglich geworden. Sommertage in den Auwäldern der Posavina haben es in sich. Die von keinem Lufthauch gemilderte, reglos zwischen Jahrhunderteichen und Hybridpappeln hängende Glut, der aufdringliche Modergeruch aus den trockengefallenen, schlickigen Altarmen. Schlamm, faules Wasser, austrocknende Algenteppiche und verwesende Fische, die nicht rechtzeitig den abziehenden Wassern gefolgt waren. Dazu aus allen Ecken des Waldes das markante Flöten des Pirols, das Krächzen der Graureiher und aus dem durchschimmernden Blau des Himmels das Miauen des Bussards.

Ich war müde von der weiten Wanderung, mein Hemd war durchgeschwitzt und der Rucksack quälte, trotz geringem Gewicht, die Schultern. Herrlich war es, der Stiefel entledigt und das Dorf Čigoč schon in Sichtweite, Stille und Abendstimmung zu genießen. Über 60 Vogelarten hatte ich an diesem Tag notiert, vom Seeadler bis zum Zaunkönig. Am Morgen, als ich mich nach dem Frühstück auf den Weg machte, standen überall in den Wiesen die Störche – Dutzende! Nutrias, die faul in der Sonne lagen, daneben Sumpfschildkröten. Welch ein Land!

Doch immer mehr der einst offenen Flächen verbuschten. Immer mehr Menschen wanderten ab oder begannen, zwischen Dorf und Stadt zu pendeln. Sie tauschten das Leben armer, aber freier Bauern gegen ein Dasein, das sie als besser empfanden. Audi und Opel lösten den Renault kroatischer Bauart ab, der Flachbildschirm das Radio aus Titos Zeiten. Aus Gemüsegärten wurden Rasenflächen mit Grill und Hollywoodschaukel. Durch Jahrhunderte bebautes Land lag brach.

Noch etwas hatte Kroatien erreicht, ein Strauch mit wunderschönen Blüten, der sich geradezu als herrschsüchtig erwies: der Scheinindigo (*Amorpha fruticosa*) aus Nordamerika. Er war ein Neophyt und bei meinem Besuch längst zum Problem geworden. Wo nicht jedes Jahr gepflügt oder gemäht wurde, eroberte er das Land. Er verdrängte auf großen Flächen die heimischen Gehölze und fraß sich in den Wald. Kroatien hatte sogar ein kostenschweres Programm zur Verdrängung dieses Einwanderers aufgelegt. Aber wo man ihn auf einem Hektar getilgt hatte, okkupierte er nebenan eine fünfmal so große Fläche.

Wie ich so meinen Gedanken nachhing, bemerkte ich zwei „Hunde“, die eine ehemalige (nun vom Scheinindigo überwucherte) Wiesenfläche absuchten. Sie waren immer nur kurz zu sehen. Der Indigo versperrte die Sicht. Beim zweiten oder dritten Auftauchen kamen mir Zweifel: Das waren keine Hunde, das waren Wölfe. Mein Puls ging schneller, die das Fernglas haltenden Hände wurden unruhig.

Beim nächsten Auftauchen verloren die beiden Tiere auch den Wolfsstatus. Sie waren zu klein, ihre Lunten im Verhältnis zu den Körpern zu kurz. Fast sahen sie aus wie etwas groß geratene Füchse, zumal jetzt einer im dürren Gras mit schräg gehaltenem Kopf verhoffte, um plötzlich mit einem hohen Bogensprung nach vorne zu schnellen – typisch Fuchs! Tatsächlich hielt er danach etwas im Fang, das eine Maus sein konnte.

Jetzt – erst jetzt fiel es mir wie die sprichwörtlichen Schuppen von den Augen. Es waren zwei Goldschakale! Heute würde ich wahrscheinlich sofort an sie denken, aber damals rechnete man einfach noch nicht mit ihnen. Im Rucksack war die Kamera, doch später zeigten die Aufnahmen nur zwei kleine, unbekannte Wesen. Die Entfernung von sicher hundert Metern war für mein Standardobjektiv zu groß.

Beim Abendessen in der „Tradicije“, wo ich Quartier bezogen hatte, sprach ich den Wirt auf die beiden Schakale an. Der rief den Lebensgefährten seiner Schwester an den Tisch, der als Ranger im Lonjsko polje arbeitete und viel über die Schakale erzählen konnte. Darüber, dass die ersten vor Jahren von Serbien her eingewandert seien und dass es seither immer weniger Rotfüchse gäbe. Manchmal, so erzählte er, kämen sie im Herbst am Abend bis in seinen Garten, um unter den Bäumen nach faulem Obst zu suchen.

Die Jäger schossen die Schakale das ganze Jahr hindurch. Manche ließen sich den ersten selbst erlegten Winterbalg gerben, ansonsten gingen die toten Schakale in den Kreislauf der Natur ein. Seeadler, Milane, Füchse und Wildschweine freuten sich über sie. Manche Jäger bejammerten den starken, den Schakalen angelasteten Rückgang des Rehwildes, andere konstatierten nüchtern steigende Rehwildstrecken.

Ich aber freute mich, erstmals in freie Wildbahn zwei Schakalen begegnet zu sein.

DER WASCHBÄR
(Procyon lotor)

GUT ZU FUSS, KLETTERER UND SCHWIMMER

Erscheinungsbild

Gewicht: Waschbären werden bis zu 7 kg schwer und erreichen etwa die Größe eines Fuchses.

Beine: Waschbären sind perfekte Kletterer. Dabei helfen ihnen hinten stämmige Beine und Pfoten mit je 5 funktionsfähigen Zehen. Die Finger der Vorderpfoten sind besonders lang und erleichtern sowohl das Hochziehen des Körpers wie das Festhalten.

Haarwechsel: Wie beim Fuchs, nur im Frühjahr.

Besonderheiten

Magen: Waschbären haben kleine Mägen, die nur 2,5 % ihres Körpergewichtes fassen, beim etwa gleich großen Fuchs sind es 6 %. Jäger wie der Wolf haben große Magenvolumen, weil sie oft auf Vorrat fressen müssen. Sammler wie Waschbär, Marderhund oder Dachs kommen mit kleineren Mägen aus.

Sinne

Sehvermögen: Waschbären sind gute Dämmerungsseher, aber farbenblind.

Hörsinn: Wer zu einem guten Teil von Kleinnagern und Wirbellosen leben möchte, muss auch über einen guten Hörsinn verfügen.

Geruchssinn: Als „schnüffelnde Sammler" ist ihr Geruchssinn sehr gut ausgebildet.

Tastsinn: Der Waschbär verfügt zusätzlich über einen sehr guten Tastsinn. Er tastet seine Nahrung ab, was oft als „waschen" fehlinterpretiert wird. Seine Vibrissen im Gesicht und über den Krallen sind bei der Bewegung in der Dunkelheit nützlich, ebenso die Druckrezeptoren auf der Unterseite seiner Pfoten.

Lautäußerungen

Der Waschbär verfügt über ein sehr großes Repertoire an Lauten. 13 verschiedene Lautäußerungen wurden beschrieben (Hohmann, 2001).

Fortpflanzung

Geschlechtsreife: Fähen werden mit 10–12 Monaten geschlechtsreif, Rüden mit 20 Monaten.

Paarbildung: Die Rüden sind polygam.

Ranz und Tragzeit: Die Ranz findet überwiegend im Februar (Januar bis März) statt. Nach einer Tragzeit von etwa 63–65 Tagen bringt die Fähe 2–4 blinde und taube, aber behaarte Welpen zur Welt.

Augen und Gehörgänge werden erst mit 18–23 Tagen geöffnet.

Aufzucht: Waschbär-Mütter sind „alleinerziehend". Die Welpen werden etwa 8 Wochen ausschließlich gesäugt. Sie sitzen während dieser Zeit in der (Baum-)Höhle und verlassen ihre Geburtshöhle erst im Alter von 6–9 Wochen. Erst nach 6 Monaten gehen sie ohne Mutter auf Nahrungssuche.

Selbstständigkeit: Etwa mit 1,5 Jahren verlassen die jungen Männchen die Familie (siehe Seite 198).

Markant sind jeweils 5 lange Zehen, die sich meist gut abbilden. Die hinteren Branten sind bis 9 cm lang, die vorderen bis 8 cm. Beide sind zwischen 6 und 7 cm breit. Die Nägel des Waschbären sind auffallend kurz.

© iStock.com/Troy Levengood

ALLGEMEINES

Nahrungs-Generalist

Die Nahrungspalette der Waschbären ist außerordentlich breit. Dennoch ist er absolut kein „Jäger“, wie es in zahlreichen Jagdzeitschriften immer wieder dargestellt wird. Das Verhältnis tierischer und pflanzlicher Nahrung variiert im Jahreslauf je nach Angebot. Lutz (zitiert bei Hohmann, 2001) spricht von insgesamt einem Drittel pflanzlicher Nahrung. Je nach Jahreszeit kann sie jedoch mehr als die Hälfte ausmachen. Die tierische Nahrung besteht überwiegend aus Wirbellosen wie Insekten, Würmern, Schnecken. Bei den von ihm erbeuteten Wirbeltieren handelt es sich um Fische (Kadaver eingeschlossen), Mäuse (eher wenige) und Kriechtiere. Selbstverständlich frisst er auch Eier, die aber nur während einer kurzen Zeit des Jahres zur Verfügung stehen.

Den höchsten Anteil an tierischer Nahrung finden wir im Frühling, was ganz simpel zu erklären ist: Es gibt noch keine Früchte, und ein „Graser“ ist der Waschbär nicht. Im Sommer überlagern Beeren, Obst, Getreide und Gartenerzeugnisse wie Bohnen die tierische Kost. Im Herbst ist das pflanzliche Angebot überreich, ganz im Gegensatz zum Winter. Da findet er vielleicht noch einige Eicheln und Bucheckern, kaum noch Haselnüsse und vereinzelt liegen gebliebenes Fallobst. Doch wenn es jetzt allzu mühsam wird, satt zu werden, dann geht er zwischendurch in die Winterruhe.

HINWEIS! Winterspeck ist überlebenswichtig

Bis zu 50 % des Sommergewichtes werden als Fettreserven für den Winter angelegt.

Dass der Waschbär nicht der unsere heimische Fauna bedrohende Räuber ist, zeigt

Die Vorderpfoten ähneln in Aussehen und Funktion der Hand des Menschen, doch sind die „Finger“ (Zehen) deutlich länger. Wie bei den Nagern dienen sie dem Festhalten und Bearbeiten der Nahrung. © iStock.com/MyImages-Micha

uns seine Darmlänge. Sie beträgt beim ausgewachsenen Tier 4,5 Meter. Bei ausgewachsenen Füchsen beträgt die Darmlänge maximal drei Meter. Das Verhältnis Darmlänge zu Körperlänge, gemessen immer ohne Schwanz, lässt bei allen Säugetieren auf die Nahrung, die sie zu sich nehmen, schließen. Ganz einfach: Carnivoren haben kurze Därme, weil Fleisch leicht zu verdauen ist. Vegetarier haben lange Därme, weil pflanzliche Stoffe vergleichsweise schwer zu verdauen sind. Beim Allesfresser Waschbär beträgt das Verhältnis Körperlänge zu Darmlänge 1:8, bei der reinen Fleischfresserin Katze jedoch nur 1:4 (Hohmann, 2001).

„Wipfelernter“: Als hervorragende Kletterer verbringen Waschbären einen wesentlichen Teil ihrer Zeit in Bäumen. Dass sie manche Spechthöhle ausräumen, manches Häher- oder Krähennest plündern, liegt nahe. Damit bringen sie jedoch kaum eine Art in Bedrängnis, zumal „Buchenbrüter“ ziemlich sicher vor den Waschbären sind, denn ihre langen Krallen und Zehen finden an glatten Buchenstämmen kaum Halt. Zum

Problem können die smarten Nordamerikaner für Koloniebrüter werden, deren Nester oder Horste auf Bäumen mit rauer Rinde stehen. Das ist bei Reihern, Kormoranen und Saatkrähen der Fall. Es ist zwar nicht so, dass Waschbären die Gipfelregion eines alten Baumbestandes systematisch nach Nestern absuchen. In erster Linie suchen sie ihre Nahrung auf dem Boden. Doch bei den hier genannten Koloniebrütern ist keine lange Suche notwendig. Diese Vögel machen laut und mit viel Geflatter auf sich aufmerksam. Und so sind Fälle verbrieft, wo Waschbären ganze Kormorankolonien ausgeräumt haben. Andererseits werden mancherorts die Horstbäume auf Drängen der Fischer und teilweise sogar einzelner Naturschutzbehörden umgesägt, um die dort brütenden Arten zu reduzieren. Fischer sehen den Waschbären daher zunehmend positiv.

„Marderhund und Waschbär üben als typische Sammler keinen erheblichen Raubdruck auf mögliche Beutetierpopulationen aus. Für Restvorkommen seltener Arten können sie jedoch ein zusätzliches Problem im täglichen Überlebenskampf darstellen." (Duscher, 2012)

Lebensweise

Soziale Gruppentiere: Waschbären sind überwiegend dämmerungs- und nachtaktiv. Sie halten bei Bedarf eine Winterruhe, während der sie ihre Fettreserven verbrennen. Nach Untersuchungen Hohmanns (2010) sind weniger die Temperaturen Auslöser für die Winterruhe, sondern Schneefall. Am liebsten ruhen Waschbären in hohlen Bäumen, eher selten in Erdhöhlen oder in Spalten und Gängen von Steinbrüchen. In urbanen Bereichen nehmen sie auch mit Schuppen und Dachböden vorlieb. Familien wohnen zusammen.

Durch die Literatur streift der Waschbär immer noch als Einzelgänger, und so lernen ihn auch heute noch die meisten Jäger während ihrer Ausbildung kennen. Zweifel an der Richtigkeit dieser Behauptung wurden immer wieder einmal geäußert, doch erst Hohmann ging der Sache ernsthaft nach. Ihm ist an erster Stelle zu danken, dass wir heute über das Verhalten dieser Art mehr wissen. Er spricht von einer Dreiklassengesellschaft. Dabei unterscheidet er zwischen Mutter-Kind-Familien, reinen Männergruppen und von ihm so genannten „Verschmelzungs-Teilungs-Gesellschaften".

Bei den Männergruppen können sich die Streifgebiete der einzelnen Männchen bis zu 80 Prozent überlappen. Manche Männchen pflegen sehr innige Gemeinschaften und streifen fast ausschließlich gemeinsam umher. Hohmann nennt sie „Homophile Heteros", was heißen soll, dass zur Paarung zwar Weibchen aufgesucht werden, in der übrigen Zeit jedoch nur gleichgeschlechtliche Interessen bestehen. Meist sind es wohl Zweiergruppen, doch können Immigranten dazustoßen, die auch geduldet werden.

Bei den Verschmelzungs-Teilungs-Gesellschaften handelt es sich um weibliche Tiere, die mit dem Erwachsenwerden ihr Geburtsrevier – im Gegensatz zu ihren Brüdern – nicht verlassen. Man trennt sich für Stunden oder Tage, findet aber wieder zusammen. Eine feste Ordnung, wer mit wem, gibt es nicht.

Eine weitere Besonderheit ist, dass Waschbären Schlafgesellschaften bilden. In der Regel nutzt jeder von ihnen mehrere Schlafplätze. Das können Baumhöhlen, aber auch Felsnischen, etwa in aufgelassenen Steinbrüchen, sein. Neben besonders intensiv genutzten Hauptschlafplätzen gibt es noch Sekundärschlafplätze. Sie alle sind auch beliebte Treffpunkte, die nicht nur am Tage als Ruhestätten genutzt werden. Es sind auch beliebte und oft genutzte Treffpunkte in der Nacht, also während der aktiven Zeit der Tiere.

Junge Waschbären werden von ihren Müttern zwei volle Monate hindurch ausschließlich gesäugt. In dieser Zeit bekommen sie keine feste Nahrung und müssen in ihrer Höhle bleiben. Es ist der Mutter nicht möglich, ihre Jungen mit Wirbellosen zu ernähren, einfach weil der Aufwand viel zu groß wäre. Das geht bei Arten wie dem Fuchs, der kleine Säuger und Vögel (Geflügel) erbeutet und diese Nahrung nicht in die Wipfelregion alter Bäume zerren muss.

Lebensräume und ihre Requisiten

Waschbären sind bei der Habitatwahl wählerisch. Hochlagen und schneereiche Gebiete werden gemieden. In nahezu allen vom Marderhund in Mitteleuropa bewohnten Räumen lebt auch der Waschbär, umgekehrt jedoch nicht. Das Nahrungsspektrum des Marderhundes deckt sich weitgehend mit dem des Waschbären, dennoch sind die beiden Arten keine Nahrungskonkurrenten. Denn der Marderhund kann nicht klettern. Weder kann er Baumhöhlen als Schlafstätten nutzen noch im Kronenbereich Nahrung suchen. Diese Nische nutzt von allen bei uns vorkommenden behaarten „Beutegreifern“ nur der Waschbär.

Wie der ihm im Aussehen ähnliche Dachs hält er eine Winterruhe. Der Dachs ist durch seine Lebensweise jedoch deutlich flexibler und kann sich mehr leisten als der Waschbär.

Waschbären sind keine so guten Läufer wie Füchse. Im Gegenteil, sie sind „miserable Spurter“ (Hohmann, 2001). Das verlangen aber die von ihnen bevorzugten Lebensräume auch nicht. Wo es eng wird, suchen sie Schutz in den Bäumen. Ihre langen Zehen und Krallen machen sie – trotz ihrer Körperfülle – zu hervorragenden Kletterern.

WICHTIG! Unterschiedliche Fluchtstrategien

Füchse laufen bei Gefahr weg, um möglichst schnell viel Distanz zu gewinnen. Waschbären versuchen sich kletternd in Sicherheit zu bringen.

Waschbären sind überdies gute Schwimmer. Zwar hat auch der Fuchs kein Problem, einen Fluss schwimmend zu durchqueren, aber er ist nicht in dem Maße „wasserfreudig“ wie der Waschbär. Dieser nutzt Uferbereiche und Bäche intensiver zur Nahrungssuche als der Fuchs.

Während Letzterer selbst mit kahlen, weiträumigen Agrarsteppen zurechtkommt, meidet der Waschbär solche Lebensräume. Er will immer möglichst hohe Bäume mit rauer Rinde in seiner Nähe haben, auf die er bei Gefahr flüchten kann. Daher wird er ja in Nordamerika in der Nacht mit Hunden gejagt. Diese Coonhounds suchen in der Dunkelheit den Wald nach frischen Spuren des Waschbären ab und folgen ihnen lauthals. Der Bär flüchtet dann so schnell wie möglich in die Krone eines Baumes, während die Hunde unter dem Baum so lange Laut geben, bis die Jäger kommen, mit starken Lampen den Baum ableuchten und den Kleinbären – so sie ihn entdecken – herunterschießen. Das gelingt freilich nicht immer, denn findet der Bär eine Baumhöhle, ist er in Sicherheit.

Es sind Bäume des Auwaldes, die dem Waschbären das Klettern leicht machen: Eichen, Eschen, Pappeln und Erlen. Buchen hingegen sind glattrindig. Delissen (zitiert bei Hohmann, 2001) stellte bei Untersuchungen in Niedersachsen fest, dass Waschbären Buchen nur annehmen, wenn die Stämme einen Neigungswinkel von zumindest 70 Grad aufweisen. Hohmann, der die Waschbären im buchenreichen Solling untersuchte, stellte fest, dass sie dort bei ihren nächtlichen Ausflügen einen großen Bogen um reine Buchenbestände machen.

Buchenbestände meidet der Waschbär, weil er bei Gefahr die glattrindigen Stämme nicht besteigen kann.

AUSBREITUNG

Ausgesetzt im Geiste der Zeit

Vermutlich wurden in Europa die ersten Waschbären 1929 von in Hessen zur „Faunenbereicherung" ausgesetzt. In der Folge setzte 1934 auch die Hessische Landesforstverwaltung Waschbären aus – ebenfalls zur „Faunenbereicherung". Zusätzlich entkamen immer wieder einzelne Tiere aus Pelztierfarmen. Viele Jäger wussten jedoch in den 1960er-Jahren noch nicht, dass in deutschen Wäldern Waschbären aus Nordamerika lebten. In dem damaligen jagdlichen Standardwerk „Diezels Niederjagd", wurde der Waschbär nicht einmal erwähnt. Heute ist er vielerorts häufiger als der Feldhase.

Daten seiner Ausbreitung

1929	Erste Aussetzung von sechs Waschbären in Hessen.
1930	Weitere Waschbären entweichen aus einer Farm in der Eifel.
1934	Die Forstverwaltung in Hessen setzt vier weitere Tiere aus.
1936	In der Sowjetunion werden ebenfalls Waschbären ausgesetzt.
1944	In Polen entweichen Farmtiere.
1945	Nahe Berlin kommen bei Bombenangriffen 25 Tiere frei.
1960	In Polen entweichen nochmals Farmtiere.
1962	In der Sowjetunion werden nochmals Waschbären ausgesetzt.
1966	In Nordfrankreich lassen US-Amerikaner Waschbären frei.
1976	In der Schweiz (Kanton Schaffhausen) erfolgt ein erster Nachweis.
1985	In der Steiermark gelingt der erste Nachweis.

DIE EU UND DER WASCHBÄR

Zerstörer der Biodiversität?

Seit August 2016 steht der Waschbär in der „Liste invasiver gebietsfremder Arten von unionsweiter Bedeutung“. Die Europäische Kommission behauptet, dass die Ausbreitung des Waschbären die Biodiversität und die damit verbundenen Ökosystemdienstleistungen gefährden würde. Sie verlangt ein konzertiertes Vorgehen gegen den Waschbären und andere Tierarten auf Unionsebene und verbietet die Haltung, Beförderung, Fortpflanzung oder Freisetzung. Sie verpflichtet jeden Mitgliedstaat, „die Ausbreitungspfade zu analysieren und Aktionspläne zur Überwachung und Eindämmung zu entwickeln“.

Sie steht hier in krassem Widerspruch zu Leuten, die sich mit Waschbären & Co. intensiv wissenschaftlich auseinandergesetzt haben: *„Die Einbürgerung und Ausbreitung wurde begünstigt, da der Waschbär als eine wertvolle Bereicherung der Fauna angesehen und ein interessantes jagdbares Tier erwartet wurde.“* Grummt (1988).

Österreichs Staatsfunk ORF ficht das nicht an. So verbreitete das Landesstudio Wien am 8. August 2021 folgende an Unsachlichkeit nicht mehr zu überbietende Meldung:

„Eine weitere invasive Art ist der Waschbär. Er ist ein Allesfresser und so gefräßig, dass eine zu große Population schon mal ganze Vogelarten in einem Gebiet ausrotten könnte.“

Die EU hat in der Vergangenheit beispielsweise in ganz großem Stil die Vernichtung der Streuobstwiesen subventioniert und damit zahlreiche Arten zumindest lokal zum Aussterben gebracht. Sie hat ebenso die Vernichtung uralter Olivenhaine und Korkeichenwälder in Südeuropa subventioniert. Sie förderte andererseits massiv den Anbau fremder Baumarten. Auch das ging brutal zu Lasten der Biodiversität. Es ließe sich eine lange Liste von Todsünden anführen, begangen von der EU gegen das Leben.

Die EU fördert in Slowenien und Kroatien den Schutz des Braunbären und lässt durch die Bärenlebensräume Zäune ziehen, in denen Bären, Wölfe und Luchse ebenso verbluten wie Rehe und Hirsche. Wo Proteste von Wissenschaftlern aufkommen, lässt man nationale Behörden mit dem Entzug von Fördermitteln drohen.

Die Landwirtschaftspolitik der EU hat zum Niedergang der bäuerlichen Landwirtschaft zu Gunsten der Agrarindustrie geführt und damit die Biodiversität radikal abgewürgt. Nur ein Beispiel: der von ihr hochsubventionierte Mais ist – wie die allermeisten der bei uns angebauten Gemüsearten – ein Neophyt. Weil er erst nach 1492 nach Europa kam (Entdeckung Amerikas durch Kolumbus), steht er damit sinngemäß auf einer Stufe mit Waschbär & Co. Bei landwirtschaftlichen Kulturpflanzen hat die EU jedoch überhaupt keine Probleme bezüglich der Biodiversität.

Die Entscheidungen der EU werden weitgehend von Lobbyisten und Interessenverbänden bestimmt. Sie erwartet jedoch von den Menschen der Mitgliedsländer Vertrauen und Gehorsam.

BEGEGNUNGEN

Meine ersten Begegnungen mit Waschbären hatte ich in den 1960er-Jahren in Nordhessen. Ich war damals als Praktikant und „Alleinunterhalter" auf einem großen privaten Gutsbetrieb mit eigenem Wald beschäftigt. Teile dieses Waldes wurden noch als Niederwald bewirtschaftet. Hauptbaumarten waren Eiche und Hainbuche. Da der Wald alle 20 bis 30 Jahre kahlgeschlagen wurde, um dann wieder aus dem Stock auszutreiben (reine Brennholzwirtschaft), gab es kaum alte, hohle Bäume. Doch immerhin war Nordhessen sozusagen eine Keimzelle der Waschbären. Die ersten wurden ja 1929 dort ausgesetzt. Freilich gab es in den 1960er-Jahren längst noch nicht so viele Waschbären wie heute. Niemand hätte damals geglaubt, dass sie in der nahen Großstadt Kassel einmal zum innerstädtischen Problem werden sollten. Doch wenn man von den weitgehend fehlenden, hohlen Jahrhunderteichen absah, dann sagte ihnen der Lebensraum zu.

Es war eine damals stille Mittelgebirgslandschaft, bedeckt mit viel Wald und durchzogen von vielen kleinen Wiesentälchen und Wasserläufen. Jäger, die schon einen Waschbären erlegt hatten, ließen sich seinen Balg gerben oder am besten gleich das ganze Tier präparieren. Ein Waschbär, das war damals noch etwas. Allein schon das Wort „Bär" verlieh ihm bei vielen Menschen etwas Mystisches. Bären in Deutschlands Wäldern.

Es war Ende Juni, als ich in einer der verbliebenen Niederwaldabteilungen oberhalb eines Dachsbaues saß, in der Hoffnung, Jungdachse zu sehen. Doch statt Familie Dachs kam eine Waschbärin mit drei Jungen aus dem Bau. Es waren die ersten Waschbären, denen ich bis dahin in freier Wildbahn begegnet war. Für mich ein großes Erlebnis!

Der Waschbär ist zwar ein guter Kletterer, aber dass er heimische Vogelarten ausrottet, dürfen wir getrost den Märchen zuordnen. @ Milos Andera

Jahrzehnte später – ich hatte inzwischen in unterschiedlichen Revieren immer wieder Begegnungen mit Waschbären gehabt – durfte ich mich noch einmal erfreuen, vom Ort meiner allerersten Begegnung gar nicht weit entfernt. Wie so oft, war ich im November im dortigen Forstamt zu einer Drückjagd eingeladen. Waschbären waren längst überaus häufig. Von den Förstern wurden ihnen nur wenige gefährlich. Eher schon die in den Landeswäldern mitjagenden Privatjäger oder eben die Gäste der großen Drückjagden. Jahr für Jahr erlaubte der Forstdirektor in seiner der Jagd vorangehenden Ansprache auch das Erlegen von Waschbären.

Damals wurde mir ein Stand in einem schon locker stehenden Altholz zugewiesen, in dem die Buchen dominierten. Zwischen ihnen standen aber auch einzelne alte Eichen. Solche Jagden dauerten immer drei bis fünf Stunden, je nachdem in welcher Ecke man saß. Die Hauptarbeit übernahmen Hunde, die das Wild in Bewegung brachten. Treiber waren in der Regel keine dabei. Meist bezogen die Schützen so gegen neun Uhr ihre Stände. Zu der Zeit hatten sich die meisten Waschbären bereits in ihre Tagesverstecke zurückgezogen. Daher erlebte ich in den vielen Jahren, die ich dort eingeladen war, eher selten, dass ein Waschbär geschossen wurde.

An diesem Vormittag lief es etwas anders. Wenn Hunde Rotwild, Rehe oder Wildschweine verfolgen, geben sie auf der Fährte Laut (für Nichtjäger: sie bellen im Laufen). Manchmal verfolgen sie insbesondere Wildschweine über einen Kilometer und weiter. Einen Waschbären, der nicht schnell auf einen Baum flüchtet, holen die Hunde hingegen sehr schnell ein. Sitzt der Bär jedoch erst einmal im Baum, bricht der Laut der Hunde in der Regel schnell ab. Haben die Waschbären (manchmal sind sie ja zu zweit unterwegs) Pech und kommen bei einem Jäger vorbei, kostet sie das oft das Leben.

So war es auch auf jener Jagd. Ich hörte kurz einen Hund jagen und dann einen Schuss. Kurz darauf raschelte es im trockenen Falllaub, und ich sah einen Waschbären. Ihm schien die Situation bewusst zu sein. Flüchtig kam er bis zum Rand der Linie, an der ich saß, verhoffte kurz, sicherte zurück und nahm dann eine dicke Eiche an. Ruckzuck hatte er deren Krone erreicht. Der Baum musste ihm bekannt gewesen sein. Kurz verhoffte er oben auf einem der dort immer noch dicken Äste und äugte herunter, dann verschwand er noch einen halben Meter höher in einem anderen, steil nach oben ragenden und abgebrochenen Ast. Unmittelbar darauf begann unweit ein Hund zu läuten. Schon sah ich ihn. Er kam auf der Spur des Waschbären, umkreiste, den Fortgang der Spur suchend, die Eiche und untersuchte schließlich deren Stamm. Noch einen oder zwei Kreise um den Baum, dann suchte er stumm weiter.

Am frühen Nachmittag wurde am Sammelplatz das erlegte und inzwischen versorgte Wild angeliefert. Darunter war auch ein Waschbär. Erlegt hatte ihn mein Standnachbar. Ihm kamen, verfolgt von einer Bracke, zwei Waschbären. Einen erlegte er, dessen „Bruder“ gelang die Flucht. Es war wohl jener, der mich mit seinem Erscheinen erfreut und oben in der Eiche Schutz gefunden hat.

DER MINK
(Neovison vison)

© iStock.com/lefteyephotoguyi

ER KAM UNFREIWILLIG

Erscheinungsbild

Aussehen: Die in Europa lebenden Minks stammen alle aus Farmhaltungen, wo sie in unterschiedlichen Farbvariationen gezüchtet wurden. Die „Wildform“ hat einen dunklen Balg mit weißem Kinn. Häufig fehlt dieses Weiß oder der Balg ist nicht gleichmäßig dunkel oder auch rein schwarz.

Gewicht: Rüden wiegen bis 1,5 kg (Stubbe, 1988). Sie können aber infolge Zucht und Kreuzung mit Farmtieren auch wesentlich schwerer werden.

Pfoten: Die Pfoten haben je 4 Zehen, die teilweise mit Schwimmhäuten verbunden sind.

Sinne

Sehvermögen: Ihre Jagdpraxis stellt an die Augen keine besonders hohen Ansprüche. Daher ist deren Leistung eher mäßig.

Hörsinn: Der Mink ist kein Lauerjäger wie etwa der Fuchs bei der Mäusejagd. Auch bei der Jagd unter Wasser sind keine überragenden Hörfähigkeiten notwendig. So darf sein Hörvermögen mit „gut“ bewertet werden.

Geruchssinn: Wer im oft modrigen Wasser und intensiv riechenden Pflanzenwuchs Beute machen oder Nahrung finden will, muss eine gute Nase haben. Beim Mink ist sie besonders gut ausgebildet.

Kommunikation

Lautäußerungen: Zur Kontaktaufnahme in der Ranz kichern und keckern beide Geschlechter. Bei Bedrohung oder Gefahr reagieren Minke mit Zischlauten und schrillen Kreischtönen (Stubbe 1988).

Welpen fiepen beim Spiel, bei der Suche nach den Zitzen oder beim Erscheinen der Mutter.

Reviermarkierung: Mit Kot und Urin sowie mit dem Sekret aus den Analbeuteln werden Duftmarken gesetzt (wie bei allen Mardern).

Fortpflanzung

Geschlechtsreife: Fähen sind mit rund 12 Monaten geschlechtsreif, Rüden ein halbes Jahr später.

Ranz und Tragzeit: Ende Februar bis Anfang April findet die Ranz (Paarung) statt. Nach 40–51 (75) Tagen Tragzeit werden 3–6 blinde, behaarte Junge geboren. Ursache für die unterschiedliche Tragzeit ist eine – bei vielen Marderartigen übliche – teils verzögerte Implantation.

Geburt/Welpen: Mit 10 Tagen öffnen die Welpen die Augen.

Sie werden 5–6 Wochen von der Fähe gesäugt. Der Rüde kümmert sich nicht um das Geheck.

Selbstständigkeit: Bis in den Herbst hinein jagen die Jungen mit der Fähe, dann müssen sie deren Revier verlassen.

Hybridisierung: Zwischen Amerikanischem und Europäischem Nerz kann es zwar zu Paarungen kommen, nicht aber zu Nachwuchs, da die beiden Arten nur entfernt verwandt sind.

ALLGEMEINES

Nerz oder Mink?

Immer wieder wird behauptet, der in Nordamerika beheimatete Mink (Amerikanischer Nerz) würde den in Europa autochthonen Nerz verdrängen. Das ist nicht richtig. Der Nerz war in Deutschland und Österreich bereits ausgestorben, ehe der Mink aus Pelztierfarmen entwich. Im sumpf- und wasserreichen Ostpreußen – eigentlich einem für den Nerz idealen Lebensraum – wurde das letzte Exemplar bereits 1922 vom Hund eines Försters abgewürgt. Zwar wurde 1940 noch ein weiterer „Nerz" nahe Göttingen (Niedersachsen) erschlagen, doch ist offen, ob es sich dabei tatsächlich um einen Europäischen Nerz gehandelt hat und nicht um einen Mink (Müller Using in „Diezels Niederjagd", 16. Auflage).

In der 1849 erschienenen, dem Grafen Gustav von Egger in Kärnten gewidmeten Erstauflage des Werkes wurde der Nerz mit keinem Wort erwähnt. Auch das 1928 erschienene „Neudammer Jäger-Lehrbuch" erwähnt den Nerz nicht. Inzwischen gilt der Nerz in ganz Europa und in weiten Teilen Russlands als ausgestorben – seit rund 100 Jahren!

Der Mink hat seinen Weg in die Jagdliteratur erst lange nach dem Zweiten Weltkrieg gefunden. Das wesentliche Unterscheidungsmerkmal beider Arten ist ihre unterschiedliche Größe. Der Mink wird stets als „größer" beschrieben. In der Praxis bedürfte es zur sicheren Bestimmung – sollten beide Arten noch nebeneinander vorkommen – eines DNA-Testes.

Der in Europa nicht autochthone Mink wird sich – geographisch – kaum unkontrolliert vermehren. Schon seine Lebensraumansprüche schränken seine Ausbreitung stark ein. Er wird aber hier auch von Fuchs, Otter und Greifvögeln genutzt und erkrankt häufig an der meist tödlich endenden Staupe. Wie fast alle Wildtiere leidet er unter einer ganzen Reihe von Endoparasiten.

Nahrung

Der Mink oder Amerikanische Nerz ist ein reiner Fleischfresser, als solcher aber Generalist. Er erbeutet Kleinnager wie Mäuse, Ratten und Bisams, Fische, Amphibien und Krustentiere, vereinzelt auch junge Ufer- und Wiesenbrüter.

Je nach Untersuchungsgebiet gehen die Nahrungsanalysen weit auseinander. In den meisten Untersuchungen stellen Nager mit bis über 50 % die größte Fraktion. Allerdings betrug der Anteil an Säugern bei einer schwedischen Untersuchung insgesamt nur 9,5 % (Erlinge, 1967, zitiert bei Stubbe 1988). Der Anteil an Nagern scheint dort, wo auch der Bisam vorkommt, besonders hoch zu sein. Auch die Anteile an Fischen und Vögeln schwanken erheblich. Das spricht für eine gewisse Flexibilität hinsichtlich seiner Nahrung.

Lebensräume

WICHTIG! Anspruchsvoll bezüglich Lebensraum

Die Ansprüche an den Lebensraum sorgen dafür, dass sich Minke nicht unkontrolliert ausbreiten. Sie verlangen wasserreiche Habitate mit viel natürlicher Vegetation. Solche werden immer seltener. Zu ihrer Nahrung gehören Arten, die Jäger und Fischer mögen, aber ebenso solche, deren Bekämpfung von Landwirten wie Behörden gefordert wird.

Der Amerikanische ist ebenso wie der Europäische Nerz ans Wasser gebunden, egal ob Fließ- oder Stillgewässer. Auch Marschland

Der Mink ist ans Wasser gebunden. Dabei bevorzugt er stehende oder nur langsam fließende Gewässer mit üppigem Bewuchs im Flachwasser- und Uferbereich.

mit vielen kleinen Kanälen und Gräben erfüllt ihre Ansprüche. Wichtig ist eine reiche Ufervegetation, da ihm diese seine Nahrungsansprüche sichert. Damit schränkt der Mink seine Verbreitung bereits stark ein. Er ist ein Bewohner des Flachlandes, einschließlich der Küsten. Im Gebirge finden wir ihn nicht.

Über die Größe der Streifgebiete gibt es unterschiedliche Aussagen. Grell (zitiert bei Stubbe 1988) stellte in Schweden mit Hilfe der Telemetrie im Mittel eine vom Mink bejagte Flusslänge von rund 2,6 Kilometern fest. Linn und Birks (ebenfalls zitiert bei Stubbe 1988) ermittelten in England größere Streifgebiete (2,8 bis 5,9 Kilometer). Die Territorialität begrenzt die Siedlungsdichte.

AUSBREITUNG

Der Umgang mit dem eingeschleppten Mink

In die freie Wildbahn Europas und Asiens gelangte der Mink wahrscheinlich ausschließlich über Pelztierfarmen. Frei lebende Minke wurden in Europa ab den 1950er-Jahren immer wieder nachgewiesen. In den westdeutschen Bundesländern kamen sie zunächst ausschließlich im nördlichsten Bundesland Schleswig-Holstein vor und dort schwerpunktmäßig im Landkreis Schleswig (Zuchtfarmen!). Dieses schmale, zwischen Nord- und Ostsee gelegene Land ist reich an Wasser, Gräben, Kanälen und Seen.

Heute ist der Mink – zumindest sporadisch – wahrscheinlich in allen deutschen Bundesländern vertreten und breitet sich auch in Österreich aus. Hier liegt sein Hauptvorkommen in Niederösterreich und im Burgenland. Gesehen wird er eher selten, dafür sorgt seine versteckte Lebensweise. Gelegentlich liegt einer totgefahren am Straßenrand, wird aber wahrscheinlich nicht immer als solcher erkannt, das ist auch gar nicht so einfach, vor allem dann nicht, wenn das Tier von zahlreichen Lkw-Reifen sauber „gebügelt" wurde. Da wird aus dem Mink schnell ein Steinmarder, ein Iltis und, wenn es denn sein muss, auch eine Jungkatze. Außerdem schickt die Straßenbauverwaltung ja keine Zoologen auf die Strecke. Wie andere Verkehrsopfer seiner Größe liegen auch Minke nicht besonders lange am Unfallort. Andere Beutegreifer – vom Bussard über die Krähe bis zum Fuchs – übernehmen die Entsorgung.

Den Nerzen gelang aus unterschiedlichen Gründen die Flucht aus der Gefangenschaft, ob durch technische Defekte oder durch menschliche Nachlässigkeit. Immer wieder befreiten Tierschützer Nerze gezielt aus Farmen, womit sie den Tieren nicht nur zur Freiheit verhalfen, sondern auch auf die mit der Massenhaltung in Käfigen verbundene Tierquälerei aufmerksam machen wollten. Und schließlich gab es auch bewusste Freilassung durch Farmbetreiber als Folge von Betriebsaufgabe.

Der kleine weiße Kinnfleck ist typisch für den wildfarbenen Mink. Durch die Modezucht ging er aber vielfach verloren. Durch Freilassung von Farmtieren leben heute auch ganz unterschiedliche Farbvariationen in freier Wildbahn. © iStock.com/Reeves Photography

Opfer der Profitgier und der Hysterie

Alleine in dem kleinen Land Dänemark gibt es rund 1.100 Nerzzüchter, die jährlich 17 Millionen Nerzfelle exportieren. Die Praktiken, nicht nur der dänischen Züchter, werden seit vielen Jahren als absolut tierquälerisch kritisiert. Während andere EU-Länder strengere Haltungsbedingungen durchsetzen konnten, blieben die dänischen Züchter mit politischer Unterstützung „hart".

Für die EU stellen die vergleichsweise wenigen wild lebenden Nerze ein Problem dar, dass bekämpft werden muss. Hingegen sieht die EU bei Zuchtnerzen kein Problem, obwohl bekannt und wohl auch unvermeidbar ist, dass immer wieder eine größere Zahl von Tieren in Freiheit gelangt. Während sich Waschbären – wegen der Gefahr der Faunenverfälschung und negativen Beeinflussung der Biodiversität – nicht einmal mehr in Tiergärten fortpflanzen dürfen, gilt das für den Amerikanischen Nerz oder Mink so nicht. Beim Mink entscheiden ausschließlich wirtschaftliche Interessen. Die Felle (Bälge) der Waschbären lassen sich eben nicht vermarkten.

Im Corona-Jahr 2020 wurde bei Nerzen das Corona-Virus nachgewiesen. Wie so häufig lag es wieder einmal an der Massentierhaltung. Als in 105 dänischen Nerzfarmen Corona nachgewiesen wurde, wurden bis zu vier Millionen Zuchtnerze mit Kohlenmonoxid vergast.

BEGEGNUNGEN

Wie rar sich der Mink macht, wird deutlich, wenn man als Autor, auf der Suche nach Bildmaterial Naturfotografen anschreibt. Nur wenige dieser „Profis" können mit Mink-Fotos aufwarten. Das spricht nicht gerade für eine weite Verbreitung. Aber es gibt ja auch Wildbiologen, die sich mit seiner Verbreitung beschäftigen und die kleinen Marderarten wie Mauswiesel, Hermelin oder Iltis alle zu den „Geheimagenten" zählen. Im Laufe meines Berufslebens kam ich mit nicht wenigen altgedienten Jägern ins Gespräch, die erzählten, noch nie ein lebendes Wiesel in freier Wildbahn gesehen zu haben. Dennoch „glänzen" die verbissenen Fallenjäger mit respektablen Fangergebnissen.

Egal – auch als jagender und mit Freude Wildfleisch essender Naturfreund will ich nicht primär „Leichen" zählen. Eher sammle und erfreue ich mich an Begegnungen mit Wildtieren und an seltenen Erlebnissen. Würde ich eine Liste führen, in der alle jene Arten verzeichnet sind, denen ich in der Natur noch nicht begegnet bin, der Mink würde zu den Bestplatzierten gehören!

Ich unternahm auch keine besonderen Anstrengungen, ihm zu begegnen. Der pure Zufall half mir. Es war im Frühsommer, im traumhaft schönen Masuren. Hochsitze sind dort selten. Die Jäger scheinen auch so den ihnen auferlegten Abschuss von Rot-, Reh und Schwarzwild zu erfüllen.

Ein wunderschöner Maientag: In der Früh war ich mit einem polnischen Freund im Revier unterwegs. Gegen acht Uhr kamen wir gähnend und ermüdet zurück – Kaffee, Brot, „Jajka z boczkiem" und „miód" (Eier mit Speck und Honig), und dann das Bedürfnis nach Schlaf. Der Freund fuhr seinem Bau zu, und ich schnappte mir einen alten, noch mit durchhängendem Segeltuch bespannten Liegestuhl samt Sprachführer. Damit übersiedelte ich auf den Boots- und Badesteg unter dem Ferienhaus. Der Sprachführer erwies sich schnell als unnütz; ich war zu müde. Schnell fielen mir die Augen zu.

Die Sonne, nach dem Frühstück noch angenehm empfunden, hatte ordentlich aufgeheizt. Von ihr und etlichen Legionen lästiger Fliegen geweckt, blinzelte ich in die friedliche Welt masurischer Seenlandschaft. Immer, wenn ich mit meiner Frau in Masuren bin, wird es in meinem Kopf hektisch. Tausend – vielleicht sogar wohlmeinende – kleine Teufel stellen Fragen: „Warum willst du zurück nach Österreich? Was gefällt dir an der Tretmühle, aus der du kommst? Warum bist du so gierig darauf, dort drunten im Süden mehr Steuern zu bezahlen als bei uns? Warum willst du mit 80 Lebensjahren immer noch Pensionsversicherung hinblättern, nur damit sich andere drei Jahrzehnte früher auf die faule Haut legen können?"

Ich kam dieses Mal nicht dazu, die Fragen der kleinen Teufel zu beantworten. Am Ufer neben mir war es lebendig geworden. Dort huschten drei, vier schwarze Kobolde zwischen Igelkolben und Gelber Iris hin und her – eine Mink-Fähe mit ihrem Nachwuchs war es! Die kleine Familie schien an diesem Uferabschnitt daheim zu sein. Ich wagte keine Bewegung, hielt immer noch – so wie mich der Schlaf übermannt hatte – den Sprachführer in der linken, auf meine Brust gesunkenen Hand.

Die Fähe ließ sich ins Wasser gleiten, tauchte ab und kam mit einem heftig mit seinen Scheren „rudernden" Krebs wieder hoch. Sie brachte ihn den kaum 20 Zentimeter messenden Jungen, die sich neugierig zeigten, aber nicht wussten, wie sie es angehen sollten. Alle drei drängten sie sich um ihn, schnupperten neugierig an Scheren und Schwanz des Krustentiers und wichen erschreckt zurück, wenn sie die Scheren zu spüren bekamen. Der Krebs versuchte das einzig Richtige – mühte sich, wieder ins Wasser zu kommen. Das wäre ihm auch gelungen, hätte ihn nicht die Fähe mit einem kräftigen Biss daran gehindert. Noch immer zappelte der arme Kerl, kam aber nicht mehr richtig auf die Beine. Jetzt waren auch die Kleinen wieder zur Stelle. Sie schienen sich gegenseitig Mut zu machen. Statt die ihnen von Mama servierte Beute nur zu beschnuppern, schnappten sie, wenn auch noch unsicher und halbherzig, zu. Die Mutter schaute ihrem Nachwuchs interessiert zu, schien ihnen durch eigenes Zufassen „Tipps" zu geben.

Der Vorhang fiel, als einer der Jungnerze den Krebs am breiten Schwanz fasste und ihn in den Urwald aus Igelkolben und Iris zerrte. Die Geschwister folgten ihm. In der kleinen, grünen Wildnis schien es nicht mehr gegen den Krebs selbst zu gehen. Man schien lautstark darüber zu streiten, wem die Beute gehören sollte – Gequieke und Geknurre. Nerze sind halt auch nur Menschen.

DER NANDU
(Rhea americana)

EIN VOGEL AUS DER PAMPA

Herkunft
Die Hauptverbreitung der Nandus liegt in den Savannen von Argentinien über Uruguay bis in den Nordosten Brasiliens. Hier leben sie in 5 Unterarten.

Erscheinungsbild
Aussehen: Nandus sind Laufvögel und eng verwandt mit dem Afrikanischen Strauß. Sie erreichen eine Schulterhöhe von bis zu einem Meter. Während Strauße an ihren Füßen nur je 2 Zehen haben, besitzen Nandus 3 Zehen.
Gewicht: Nandus können bis zu 25 kg schwer werden. Die Geschlechter zeigen keine äußeren Merkmale, doch sind die Hennen etwas leichter als die Hähne.

Fortpflanzung
Paarbildung: Nandus leben polygam, wobei die Hähne Reviere verteidigen und einen Harem um sich versammeln. Der Paarung gehen auffällige Balzrituale voraus. Die Hennen scharren Nestmulden, die der Hahn mit ortsüblichem Material auslegt.
Gelege: Die Hennen legen alle in dieselbe Nestmulde, in der 30 und mehr Eier liegen können. Nach dem Legen entfernen sich die Hennen, während der Hahn zurückbleibt. Er brütet das Gelege 35–40 Tage alleine aus. In dieser Zeit zeigt er sich gegen Artgenossen und Störer sehr aggressiv.
Aufzucht: Die Jungen werden vom Vater 6 Monate geführt.

ALLGEMEINES

Verbreitung und Lebensräume

In ihrer Heimat Südamerika leben Nandus auf Offenflächen. Busch und Wald meiden sie. Im offenen Öd- und Grasland finden sie neben pflanzlicher Nahrung auch reichlich Insekten. In der Pampa erreichen sie als typische Laufvögel Geschwindigkeiten bis 60 km/h.

In der norddeutschen Tiefebene finden sie ähnliche Lebensräume, auch wenn Getreidefelder nur suboptimal sind. Ihre langen Häls ermöglichen ihnen, Störungen frühzeitig zu erkennen. Altvögel haben kaum Feinde und wissen sich mit ihren langen, harten Läufen gut zu wehren.

Die derzeit in Norddeutschland lebenden Nandus gehen auf drei Paare zurück, die im Jahr 2000 aus einem Zuchtgehege bei Lübeck ausbrachen. Innerhalb von nur fünf Jahren vermehrten sie sich auf 60 Tiere. 2018 waren es bereits 566 Tiere.

Inzwischen gelten sie im Bundesland Mecklenburg-Vorpommern als jagdbares Wild und erhielten eine gesetzliche Jagdzeit. Von der Bevölkerung werden sie überwiegend als erhaltenswerte Bereicherung aufgenommen. Die Jägerschaft und die Landwirte sind geteilter Meinung.

Die Wahrscheinlichkeit, dass – zumindest mittelfristig – auch angrenzende Bundesländer besiedelt werden, ist gegeben. Grundsätzlich handelt es sich – außer in Mecklenburg-Vorpommern – um eine besonders geschützte Art. Dass es ihr in absehbarer Zeit – ohne menschliche Hilfe – gelingt, in Österreich Fuß zu fassen, darf bezweifelt werden. Geeignete Lebensräume wären zumindest in Niederösterreich und im Burgenland vorhanden. Damit ist ihr Erscheinen auch nicht völlig auszuschließen.

Nahrung

Nandus sind, was ihre Nahrung betrifft, anspruchslose Generalisten, die genügsam sind, aber dennoch Schäden verursachen. Neben grünen Pflanzenteilen fressen sie Früchte, Wurzeln, Insekten und Wirbeltiere.

Landwirte beklagen vor allem die Aufnahme von Saatgut und Jungpflanzen. Dabei sind es nicht nur die Pickschäden, sondern auch solche, die sie mit ihren starken, dreizehigen Füßen beim Scharren anrichten. Im Raps beißen die Nandus vor allem die Knospen ab. Damit kann sich keine Blüte und in der Folge kein Samen bilden.

Inzwischen wird versucht, die Nandus zu nutzen. Manche Jäger können mit den großen „Zoo-Vögeln" mental noch nicht viel anfangen. Es scheint, als lockten Nandus auf dem Teller mehr als draußen in der Feldflur. Grundsätzlich beleben sie Tourismus und Gastronomie. Jäger und Gastwirte versuchen gemeinsam, das Wildbret populär zu machen. Einen Markt findet auch die zu Leder verarbeitete Haut, die von Kürschnern aufgekauft wird.

Lebensweise

Außerhalb der Brutzeit vergesellschaften sich Nandus in größeren Gruppen. In ihrer südamerikanischen Heimat mischen sie sich häufig unter Pampashirsche und Guanakos.

In Europa leben sie in friedlicher Koexistenz mit den heimischen Schalenwildarten und Kranichen. Nandus sind sehr gute Läufer und ebenso gute Schwimmer.

Nandus fühlen sich in den großen Getreideschlägen Norddeutschlands, die durchaus Ähnlichkeit mit der Pampa Südamerikas haben, wohl. Das Land ist flach, und fast alle landwirtschaftlichen Kulturen – der Mais ausgenommen – gewähren den mit langen Beinen und ebenso langen Hälsen ausgestatteten Laufvögeln ungehinderte Sicht. Erwachsene Nandus haben in Europa kaum Feinde.

DIE KANADAGANS
(Branta canadensis)

IN NORDAMERIKA ZUGVOGEL, BEI UNS STANDVOGEL

Herkunft

Die Heimat der Kanadagans ist Nordamerika, wo sie in 7 Unterarten vorkommt.

Erscheinungsbild

Gewicht: Schwerste in Europa frei lebende Gans. Ganter wiegen bis zu 6,5 kg, Gänse sind etwas leichter. Die Geschlechter sind äußerlich nicht zu unterscheiden.

Fortpflanzung

Paarbildung: Kanadagänse führen eine Dauerehe, neigen jedoch auch dazu, sich mit artfremden Partnern zu verpaaren.

Werbung und Brut: Die Brut erfolgt mehrheitlich im April. Die Mehrzahl der Gelege besteht aus 5–6 Eiern, die von der Gans alleine bebrütet werden. Es kommen aber vereinzelt auch wesentlich größere Gelege vor. Nach 28 Tagen schlüpfen die Jungen (Gössel).

Aufzucht: Der Ganter hält während der Brut Wache und beteiligt sich nach dem Schlupf an der Führung. In dieser Zeit steigt die innerartliche Aggression, nicht jedoch gegenüber Gänsen anderer Arten.

Selbstständigkeit: Als Bodenbrüter sind Gänse Nestflüchter. Nach 9–10 Wochen sind die Junggänse flugfähig. Die Familien bleiben bis zum nächsten Frühjahr zusammen.

Die Tritte der Gänsevögel (Enten, Gänse, Schwäne) sind an der Form kaum zu unterscheiden. Grob erkennen lässt sich ein Tritt an der Länge der Mittelzehe. Beim Höckerschwan misst die Mittelzehe etwa 16 cm, bei der Kanadagans nur um die 9 cm.

Der Kot der Wildgänse ist walzenförmig mit weißen Enden oder Überzug. Die einzelnen „Walzen“ haben eine Länge von 5–8 cm und einen Durchmesser von maximal 1 cm.

ALLGEMEINES

Lebensräume

Wie die übrigen, erst in den vergangenen Jahrzehnten nach Mitteleuropa eingewanderten Gänsearten, sind auch die Kanadagänse ausgesprochene Kulturfolger. Wir finden sie auf den Liegewiesen der Badeanstalten wie an größeren Fließgewässern, Binnenseen, an der Küste und in Sumpfgebieten.

Immigranten in Europa

Kanadagänse sind imposante Vögel und durch ihre Färbung und Zeichnung ausgesprochen hübsch. Daher kamen sie bereits im 17. Jahrhundert nach Europa, wo sie zuerst in London als Parkgeflügel gehalten wurden. Vom Sankt James Park fanden sie als Geschenke den Weg in zahlreiche andere Parks und schließlich auch auf das europäische Festland.

Dort sind sie seit 1785 ebenfalls als Parkgeflügel nachgewiesen. „Der Sprung in die Freiheit" gelang ihnen 1930 durch den schwedischen Ornithologen Bengt Berg. Er setzte sie im Kalmarsund an der Südostküste des Landes aus. Die starke Ausweitung ihres schwedischen Brutareals ließ erste Pioniere 1970 in Norwegen brüten. Es folgten Finnland und Dänemark.

Schon 1950 wurden Kanadagänse als Durchzügler und teilweise als Wintergäste im Norden Deutschlands gesichtet. Von dort aus verbreiteten sie sich in den 1960er-Jahren über weite Teile des Landes südwärts. Im Jahr 2010 sollen es bereits 350.000 Kanadagänse gewesen sein.

Waren die ersten Ankömmlinge noch reine Durchzügler und Wintergäste, sind die in Deutschland brütenden Kanadagänse – unterstützt von der Klimaerwärmung – überwiegend Jahresvögel. Zu ihnen gesellen sich im Winter auch noch Brüter aus Skandinavien. Im Herbst vergesellschaften sie sich häufig mit durchziehenden Kranichen und anderen Gänsen auf abgeernteten Maisfeldern zur Nachlese.

Nahrung

Kanadagänse stellen keine besonderen Ansprüche. Sie bewohnen nicht zu kleine und mindestens einen Meter tiefe Stillgewässer ebenso wie eher träge fließende Flüsse.

Sie grasen am Ufer und ernähren sich ansonsten von emersen und submersen Pflanzen. Kanadagänse gründeln nicht. Sie schwimmen aber ganz flach und tauchen dabei zur Nahrungssuche Hals und Kopf tief ins Wasser. Im Winter äsen sie bevorzugt an Land (Grünland und Wintergetreide). Wichtig ist ihnen dabei gute Rundumsicht.

Lebensweise

In der Luft bilden Kanadagänse V-förmige Formationen. Wie Kraniche und Graugänse sind auch sie recht ruffreudig.

Erwachsene Tiere haben bei uns kaum Nutzer, selbst der Fuchs geht gesunden Kanadagänsen eher aus dem Weg. Die meisten Nutzer schlagen in den ersten Lebenswochen der Küken zu. Im Wasser sind diese durch große Raubfische gefährdet und durch den Seeadler. An Land werden Gössel und Junggänse durch die Altvögel verteidigt und haben dann wenig zu befürchten. Nennenswerte Verluste entstehen eher durch Parasiten, Krankheiten und am häufigsten durch strenge Winter.

Ärgernis Kanadagans

Ärger verursachen die Kanadagänse (nicht nur sie) durch Verkotung von Rasenflächen und in der Landwirtschaft. Daneben wird das Abfressen (das Beäsen) junger Getreidesaaten beklagt. Allerdings besteht hier das Problem eindeutiger Zuordnung, da auch andere Gänsearten und das Schalenwild „Mittäter" sein können. In den meisten Ländern sind Gänseschäden auch nicht ersatzpflichtig. Sofern die einzelnen Länder eine Bejagung zulassen, kommt es eher zu einer momentanen Verdrängung und zum Ausweichen auf andere Flächen, kaum zu einer echten Reduktion.

EINIGE WEITERE (NOCH) NICHT INVASIVE GÄNSEARTEN

Die Indische Streifengans *(Anser indicus)*

Sie gehört zur Gruppe der Feldgänse und entspricht in der Größe unserer Graugans. Ihre Heimat ist Asien, wo sie noch in Höhen weit über 5000 Meter in felsigem Gelände vorkommt. Inzwischen haben Zooflüchtlinge in Holland stabile Populationen gebildet. In Deutschland und Österreich kommt die Indische Streifengans erst vereinzelt vor.

Die Schwanengans *(Anser cygnoides)*

Sie erinnert an unsere Höckergans. Auch sie kam aus dem fernen Asien zu uns. Derzeit gibt es in Deutschland zwei kleinere Vorkommen, eines auf den Neckarwiesen bei Heidelberg und eines in den Rheinauen bei Lampertheim. Ob sie sich weiterverbreiten und durchsetzen wird, ist ungewiss.

Die Mandarinente *(Aix galericulata)*

Sie kam aus Asien, wo sie heute vom Aussterben bedroht ist, als Ziergeflügel zu uns. Allerdings wurde bereits 1900 versucht, sie in Mitteleuropa einzubürgern. Wilde Vorkommen gibt es heute in Österreich im Rheindelta und in Wiener Parkanlagen. Ansonsten kann man ihr in Mitteleuropa nur sporadisch begegnen.

Die Brautente *(Aix sponsa)*

Sie kommt aus Nordamerika und wurde schon im 17. Jahrhundert nach Europa gebracht. Anfang des 20. Jahrhunderts gab es in Brandenburg Ansiedlungsversuche durch den Ornithologen Oskar Heinroth. Stabile Bestände der Brautente gibt es in Mitteleuropa noch nicht, es wird aber im Zuge der Klimaerwärmung damit gerechnet.

DIE NILGANS
(Alopochen aegyptiaca)

PROBLEME IN URBANEN RÄUMEN

Herkunft

Die Nilgans ist in ganz Afrika mit Schwerpunkt in Ostafrika verbreitet. Nicht besiedelt werden Trockengebiete. In historischer Zeit war die Art auch auf dem Balkan verbreitet.

Erscheinungsbild

Gewicht: Die Nilgans ist kleiner als die heimische Graugans (Ganter bis 2,4 kg, Gans bis 2 kg). Die Geschlechter sind äußerlich nicht zu unterscheiden.

Fortpflanzung

Neststandorte: Die Nester errichten sie in Deckung am Boden, in Felswänden, in Baumhöhlen und in Greifvogelhorsten.

Gelege: März bis Mai mit 5–8 Eiern. Gössel neigen schon früh zur Selbstständigkeit.

Aufzucht und Brutbiologie: Wie bei den übrigen heimischen Wildgänsen: Gänse leben in monogamer Dauerehe. Sie tätigen nur ein Jahresgelege. Die Brutzeit dauert mehrheitlich um 28 Tage. Die Weibchen brüten alleine, während die Ganter Wache halten.

Die Gössel sind Nestflüchter, meist nach rund 70 Tagen flugfähig und werden von beiden Elternteilen geführt.

ALLGEMEINES

Nilgänse sind bei uns Jahresvögel. Während der Brutzeit ist ihr innerartlich streng territoriales und aggressives Verhalten auffällig. Gegenüber anderen Arten sind sie jedoch absolut verträglich.

Verbreitung/Lebensräume

Erst gelobt, dann gehasst: Nilgänse leben seit dem 18. Jahrhundert in Europa. Die Briten brachten sie aus ihren Kolonien mit und machten sie zum Parkgeflügel, ebenso die Niederländer. Die – was ihr Gefieder betrifft – relativ bescheidenen Afrikaner legten den Begriff Park etwas großzügig aus und brüteten bald außerhalb solcher. Nach und nach kamen Nilgänse – ebenfalls als Parkgeflügel – aufs europäische Festland, wo sich ebenfalls „Freigeister“ aus der für sie vorgesehenen Ordnung absetzten. Von den Niederlanden aus verbreiteten sie sich, dem Rhein stromaufwärts folgend, bis zur Schweiz. Es folgte die Besiedlung der größeren Nebenflüsse des Rheins. Als sie die Donau erreicht hatten, bekam ihre Ausbreitung nochmals einen Schub. Heute gibt es nennenswerte Vorkommen in den meisten österreichischen Bundesländern. Ihre Verbreitung wurde fast überall durch Fütterung unterstützt.

Vom ersten Tag ihrer Zwangsverfrachtung an den Menschen gewöhnt und auch als Freigänger verhätschelt, scheuen sie diesen nicht. Eher suchen sie seine Nähe – an viel besuchten Uferabschnitten, an Kleingewässern in urbanen Bereichen und an Badestränden. Dort sind sie den meisten

Menschen immer noch hoch willkommen, wenn sie schaffen, was er nicht schafft – auf die Entleerung ihres Darmes zu verzichten.

Ärgernis Nilgans

Inzwischen klagen viele Kommunen über die Verkotung von Liegewiesen. Derartige Probleme sind keineswegs neu und auch von einer ganzen Reihe anderer Tiere bekannt. Schwäne verhalten sich nicht anders und zeigen sich überdies noch aggressiv Menschen – insbesondere Kindern – und Hunden gegenüber. Aber Höckerschwäne sind tief in der deutschen Seele und Kultur verankert. Kein Kommunalpolitiker würde es wagen, ihren Abschuss zu verlangen, nur weil sie städtische Liege- oder bäuerliche Mähwiesen verkoten. Nicht unerheblich ist auch der „Mist“, den Stockenten mancherorts hinterlassen.

Inzwischen hat die EU den in Europa lebenden Nilgänsen den Kampf angesagt. Wildbiologen bestätigen, dass Nilgänse äußerst aggressiv heimische Arten verdrängen, und im Deutschen Bundestag brachte eine Partei eine Anfrage zur Causa Nilgans ein.

Natürliche Feinde wären die Lösung

Selbstverständlich haben Nilgänse auch in Europa ihre „Feinde“. Für ihre Eier interessieren sich Ratten ebenso wie Füchse, Waschbären, Marderhunde, Wildschweine und Rabenvögel. Für die Reduktion der Gössel zeigen sich große Raubfische wie Wels und Hecht zuständig, ebenso der Seeadler und – je nach Alter und Größe der Gössel – selbst die Rohrweihe. An adulten Nilgänsen zeigen – wo diese vorkommen – Wolf und Goldschakal reges Interesse.

Das Problem ist, dass die EU etliche der Nilgans-Nutzer (z. B. Waschbär, Mink und Marderhunde) selbst bekämpft wissen will. Andere werden – gerade im Gewässerbereich – zur Wahrung des ökologischen Gleichgewichtes und für die Biodiversität von manchen Jägern bekämpft.

DIE ROSTGANS
(Tadorna ferruginea)

© iStock.com/Mikhail Marsakov

EINE HALBGANS AUS HALBWÜSTEN

Herkunft

Rostgänse sind in den innerasiatischen Halbwüsten und Steppen beheimatet. Dort brüten sie bis in 5.000 Meter Seehöhe.
Als gründelnde Gänse bevorzugen sie zur Nahrungssuche seichte Gewässer.

Erscheinungsbild

Gewicht: Sie gehören in Europa zu den leichtesten frei lebenden Gänsen. Ganter wiegen selten mehr als 1,3 kg. Gänse sind etwas leichter.
Aussehen: Die Geschlechter unterscheiden sich durch einen schmalen schwarzen Halsring, den nur die Ganter tragen.

Fortpflanzung

Das Gelege besteht aus 8–10 Eiern, die ab Mitte März bevorzugt in Erdhöhlen bebrütet werden. Während der Brutzeit gibt es innerartliche Aggression, jedoch selten gegenüber anderen Gänsearten.
Selbstständigkeit: Familien bleiben bis zum nächsten Frühjahr zusammen. Typisch sind kleinere Trupps, doch kommt es auf Mausergewässern und in Überwinterungsgebieten auch zu großen Ansammlungen.

ALLGEMEINES

Verbreitung

Rostgänse sind in Europa keine echten Neulinge. Der älteste Nachweis datiert aus dem Jahr 1601! Ob es sich dabei um einen Wildling oder einen Gefangenschaftsflüchtling handelt, ist nicht bekannt. Sicher ist, dass zumindest einzelne Rostgänse immer wieder aus dem Osten nach Europa eingeflogen sind.

Heute lebt die größte europäische Population in der Schweiz. Dort erfolgte der erste Brutnachweis 1963 in Zürich. Seither hat sich die Art besonders in den Kantonen Zürich und Aargau ausgebreitet. Es liegt nahe, dass die ersten in den 1980er-Jahren im benachbarten Baden-Württemberg nachgewiesenen Bruten auf Zürich beziehungsweise Aargau zurückgehen. Inzwischen brüten Rostgänse auch am Niederrhein in Nordrhein-Westfalen und in den Niederlanden. Historische Siedlungsgebiete in Süd- und Südosteuropa wurden inzwischen aufgegeben.

Lebensweise und Vorkommen

In der allgemein zugänglichen Literatur wird die Rostgans durchwegs als aggressive Art beschrieben, die während der Brutzeit keine anderen Wasservögel in ihrer Nähe duldet. Das scheint übertrieben. Insgesamt ist die Art immer noch auf relativ wenige Vorkommen beschränkt. Ob sie ihr Verbreitungsgebiet in Europa nennenswert ausdehnen wird, ist ungewiss, ebenso, in welchem Maß sie von anderen Gänsearten verdrängt werden.

Die Schäden und Probleme, die Rostgänse verursachen, gleichen denen der vorgenannten Arten.

DIE TÜRKENTAUBE
(Streptopelia decaocto)

© Jan Sevcik

KULTURFOLGER AUS DEM ORIENT

Herkunft
Ursprünglich waren Türkentauben nur in Asien beheimatet. Um 1900 endete ihre Verbreitung am Bosporus. Weite Teile der Türkei wurden erst gute hundert Jahre später besiedelt.

Erscheinungsbild
Aussehen: Zur Kehle hin offener schwarzer Halbring am Hals, Gefieder ist blassrosa, schwarze Handschwingen.
Gewicht: maximal 200 g.

Fortpflanzung
Paarbildung: Typisch für alle bei uns vorkommenden Tauben sind ihre lebenslänglichen Partnerschaften.
Nest und Gelege: Sie bauen spartanische Nester, und ihr Gelege besteht fast immer aus 2 weißen Eiern.
Brutzeit: Sie weisen eine kurze, zweiwöchige Brutzeit auf und sind Mehrfachbrüter.

ALLGEMEINES

Verbreitung

Inzwischen ist die Türkentaube nahezu in ganz Europa zu finden, ausgenommen sind die skandinavischen Länder Norwegen, Schweden und Finnland. Allerdings besiedelt sie in Schweden die Gebiete südlich Stockholms und einen schmalen Streifen an der Küste des Bottnischen Meeres, ebenso in Finnland. In Norwegen finden wir sie in einem ebenso schmalen Streifen entlang der Küste bis hinauf zum Saltfjorden.

Lebensweise

Türkentauben machen mit einem dumpfen, dreisilbigen Gurren auf sich aufmerksam. Nicht spektakulär, aber doch auffällig sind die Balzflüge der Männchen, mit denen sie ihren Partnerinnen imponieren. Sie steigen mit klatschenden Schwingen steil hoch und lassen sich dann mit weit ausgebreiteten Schwingen herabgleiten.

Die Art ist gesellig. Ihre Nester stehen – je nach Nistmöglichkeit – häufig dicht beisammen. Außerhalb der Brutzeit bilden sich teils größere Flüge, die gemeinsam in die Felder zur Nahrungssuche streichen. Ebenso bilden sich Schlafgemeinschaften.

Lebensräume bzw. Nahrung

Türkentauben sind echte Kulturfolger, die heute in Dörfern viel häufiger zu finden sind als in der freien Landschaft. Der Grund ist einfach: Wo sich Menschen aufhalten, finden Türkentauben Nahrung! Das gilt auch für Parks und Friedhöfe. Andererseits verschwinden außerhalb menschlicher Siedlungen Brutbäume und ganzjähriges Nahrungsangebot.

Inzwischen ist die Zahl der Türkentauben jedoch rückläufig. Die Ursachen sind nicht eindeutig geklärt. Denkbar sind die sich rasant ändernden dörflichen Strukturen. In den Gärten weichen Obstbäume „Modepflanzen" der Gartengestaltung. Nistmöglichkeiten an Gebäuden gehen zurück. Die Hühnerhaltung und damit eine wichtige Nahrungsbasis – auch im Winter – fällt weg. Die früher allgegenwärtigen Wasserpfützen fielen der Bodenversiegelung zum Opfer, und viele Grünflächen wurden zu Bauland.

Nicht zuletzt regen sich manche Menschen über Taubenkot und sogar das Gurren der Tauben auf. So ist die Zahl der Türkentauben, nach einem regelrechten Boom in der zweiten Hälfte des 20. Jahrhunderts, vielerorts deutlich und teilweise sogar dramatisch gesunken.

Taubenarten – Ähnlichkeiten

Fünf Taubenarten kommen in Mitteleuropa wild vor: Straßentaube, Ringeltaube und Hohltaube (die eine gewisse Ähnlichkeit miteinander haben), ferner die Turtel- und die Türkentaube. Diese beiden haben durchaus eine gewisse Ähnlichkeit in Körpergröße, Farbe und Zeichnung, sind aber dennoch leicht zu unterscheiden. Das Gefieder der Türkentaube ist – bis auf einen rein schwarzen, an der Kehle offenen Nackenring und schwarze Handschwingen – blassrosa.

Die deutlich kleinere, nur um die 160 Gramm schwere Turteltaube ist insgesamt dunkler, die Handschwingen sind braun, die Flügeldecken braun und schwarz gewürfelt. Beidseitig des Halses befindet sich ein weißes Feld mit drei schwarzen Streifen.

Einen auffälligen Geschlechtsdimorphismus gibt es nicht. Zwar sind die Weibchen deutlich leichter, was aber ohne direkte Vergleichsmöglichkeit kaum feststellbar ist.

Schon ein Blick auf den Hals genügt, um die zugewanderte Türkentaube (links) von der heimischen Turteltaube zu unterscheiden. Erstere hat einen schwarzen Halbring, die Turteltaube hingegen zeigt auf jeder Seite drei schwarze, weiß eingerahmte Striche. Ihre Schwingen sind stark hell- und dunkelbraun strukturiert. © Jakob Zmölnig

DER SILBERREIHER *(Ardea alba)* & DER SEIDENREIHER *(Egretta garzetta)*

© Jan Sevcik

SOMMERURLAUBER, DIE BLEIBEN WOLLEN

Herkunft
Ursprünglich auf der südlichen Halbkugel bis maximal zum 40. Breitengrad beheimatet.

Erscheinungsbild
Gewicht: Silberreiher erreichen die Maße des Graureihers und werden bis zu 1,5 kg schwer. Der Seidenreiher ist wesentlich kleiner und nur bis zu 700 g schwer (Verwechslungsgefahr, wenn ein Größenvergleich fehlt).
Gefieder: Beide Reiher tragen ganzjährig ein rein weißes Gefieder. Auffällig sind beim Silberreiher im Prachtkleid die schmalen und langen, lockeren Schulterfedern, mit denen oft der Wind spielt. Dem Seidenreiher fehlen sie. Bei ihm fallen die langen, schmalen Schmuckfedern am Hinterkopf auf, die ihn im Prachtkleid auszeichnen. Sie fehlen dem Silberreiher.
Schnabel: Der im Schlichtkleid gelbe Schnabel des Silberreihers färbt sich im Prachtkleid dunkel. Beim Seidenreiher ist er ganzjährig dunkel.
Beine (Ständer): Sie sind bei beiden Arten ganzjährig dunkel. Doch während beim Silberreiher auch die Zehen dunkel sind, hat der Seidenreiher gelbe Zehen.

Fortpflanzung
Paarbildung: Beide leben wie andere Reiher in monogamer Saisonehe.
Gelege und Brutzeit: 3–5 Eier, nach etwa 3 Wochen schlüpfen die Küken. Häufig brüten die beiden Arten in enger innerartlicher Nachbarschaft oder gemeinsam mit anderen Reiherarten.
Selbstständigkeit: Jungreiher sind nach rund 6 Wochen flügge.

ALLGEMEINES

Lebensweise
Die geselligen Vögel brüten mehrheitlich in Kolonien, oft gemeinsam mit anderen Reiherarten und Löfflern. Fast immer stehen die Nester in großen Schilfbeständen, entweder am Boden oder niedrig darüber im Weidengebüsch. Wie die anderen bei uns vorkommenden Reiher leben sie in monogamer Saisonehe. Die Beschaffung von Material für den Nestbau ist überwiegend Sache der Männchen, während die Weibchen das Material verbauen.

Beide Geschlechter teilen sich Brutgeschäft und Aufzucht der Jungen. Mehr als die Hälfte der Jungen überlebt das erste Jahr nicht. Heute sind die meisten Silberreiher Mitteleuropas Teilzieher, mit der Tendenz zur Überwinterung.

Verwechslungsgefahr
In Süd- und Westeuropa begegnen wir noch einer weiteren weißen Reiherart. Es ist der maximal 400 Gramm schwere Kuhreiher (*Bubulcus ibis*). Er ist der kleinste der drei weißen Reiher. Im Schlichtkleid ist sein Gefieder rein weiß, im Prachtgefieder färben sich Kopf- und Brustgefieder hell ockerfarben. Sein Schnabel ist proportional deutlich kürzer, im Schlichtkleid dunkel und nur im Prachtkleid hell. Die Beine und Zehen sind von hellem Grau. Wir begegnen dem Kuhreiher gegenwärtig in Mitteleuropa nur selten, doch ist zu vermuten, dass er bei weiterem Temperaturanstieg deutlich häufiger anzutreffen sein wird. Das Winterhalbjahr verbringen die mitteleuropäischen Kuhreiher meist im Mittelmeergebiet.

Der Seidenreiher ist deutlich kleiner, was aber auf größere Entfernung und ohne Vergleichsmöglichkeit nicht immer sicher zu erkennen ist.

Auch der Kuhreiher hat – wie der Silberreiher – einen gelben Schnabel. Dieser ist aber in der Proportion signifikant kürzer. Der Kuhreiher ist die kleinste der drei Arten.

Beim Silberreiher ist der Schnabel gelb, die beiden langen Schmuckfedern am Kopf fehlen.
© Jakob Zmölnig

Verbreitung

Silberreiher sind heute als Brutvögel auf nahezu der gesamten Südhalbkugel verbreitet – die Arktis, Hochgebirge und Wüsten ausgenommen. Der 40. Breitengrad bildet so etwa die ursprüngliche Grenze seiner Brutvorkommen. Heute erreicht er als Gast- und Sommer-Brutvogel in West- und Mitteleuropa, in Asien und Nordamerika bereits den 60. Breitengrad. In Österreich ist er am Neusiedlersee Brutvogel.

Seidenreiher sind – ausgenommen Amerika – nahezu weltweit verbreitet. Sie besiedeln weite Teile Afrikas südlich der Sahara. In Asien finden wir sie von Indien bis China und südlich fast auf der gesamten asiatischen Inselwelt, ebenso in Australien mit Ausnahme der Trockengebiete. Brutgebiete waren schon in alter Zeit Ungarn, Teile des heutigen Rumänien, Gebiete nördlich des Schwarzen Meeres und um das Kaspische Meer. Die Mittelmeerküsten dienen sowohl als Überwinterungs- wie als Brutgebiete. Heute leben Seidenreiher ganzjährig in England und im Süden Irlands sowie entlang der Atlantikküste bis Nordafrika. In Spanien, Frankreich und Italien breitete sich die Art stark aus. In Österreich ist sie inzwischen regelmäßig Brutvogel.

Nahrung

Reiher gehen meist gemeinsam auf Nahrungssuche. Während Graureiher ihre Nahrung fast immer betont ruhig sammeln, oft lange Zeit unbeweglich stehen und beobachten, ehe sie blitzschnell mit ihren Schnäbeln zustoßen, sind Seidenreiher regelrechte „Hektiker“. Sie scheuchen bei der Nahrungssuche mit ihren Füßen kleine Beutetiere auf, die sie sich bei gemeinsamer Jagd auch gegenseitig zutreiben. In feuchten Wiesen bewegen sie sich manchmal rasch vorwärts, um auch hierbei Beute in Bewegung zu bringen.

Im „niedrigen Segment" überlappen sich die Nahrungsspektren von Grau-, Silber- und Seidenreiher. Silberreiher nehmen aber auch größere Beutetiere. Sie jagen in erheblichem Maß auch Kleinnager. Daher sehen wir sie gelegentlich in großer Zahl in Wiesen und Äckern stehen, wo sie – oft zusammen mit Graureihern – Mäusen auflauern. Das ermöglicht ihnen, in West- und Mitteleuropa zu überwintern. Am Niederrhein scheinen Silberreiher von den Wildgänsen zu profitieren. Diese weiden Wiesen, Wintersaaten und Rapsfelder ab. Damit erleichtern sie den Reihern die Mäusejagd. Beim Silberreiher geht die Tendenz inzwischen eindeutig zum Ganzjahresvogel, der bei Bedarf zum Strichvogel wird.

Die wesentlich kleineren Seidenreiher sind viel stärker auf Flachwasserbereiche und nasse Wiesen angewiesen. Ihnen bieten Flachwasserbereiche Nahrung in Form von Insekten, Fischbrut, Amphibien, Reptilien, Krebsen und Weichtieren. Größere Tiere wie Wühlmäuse werden seltener erbeutet, das machte ihnen bisher den mitteleuropäischen Winter zum Problem.

Lebensräume

Graureiher und Silberreiher sind in hohem Maße Mäusejäger und auch bei Frost noch erfolgreich. Seidenreiher sind jedoch keine Mäusejäger. Sie interessieren sich in Wiesen und auf Ackerland für größere Insekten, Weichtiere und Lurche. Solche finden sie auf winterlichen Wiesen nicht. Seidenreiher bevorzugen größere Flachwasserbereiche, in den sie ihre Beute finden. Da diese in Mitteleuropa häufig zufrieren, überwintern Seidenreiher entweder südlich der Alpen oder nahe der Atlantikküste, von den Niederlanden bis Südfrankreich. Die Räumung der Sommerlebensräume erfolgt häufig bereits im Spätsommer.

FLAMINGOS ALS ZUWANDERER?

Der Chileflamingo *(Phoenicopterus chilensis)*

Er stammt aus Südamerika, wo er in Höhen bis 4.500 Meter lebt und selbst extreme Kälte erträgt. Er ist am schwarzen Unterschnabel sowie an seinen roten Kniegelenken und Füßen kenntlich. Seit 1982 leben kleine Trupps in Mitteleuropa in Freiheit. Im Zwillbrocker Venn, an der deutsch-holländischen Grenze, hat sich eine Kolonie gebildet, die auch erfolgreich brütet.

Ob diese Kolonie dauerhaft Bestand hat und die Vögel weitere Kolonien gründen, hängt auch von der Klimaerwärmung ab. Die Hitze der letzten Jahre ließ den Wasserstand im Venn sinken. So gelang es Füchsen, Eier und Jungvögel als Nahrung zu nutzen.

Andere Flamingo-Arten wandern von Süden und Südwesten nach Mitteleuropa ein.

© Jan Sevcik

DER HALSBANDSITTICH
(Psittacula krameri)

EIN „PAPAGEI“ EROBERT EUROPA

Herkunft
Die Heimat des in vier Unterarten vorkommenden Halsbandsittichs ist gleichermaßen das äquatoriale Afrika südlich der Sahara als auch Asien von Pakistan ostwärts.

Erscheinungsbild
Größe: Halsbandsittiche erreichen eine Gesamtlänge von bis zu 43 cm, wobei die Hälfte auf den Stoß entfällt.
Aussehen: Männchen tragen ein schmales Halsband, das unter dem Schnabel schwarz beginnt und im Nacken rosa endet. Weibchen fehlt dieses Band.

Fortpflanzung
Geschlechtsreife: Im dritten Lebensjahr wird die Geschlechtsreife erreicht.
Brutplätze: Halsbandsittiche sind Höhlenbrüter, die gerne in Gesellschaft leben und brüten.
Paarbildung: Die Paare leben in monogamer Dauerehe. Die Paarungszeit beginnt im März und dauert bis Ende April.
Brut und Aufzucht: Die 2–5 Eier werden von beiden Partnern 22–24 Tage abwechselnd bebrütet. Nach 50 Tagen sind die Jungen flügge.

ALLGEMEINES

Lebensweise
Halsbandsittiche sind Jahresvögel, die sich außerhalb der Brutzeit gerne vergesellschaften. Sie suchen in Gruppen aus mehreren hundert Vögeln gemeinsame Schlafplätze auf.

Verbreitung/Lebensräume
Alle in Europa lebenden Halsbandsittiche gehen auf Gefangenschaftsflüchtlinge zurück, die ihren Siegeszug von Köln aus antraten. Dort traten die ersten frei lebenden Sittiche 1969 in Erscheinung. Der Rhein war ihre Leitlinie, sowohl nach Holland als auch rheinaufwärts. Das Rheintal und dessen Zuflüsse sind wintermild (Weinbauklima), was den Sittichen entgegenkam.

Heute leben in Köln alleine über 3.000 dieser auffälligen Vögel. Anfang der 1970er-Jahre begann die Besiedlung des Rhein-Neckar-Raums. Frankfurt wurde 2012 erobert.

Es ist nicht die freie Landschaft, für die sich die Sittiche begeistern. Sie zieht es in die Städte. Dort sind die Winter um einige Grade milder als in der freien Landschaft. Es gibt fast überall Parks und alte Bäume mit Nisthöhlen. Vogelfreunde hängen zusätzlich Nistkästen auf, und viele Menschen stellen im Winter Futter bereit. Inzwischen haben sich Halsbandsittiche neue „Wohnmöglichkeiten“ erschlossen. Sie graben sich Bruthöhlen in die mit Styropor gedämmten Außenfassaden von Gebäuden.

Halsbandsittiche haben längst Europa erobert. Sie leben in Paris, ebenso in fast allen größeren Städten Belgiens und der Niederlande. In England besiedeln sie vor allem den Süden und Osten.

In Österreich bestanden für wenige Jahre zwei Kolonien, die inzwischen erloschen sind. Mitte der 1970er-Jahre ließ sich in Innsbruck, im dortigen Hofgarten, ein aus der Gefangenschaft geflüchtetes Pärchen nieder. Aus diesem entstand eine Gruppe mit bis zu 40 Tieren. Eine weitere Kolonie siedelte sich Anfang der 1970er-Jahre im Wiener Türkenschanzpark an, direkt neben der Universität für Bodenkultur.

Für und wider

Halsbandsittiche haben sich viele Freunde erobert. Dazu gehören besonders alte Menschen, die sie füttern, ebenso junge Mütter mit ihren Kindern. Vogelfreunde organisieren kleine „Exkursionen“ zu den „Papageien“ oder erwarten am Abend ihre Einflüge zu den Schlafbäumen.

Natürlich gibt es auch Menschen und selbst Behörden, die ihnen weniger wohlgesonnen sind. Da sind jene, denen es um die „Faunenverfälschung“ geht. Dabei wird gerne übersehen, dass auch das Faunenmitglied Mensch ganz gerne an Orten siedelt, wo es früher überhaupt nicht vorkam. Andere fürchten um die Biodiversität, die durch zuwandernde Arten verloren gehen soll.

Handfestere Argumente haben jene, die über unzumutbare Verschmutzung durch die Sittiche klagen. Das ist nicht zu leugnen, wobei auch Haustauben unsere Städte verkoten. Auch Hundekot kann lokal ein Problem sein.

Sie würden unzumutbaren Lärm verursachen, wird ihnen vorgeworfen. Gut, wer in der Nähe ihrer Schlafplätze wohnt, mag sich daran stören. In der Regel sind in Städten andere Lärmquellen ungleich lauter. Städter ertragen locker den Lärm der Bahn, der Autos und der Nachtschwärmer. Auch Diskolärm wird gerne akzeptiert, ja eigens aufgesucht. Andererseits verbringen lärmgeschädigte Großstadtmenschen ihren Lebensabend auch gerne weit abgeschieden auf dem Land, wo sie postwendend gegen einen einsam quakenden Laubfrosch prozessieren.

Schäden

Ein ernsteres „Problem“ sind Schäden, welche die Sittiche in den stadtnahen Obst- und Weingärten durch Knospenverbiss und Fraß der Früchte verursachen. In Privatgärten sind die Sittiche allerdings nur „Schadenskonkurrenten“ der Amseln, Stare und Rabenvögel. Sie „schädigen“ mehr ihre Nahrungskonkurrenten als die Gartenbesitzer. Minimieren lassen sich die Schäden in Gärten mithilfe von Netzen, die in jedem Heimwerkermarkt billig angeboten werden. In der freien Landschaft sind Greifvögel die besten und erfolgreichsten „Bewacher“ von Obst, Beeren und Weintrauben. Bussarde sind zwar kaum in der Lage, einen Halsbandsittich zu schlagen, nehmen jedoch gerne für sie aufgestellte Juhlen (Stangen mit Querholz, als Sitzgelegenheit für Greifvögel) an. Ihre Anwesenheit schreckt die Sittiche zu einem gewissen Grad ab.

„Feinde“

Wer so mit Signalfarbe protzt wie der Halsbandsittich, muss sich um Nutzer keine Gedanken machen – er fällt ihnen auf. In Städten wie Köln oder Frankfurt jagt der Wanderfalke, für den sie anfänglich eine

Im Jugendgefieder sind die Geschlechter bei den Halsbandsittichen schwer zu unterscheiden. Die erwachsenen Männchen tragen jedoch einen unter dem Schnabel beginnenden, zunächst schwarzen Streifen, der in ein rosafarbenes Nackenband übergeht. Den Weibchen fehlt dieser Ring. © Jan Sevcik

leichte Beute waren. Inzwischen versuchen sie ihn auszutricksen, indem sie gerne flach übers Wasser fliegen. Auch ihre gemeinsamen Einflüge zu den Schlafplätzen sind nicht sehr „falkenfreundlich".

In den Stadtparks und auf den Friedhöfen jagen Sperber und Habicht. Beide sind erfolgreiche Lauer- und Überraschungsjäger. Auf Friedhöfen und in Parks sind auch Eichhörnchen daheim. Sie sind exzellente Kletterer und große Eierliebhaber. In Höhlen, die für Halsbandsittiche groß genug sind, dringen auch sie ein. Eiersammler und Jungvogelnutzer sind auch die in Städten besonders zahlreichen Rabenvögel.

Hermeline sind in Städten inzwischen häufiger anzutreffen als draußen in der Landschaft. Sie sind perfekte Kletterer und so schlank, dass sie in jede Sittichhöhle eindringen können. Das sind längst noch nicht alle Sittich-Liebhaber. Steinmarder und Waschbär sind aktive Mitglieder dieses Clubs.

DIE REGENBOGENFORELLE *(Oncorhynchus mykiss)* & ANDERE FISCHE

© Jiří Bohdal

VERÄNDERTE GEWÄSSERÖKOLOGIE

Herkunft
Ursprünglich war die Regenbogenforelle nur entlang der Ostküste der USA, Kanadas und auf der Kamtschatka-Halbinsel in Russland heimisch.

Erscheinungsbild
Gewicht und Länge: Einzeltiere dänischer Zuchtanlagen erreichen bis zu 20 kg. Im Wildwasser gelten 3 kg bereits als sehr gut. Wachstum und Gewicht werden wesentlich von der Wassergüte bestimmt.

Fortpflanzung
Laichgewässer/Laichzeit: Forellen laichen im Winter und zeitigen Frühjahr in klaren, sauerstoffreichen Oberläufen mit feinkiesigen Kiesbetten. In diese schlagen die Weibchen mit ihren Schwanzflossen Laichgruben, in welche sie die Eier ablegen. Danach werden sie vom Männchen (Rogner) besamt und die Eier mit Sand und Kies zugedeckt.
Larven: Je nach Wassertemperatur schlüpfen nach 1–2 Monaten die mit einem Dottersack versehenen Larven. Nach rund 2 Wochen nehmen diese bereits Zooplankton auf.
Laichprobleme: In geschlossenen Gewässern wie Bergseen kann diese Art häufig nicht ablaichen. Es werden dort meist fangfähige Forellen eingesetzt.

ALLGEMEINES

Verbreitung/Problematik
Die in zahlreichen – teils endemischen – Unterarten vorkommende Regenbogenforelle wurde 1882 nach Europa eingeschleppt und kommt heute weltweit in mindestens 45 Ländern vor.

In Europa wirkte sich ihre Einführung, nach Auffassung von Fischereibiologen, weitgehend negativ auf heimische Fischarten und die gesamte Gewässerökologie aus. Teilweise stark verdrängt wurde durch sie die heimische Bachforelle (*Salmon trutta forma fario*). Heute ist man vielerorts bestrebt, die Regenbogenforellen zu reduzieren. Teilweise wurde der Besatz mit ihr auch untersagt.

Für die Fischzucht ist sie jedoch zweifellos ein wichtiger und wertvoller Fisch. Regenbogenforellen werden seit mehr als einem Jahrhundert züchterisch manipuliert. Gewünscht werden vor allem möglichst schnell wachsende Forellen. Die sollen in der Teichwirtschaft die Umtriebszeit reduzieren und in der Sportfischerei möglichst große Fische produzieren.

Lebensräume
Wie die meisten Salmoniden beanspruchen Regenbogenforellen sauerstoffreiches Wasser mit niedrigen Temperaturen. Ihr Wachstum hängt wesentlich vom Nahrungsangebot ab. Larven begnügen sich noch mit Zooplankton, während Jungfische bereits Kaulquappen, Bachflohkrebse und Laich anderer Arten fressen. Erwachsene Forellen sind nicht wählerisch und nehmen von Insekten über Kleinfische und Frösche – je nach eigener Größe – auch kleinere Artgenossen.

Die Struktur eines Gewässers nimmt Einfluss auf Wachstum und Besatzdichte der Regenbogenforellen.

WEITERE EINGESCHLEPPTE FISCHARTEN

Die Ungenannten

Neben der Regenbogenforelle sind eine ganze Reihe anderer Fische zu uns gekommen. Ebenfalls aus Nordamerika stammt der **Bachsaibling** (*Salvelinus fontinalis*). Mit ihm wollten Europas Sportfischer ihre Gewässer interessanter machen, und die Teichwirte sahen in ihm ein lukratives Produkt. So wurden schon 1882 in der staatlichen Zuchtanstalt in Starnberg erbrütete Jungfische im bayerischen Oberland ausgesetzt. Heute ist der Bachsaibling fast in der gesamten Äschen- und Forellenregion Deutschlands und Österreichs vorhanden. Da er wirtschaftlich interessant ist, fordert niemand seine Ausrottung.

Aus Nordamerika stammen die **Sonnenbarsche** (*Lepomis gibbosus*), von denen es über 30 Arten gibt. Sie wurden bewusst als „Sportfische" ausgesetzt. Ihre Vermehrungskraft ist beachtlich, da sie häufig mehr als nur einmal im Jahr laichen. Das machte sie zu beliebten Aquarienfischen. Vermehren sie sich zu stark, wurden und werden sie von Aquarianern ins Freiland entsorgt. So bewohnen sie schon seit den Jahren des Zweiten Weltkriegs zahlreiche Flüsse und Stillgewässer in Deutschland und Österreich.

Auch **Zwergwelse** *(Ameiurus nebulosus)* und **Goldfische** (*Carassius auratus*) wurden zahlreich in unseren Gewässern „entsorgt".

Ein anderer Neubürger ist die **Schwarzmeer-Grundel** *(Neogobius melanostomus)*, die wahrscheinlich im Ballastwasser von Schiffen zu uns kam. Sie hat sich in zahlreichen Gewässern Mitteleuropas fast explosionsartig ausgebreitet. Tatsächlich sind es jedoch fünf verschiedene Grundel-Arten, die sich bei uns selbst eingebürgert haben.

Neu zu uns gekommen ist der **Sibirische Stör** *(Acipenser baerii)*, der gerne mit anderen Störarten hybridisiert sowie mehrere **Karpfenarten**.

Mit Schiffen aus fernen Ländern kamen auch die **Asiatische Körbchenmuschel** *(Corbicula fluminea)*, die **Dreikantmuschel** *(Dreissena rostriformis bugensis)* und die **Wandermuschel** *(Dreissena poymorpha)* zu uns. Alle drei gelten als unerwünscht. Dabei gibt es Wasservogelarten, die durchaus erheblich von ihnen profitieren.

Auch die heute in der Gastronomie so beliebten Bachsaiblinge sind echte Nordamerikaner, die erst 1882 nach Europa kamen. Sie lieben kühle und sauerstoffreiche Gewässer und sind tolerant gegenüber einem niedrigen pH-Wert. Zwischen ihnen und den heimischen Bachforellen kommt es zu Kreuzungen – den Tigerforellen. © Jiří Bohdal

Der Sonnenbarsch wurde bereits 1877 in Frankreich bewusst als Angelfisch ausgesetzt. Von dort aus verbreitete er sich über weite Teile Europas bis zum Asowschen Meer. Die Tiere sind winterhart, und die Klimaerwärmung begünstigt sie. © Jiří Bohdal

EPILOG

DES NACHDENKENS WERT

Neu bei uns sind inzwischen viele andere Tiere wie die **Spanische Wegschnecke** *(Arion lusitanicus)*, der **Signalkrebs** *(Pacifastacus leniusculus)*, der **Ochsenfrosch** *(Rana catesbeiana)*, der **Asiatische Marienkäfer** *(Harmonia axyridis)* sowie hunderte verschiedener Insektenarten. Es ist unmöglich, im Rahmen dieses Buches alle zu nennen. Manche sind für uns Menschen direkt gefährlich, andere bedrohen nur unsere Kulturpflanzen. Von den meisten hat der Laie noch nicht einmal die Namen gehört. Der **Buchsbaumzünsler** *(Cydalima perspectalis)* hat selbst viele Parkgärtner überrascht. Mit den höheren Temperaturen kam die **Esskastaniengallwespe** *(Dryocosmus kuriphilus)* zu uns. Niedergelassen und nicht mehr zur „Ausreise" bereit ist die **Marmorierte Baumwanze** *(Halyomorpha halys)*. Die **Asiatische Riesenhornisse** *(Vespa mandarina)* kann auch für den Menschen gefährlich werden, ebenso die **Schwarze Witwe** *(Latrodectus tredecimguttatus)*. Die **Tigermücke** *(Aedes albopictus)* hat sich in Österreich festgesetzt und verbreitet das Chikungunya-Fieber und das Dengue-Fieber. Beide können zum Tod führen. Dies ist nur ein winziger Ausschnitt an neu zugewanderten Arten, die gesundheitlich wie wirtschaftlich ungleich gefährlicher sind als Bär oder Wolf.

Dieses Buch gab im ersten Teil einen knappen Überblick über die Rückkehr von Arten, die bei uns früher heimisch, zwischenzeitlich jedoch verschwunden waren. Nicht berücksichtigt wurden solche, von denen es noch Reliktvorkommen gab, etwa Wanderfalke und Uhu. Der zweite Teil erteilt Auskunft über Arten, die aus eigenem Antrieb einwanderten, aber auch solche, die vorsätzlich ausgesetzt wurden oder der Gefangenschaft entkamen.

International gelten nur jene Arten als „autochthon", die bereits vor der Entdeckung Amerikas durch Kolumbus – 1492 – in Europa heimisch waren. Eigentlich ist das schlicht Unfug, einfach weil man bei manchen Arten gar nicht sicher belegen kann, seit wann genau sie hier leben. Man hat sich mit dieser Regel einen gewissen Spielraum geschaffen, was die Anerkennung von Tierarten als Europäer betrifft.

Diese Regel gilt nicht nur für Tiere, sondern auch für Pflanzen. Wollten wir alle „invasiven" Pflanzenarten aus Europa verbannen, hätten Millionen Europäer Probleme satt zu werden. Nicht nur Mais und Kartoffel sind Emigranten, auch die meisten der von uns genutzten Salat-, Gemüse- und Obstarten. Sie alle nehmen aber auf unsere derzeitigen Ökosysteme, auf Klima, Grundwasser und Tierwelt ganz großen Einfluss.

Diese Prozesse liefen lange schleichend und fast unbemerkt, inzwischen aber immer schneller. Auch wenn zahlreiche Insektenarten eingeschleppt wurden und weiterhin werden, hat diese Gruppe gegenwärtig die größten Probleme. Danach kommen alle jene, die von ihnen leben. Großinsekten fressen kleine Insekten, alle werden samt ihrer Entwicklungsstadien von Fischen, gefiederten Insektenfressern, Fröschen, Kriechtieren, Fledermäusen, Igeln und Maulwürfen gefressen. Insekten sind die Grundmauern, auf denen unser aller Haus des Lebens ruht. Bricht die Grundmauer, bricht das Haus! Vergleichsweise gut geht es den „Vegetariern“ unserer Tierwelt und allen jenen, die an Hase, Reh und Hirsch kulinarisch Gefallen finden. Ob und wie das im Einzelnen so bleiben wird, vermögen wir nicht abschließend zu sagen.

Was die tierischen Zuwanderer betrifft, so wurden in diesem Buch – bewusst – zahlreiche kleinere Art vernachlässigt. Unzählige Insektenarten leben erst in jüngster Zeit bei uns. Manche von ihnen werden uns in naher Zukunft höchstwahrscheinlich mindestens ebenso intensiv beschäftigen wie derzeit Corona! Andere – denken wir an den Ochsenfrosch – könnten gebietsweise unsere Gewässerfauna umkrempeln. Vom amerikanischen Signalkrebs, der mit der Krebspest die heimischen Krebsarten an den Rand der Ausrottung brachte, steht in diesem Buch auch nichts.

Auch die Rückkehrer wurden nicht wirklich erschöpfend behandelt. Erinnert sei an den Wisent, der uns schon lange seinen Wunsch nach Rückkehr spüren lässt. Doch welcher Waldbesitzer in Deutschland oder Österreich wäre bereit, ihn aufzunehmen? In Polen feiert der Wisent hingegen ein Comeback, an das vor zwei Jahrzehnten kaum jemand geglaubt hätte. Einer wagte sogar, die Oder Richtung Westen zu überschreiten und wurde auf deutscher Seite, noch auf dem Hochwasserdamm und ohne die Möglichkeit einen Asylantrag zu stellen, erschossen.

Wichtig! Veränderung ist der Motor des Lebens

Wir regen uns über vergleichsweise „harmlose“ Rückkehrer und Zuwanderer wie Wolf oder Waschbär auf. Dabei haben wir mit unserem Lebensstandard, mit unserer Überbevölkerung und mit der Globalisierung eine Unzahl an Neozoen und Neophyten – absichtlich oder unabsichtlich – nach Europa geholt, deren Verbreitung wir nicht mehr stoppen werden. Für uns zählt in erster Linie das Große, das mühelos Sichtbare. Und wir sind nicht bereit zu verstehen, dass nichts so bleiben wird, wie wir es gewohnt sind und bisher akzeptierten, weil seit Anbeginn Veränderung der Motor des Lebens war und ist. Wir werden weitermachen wie bisher und werden nur die paar wenigen Jahre im Blick haben, die wir hier geduldet sind.

Abschließend: Weder Österreich noch Deutschland sollen faunistisch ins Mittelalter zurückversetzt werden. Wölfe am Stadtrand von Linz oder München? Es würde funktionieren, aber welchen Preis hätten Wolf und Gesellschaft zu bezahlen?

Eine ordentliche Brutkolonie Nilgänse im Wiener Gänsehäufel oder im Englischen Garten in München – na bitte!

Schwarzbären unter Obstbäumen, mitten in Anchorage in Alaska? Ja, das funktioniert dort und ist selbstverständlich, aber Braunbären in Salzburg oder Rosenheim funktionieren sicher nicht!

Am Stadtrand von Nairobi streifen am hellen Tag Löwen und Hyänen umher. In vielen indischen Städten gehen Leoparden auf Hunde- und Hühnerjagd. Tiger statten sibirischen Kleinstädten gelegentlich ihre Höflichkeitsbesuche ab.

Wir hingegen diskutieren über die ökologische Verkraftbarkeit von Marderhund und Waschbär, Halsbandsittich und Habichtskauz ...

WORTWEISER

Ästlingszeit	Die Zeit, während der die noch nicht voll flugfähigen Vögel das Nest bereits verlassen haben und auf Ästen in der Umgebung des Nestes sitzen, wo sie von den Eltern versorgt werden.
Balz	Paarungszeit der Vögel. In der Zoologie wird dieser Begriff auch bei Säugern verwendet.
Bärzeit	Paarungszeit bei Braunbären.
Biodiversität	Vielfalt der Pflanzen- und Tierarten.
Biotop	Ein bestimmter Lebensraum innerhalb einer größeren Lebensgemeinschaft (Biozönose).
DNA	Erbgut, das gebündelt in Chromosomen vorhanden ist, die Teile jeder Zelle sind. Da die DNA auch im Speichel, Kot oder im Haar vorhanden ist, können mit derartigen Proben nicht nur Art und Geschlecht bestimmt, sondern auch einzelne Individuen unterschieden werden.
Eiruhe	Bei einer Reihe von Tierarten nisten sich die befruchteten Eizellen nach der Kopula zwar in der Gebärmutterschleimhaut ein, machen dann aber zunächst eine Phase der Ruhe durch, ehe die Zellen beginnen, sich zu teilen. Erst danach beginnt das Embryonalstadium und Embryonen entwickeln sich. Durch diese verlängerte Tragzeit werden die Geburtstermine in eine für die jeweilige Art optimale Jahreszeit verlegt. Diese Eiruhe (auch Keimruhe genannt) finden wir bei einigen Marderartigen, beim Seehund, beim Reh und beim Braunbären.
emers	Pflanzen, die über die Wasseroberfläche hinauswachsen.
Fähe	Weibchen bei Hunde- und Marderartigen.
Gans	Weibliche Wildgans.
Ganter	Männliche Wildgans.
Gehöre	Ohren bei allen Raubwildarten.

Gössel	Küken der Wildgänse.
Habitat	Lebensraum von Pflanzen- und Tierarten mit ganz bestimmten Merkmalen.
Katze	Weibchen bei Luchs und Wildkatze.
Kainismus	Kommt bei einigen Greifvogelarten häufig vor. Meist werden zwei Eier erbrütet, aus denen in zeitlichem Abstand zwei Junge schlüpfen. Das jüngere (schwächere) Junge wird vom Erstgeschlüpften so lange attackiert, bis es stirbt.
Kuder	Männchen der Katzen (Luchs, Wildkatze).
Nestlingszeit	Zeit, während der noch flugunfähige Vögel im Nest sitzen (Nestlinge).
Neophyten	Pflanzen, die erst nach der Entdeckung Amerikas nach Europa kamen (auch Neobiota genannt).
Neozoen	Tierarten, die erst nach der Entdeckung Amerikas nach Europa kamen.
Östrus	Periodisch wiederkehrende Paarungsbereitschaft von Tieren. Der Östrus der weiblichen Tiere löst in der Regel den Paarungstrieb der männlichen Tiere aus.
Ranz	Paarungszeit bei Hunde- und Marderartigen sowie bei Katzen.
Rüde	Männchen bei allen Hunde- und Marderartigen.
Sterblichkeit	Sterblichkeit ist kompensatorisch, wenn bei einer Art mehrere Todesursachen in Konkurrenz stehen, in Summe aber nicht mehr Individuen sterben, als geboren werden. So wird ein vom Luchs gerissenes Reh nicht mehr von einem Auto überfahren oder von einem Jäger erlegt und umgekehrt. Additiv ist Sterblichkeit, wenn sie zusätzlich erfolgt. Das wäre dann der Fall, wenn eine Krankheit oder ein anderer Nutzer alleine so viele Rehe „erbeutet“, wie geboren werden. Dann reduziert jeder weitere Abgang den Bestand der Rehe.
submers	Pflanzen, die nur unter der Wasseroberfläche wachsen.
Telemetrie	Überwachung von Wildtieren mithilfe kleiner Funksender.
Vibrissen	Tasthaare bei Wildtieren, vor allem im Mund-Nasen-Bereich. Sie dienen der Orientierung bei schlechter Sicht.
Welpen	Junge der Hunde- und Marderartigen.

LITERATURNACHWEIS

Angst Christof, Olsson Patrik, Breitenmoser Urs; 2000: Übergriffe von Luchsen auf Kleinvieh und Gehege Tiere in der Schweiz Teil I: Entwicklung und Verteilung der Schäden, KORA Bericht Nr. 5.

Angst Christof et al.; 2020: Der Biber – Baumeister mit Biss, Süd-Ost Verlag, Regenstauf.

Arnold Janosch und Ellinger Andreas; 2017: Waschbär, Marderhund und Nutria auf dem Vormarsch, AFZ-Der Wald 9/2017, S. 43–46.

Breitenmoser Urs u. Christine Breitenmoser-Würsten; 2008: Der Luchs – Ein Grossraubtier in der Kulturlandschaft, Salm Verlag, Wohlen/Bern.

Černe Rok; 2007: Analiza Prisotnosti velikih zveri na obmenjnem območju in možnosti za njihovo širitev v Italijo. Diplomsko delo, Univerza v Ljubljani, Biotehniška Fakulteta, oddelka za gozdarstvo in obnovljive gozdne vire, Ljubljana.

Černe Rock et al.; 2009: Škode od Volkov v Sloveniji, Analiza v okviru projekta Life+ SloWolf Akcija A4, Universa v Ljubljani.

Černe Rok et al.; 2010: Škode od volkov v Sloveniji. Analiza v okviru projekta Life+SloWolf Alcija A4, Zavod za Gozdove Slovenije, Univerza v Ljubljani.

Černe Rok et al.; 2011: Prepoznavanje znakov prisotnosti in plenjenja večjih zveri. SloWolf, Ljubljana.

Čop Janez; 2009: Obrazložitev strategije ohranjana volka *(Canis lupus)* v Sloveniji in trajnostnega upavljanja z njim. Ljubljana.

Duscher Tanja; 2012: Waschbär und Marderhund: Was erwartet uns? Österreichs Weidwerk 2/2012, S. 14–17, Wien.

Emeršič Mojca und Zahariaš Karmen; 2011: Pastirski psi – varuhi črede, Univerza v Ljubljani, Biotehniška fakulteta, Oddelek za biologijo.

Georgy Nicola; 2011: Habitateignung und Management für den Wolf (Canis lupus) in Österreich. Masterarbeit, Universität Wien (BOKU).

Gerngross Peter et al.; 2020: Die aktuelle Situation des Luchses in Österreich, DER ANBLICK 10/2020, S. 22–25.

Grummt Wolfgang; 1988: Waschbär (*Procyon lotor*), in: Buch der Hege – Haarwild, VEB Deutscher Landwirtschaftsverlag, Berlin.

Heidecke Dietrich und Seide Peter; 1988: Bisamratte (*Ondatra zibethicus*), in: Buch der Hege – Haarwild, VEB Deutscher Landwirtschaftsverlag, Berlin.

Hespeler Bruno; 1999: Raubwild heute, 2. Auflage, BLV Verlagsgesellschaft mbH, München.

Ders.; 2014: Die Entwicklung des Großraubwildes (Bär, Wolf und Luchs) in Slowenien – Hinweise für Deutschland und Österreich, Abschlussarbeit im Universitätslehrgang Jagdwirt an der Universität für Bodenkultur (BOKU) Wien.

Heurich Marco, Wölfl Manfred; 2002: Der Luchs im bayerisch-böhmischen Grenzgebirge, AFZ-Der Wald, Stuttgart, Heft 12/2002, S. 622–624.

Hofrichter Robert; 2005: Die Rückkehr der Wildtiere – Wolf, Geier, Elch & Co, Stocker Verlag, Graz.

Hohmann Ulf und Bartussek Ingo; 2001: Der Waschbär, Verlagshaus Oertel + Spörer, Reutlingen.

Hucht-Ciorga Ingrid; 1988: Studien zur Biologie des Luchses: Jagdverhalten, Beuteausnutzung, innerartliche Kommunikation und an den Spuren fassbare Körpermerkmale. Ferdinand Enke Verlag, Stuttgart.

Jann Gianna; 2016: Die Chorologie des Goldschakals (*Canis aureus LINNAEUS, 1758)* in Europa, Bachelorarbeit, Universität Koblenz-Landau.

Kavič irena et al.; 2011: Ocena narave plenske baze volka in priporočila za upravljanje s plenskimi vrstami. Poročilo akcije A3 projekta LIFE + SloWolf, Univerza v Ljubljani.

Kavič i., Emeršič M., Zahariaš K.; 2011: Pastirski psi – varuhi črede. Univerza v Ljubljani, Biotehniška fakulteta, Oddelka za biologijo.

Kranz Andreas; 2000: Zur Situation des Fischotters in Österreich, Umweltbundesamt GmbH, Wien.

Krofel Miha; 2006: Plenjenje in prehanjevanje evrazijskega risa (Lynx lynx) na območju Dinarskega Krasa v Sloveniji, Diplomarbeit an der Universität Ljubljana.

Krofel Miha und Jerina Klemen; 2009: Pregled konfliktov med medvedi in ljudami: vzroki in možne rešitve. Acta Silvae et Ligni 01/2012, S. 235–253.

Krofel Miha et al.; 2014: Kakšen je vpliv risa na divjad v Sloveniji. Lovec 2/14, S. 72–74.

Kryštufek Boris, Flajšman Božidar u. Griffits Hue; 2003: Living with Bears, Ecological Forum oft he Liberal Democracy of Slovenia, Ljubljana.

Linnell et al.; 2002: The fear of wolves: A review of wolf attacks on humans, Norsk institutt for naturforsking, Trondheim.

Nowikow Georgi; 1988: Spuren im Schnee, Verlag MIR u. Urania-Verlag Leipzig.

Meier Robert; 2001: Luchsumsiedlung in die Nordostschweiz (Luno), Schweizer Zeitschrift für Forstwesen, 152 (2001) 7, S. 289–292.

Minsterstvo za okolje in prostor; 2020: Veliki zveri, Republika Slovenija gov.si.

Molinari Paolo et al; 2000: Raubtiere am Werk – Handbuch zur Bestimmung von Großraubtierrissen und anderen Nachweisen, Eigenverlag, Tarvisio.

Okarma Henryk u. Herzog Sven; 2019: Handbuch Wolf, Franckh-Kosmos Verlags-GmbH & Co. KG, Stuttgart.

Ott Wilfried; 2004: Die besiegte Wildnis, DRW-Verlag Weinbrenner GmbH & Co. KG, Leinfelden-Echterdingen.

Piechocki Rudolf; 1988: Elbebiber *Castor fiber albicus* in Buch der Hege – Haarwild, VEB Deutscher Landwirtschaftsverlag, Berlin.

Potočnik Hubert, Pogorny Boštjan, Flajšman Katarina u. Kos Ivan; 2019: Evrazijski Šakal, Narodna in univerzitetna knjižnica, Ljubljana.

Resch Christine und Resch Stefan; 2021: Bisam – *Ondatra zibethicus*, Priv. Institut f. Wildtierbiologie, Haus im Ennstal.

Robin Klaus u. Köchli Daniel; 2006: Entwicklung der Wildwiederkäuer im Luchsverbreitungsgebiet Nordostschweiz, Hochschule Wädenswil, University of Applied Sciences Zürich.

Roder Stefanie et al.; 2020: Deer density drives habitat use of establishing wolves in the Western European Alps, Journal of Applied Ecology, 2020.

Rohregger Peter; 2021: Begegnungen mit dem Wolf – Gräuelmeldungen aus drei Jahrhunderten, BoD – Books on Demand.

Saftič Danjel; 2010: Preprečevanje škode in varstvo drobnice pred volkovi. Diplomsko delo, Univerza v Ljubljani.

Schütz Maik; 2016: Wühltätigkeit an eingedeichten Fließgewässern – Untersuchungen zu Auswirkungen und Maßnahmen, Diplomarbeit, Technische Universität Dresden.

Skoberne Peter; 2007: The brown bear management in Slovenia – Report 2007. Ministrstvo za Okolje in Prostor, Ljubljana.

Stubbe Michael; 1989: Marderhund (*Nyctereutes pocyonoides*), in: Buch der Hege – Haarwild, Deutscher Landwirtschaftsverlag DDR, Berlin.

Szücs Daniel; 2017: Freizeit- und Erholungsnutzung und Habichtskauz-Wiederansiedlung im Biosphärenpark Wienerwald, Masterarbeit, Universität für Bodenkultur Wien.

Weinberger Irene u. Baumgartner Hansjakob; 2018: Der Fischotter, Haupt Verlag, Bern.

Wotschikowsky Ulrich;2006: Wölfe, Jagd und Wald in der Oberlausitz, Vauna e. V. Staatliches Museum für Naturkunde Görlitz.

Wörner Frank; 2015: Die Nutria – Notizen zu einem Neubürger am Gewässerrand, Tierpark Niederfischbach.

Wörner Frank; 2015: Notizen zum Goldschakal – Ein neuer Canide für Deutschlands Wildbahn? Tierpark Niederfischbach.

Zahner Volker; 2004: Verdrängen Bisam und Nutria den heimischen Biber? LWF aktuell 45, S. 38–39.

QUELLEN IM INTERNET

https://www.freundeskreiswoelfe.de – Wölfe und Wissenschaft.

https://www.volkovi.si – Wölfe in Slowenien.

https://www.kora.unibe.ch/pdf/docus/docwf_d.pdf – Dokumentation Wolf KORA 2006.

https://www.sakal.gozdis.si/projektne-publikacije – Schakal-Monitoring.

https://www.bibermanagement.at – Biber in der Steiermark.

https://www.waldwissen.net/de/lebens-raum-wald/tiere-im-wald/ – Verdrängen Bisam und Nutria den heimischen Biber?

https://www.biologie-seite.de/Biologie/Bisamratte – Bisam.

https://www.biologie-seite.de/Biologie/Waldrapp – Waldrapp.

https://pforzheim.de/fileadmin/user_uplod/umwelt/naturschutz/artenschutz/Februar_Waldrapp.pdf – Waldrapp.

https://www.sn.at/wiki/Waldrapp – Waldrapp in Salzburg.

https://www.bartgeier.ch/bartgeier/biologie – Bartgeier.

https://www.biologie-seite.de/Biologie/Gänsegeier – Gänsegeier.

https://habichtskauz.at – Habichtskauz, vetmeduni vienna.

https://www.studium.at/habichtskauz-wiederansiedlung – Habichtskauz.

https./www.biologie-seite.de) – Habichtskauz.

htpps.//stareslike.cerknica.org – Windischgrätz, Stara Hiša.

www. /tag/fischarten-südtirol/ – Fischarten und Fischbiomasse Südtirol.

Aus unserem Programm

ISBN 978-3-7020-1814-6